工程项目管理与成本核算系列丛书

市政与园林绿化工程项目管理与成本核算

主　编　盖卫东

哈爾濱工業大學出版社

内容提要

本书紧密结合新版《建设工程项目管理规范》(GB/T 50326—2006),根据项目管理的特点进行编写,全书共分为4章,内容主要包括:项目管理概述、市政与园林绿化工程项目管理、项目成本核算与分析、项目竣工结算与决算。

本书内容丰富,通俗易懂,可供广大市政与园林绿化工程项目管理人员使用,也可供大中专院校相关专业的师生学习和参考。

图书在版编目(CIP)数据

市政与园林绿化工程项目管理与成本核算/盖卫东主编.—哈尔滨:哈尔滨工业大学出版社,2015.1

ISBN 978-7-5603-5080-6

Ⅰ.①市… Ⅱ.①盖… Ⅲ.①市政工程-建筑预算定额—高等学校—教材 ②园林—绿化—工程施工—建筑预算定额-高等学校-教材Ⅳ.①TU723.3②TU986.3

中国版本图书馆CIP数据核(2014)第296467号

策划编辑 郝庆多 段余男
责任编辑 王桂芝 段余男
封面设计 刘长友
出版发行 哈尔滨工业大学出版社
社 址 哈尔滨市南岗区复华四道街10号 邮编150006
传 真 0451-86414749
网 址 http://hitpress.hit.edu.cn
印 刷 黑龙江省委党校印刷厂
开 本 787mm×1092mm 1/16 印张12.25 字数330千字
版 次 2015年1月第1版 2015年1月第1次印刷
书 号 ISBN 978-7-5603-5080-6
定 价 27.00元

编　委　会

前　言

工程项目管理在我国工程建设领域的应用已相当广泛，随着我国工程建设体制的不断完善，国家建设方针、政策、法规的不断健全，工程项目建设各方能否对项目建设全过程实现现代化的管理越来越重要，其具体体现在工程项目管理理论、管理方法和管理手段的科学化，管理人员的社会化与专业化，并呈国际化的趋势。作为对我国多年来工程项目管理经验的总结，新版《建设工程项目管理规范》(GB/T 50326—2006)的实施与应用，对提高我国的工程项目管理水平起到了很好的推动作用。

本书以新版《建设工程项目管理规范》(GB/T 50326—2006)为依据，以市政工程和园林绿化工程项目为对象，以工程管理为主线，对市政与园林绿化工程的基本理论、合同管理、采购管理、进度管理、质量管理、成本管理、资源管理、信息管理、风险管理等，进行了系统而全面的论述，并对项目的成本核算、竣工结算与决算进行详细说明与分析，突出其应用性与重要性。

由于编者的经验与学识有限，加之当今我国建设工程处于不断改革和发展之中，尽管编者尽心尽力编写，但内容难免有疏漏或未尽之处，敬请专家和广大读者批评指正。

编　者

2014 年 1 月

目　录

1 项目管理概述

1.1 《建设工程项目管理规范》简介

1.1.1 《建设工程项目管理规范》的制定目的

2006年6月21日,我国原建设部与国家质量监督检验检疫总局联合发布了《建设工程项目管理规范》(GB/T 50326—2006)。该规范是在原规范的基础上进行较大范围修订而形成的,它首次从框架构思、内容、观念更新等方面实现了我国建设工程领域用管理规范形式推动项目管理向科学化、法制化、制度化与规范化方向发展,具有极其深远的意义。

制定《建设工程项目管理规范》(GB/T 50326—2006)的基本指导思想和目的是:“提高建设工程项目管理水平,促进建设工程项目管理的科学化、规范化、制度化和国际化”。

(1)科学化,主要是指规范遵循了建设工程项目管理的规律,把它作为一门学科和一种知识体系。

(2)规范化,即标准化,其实质是统一全国的建设工程项目管理行为规则。

(3)制度化,主要是指制定规范执行国家法律、法规,依法进行建设工程项目管理。

(4)国际化,主要是指项目管理内容、管理程序、管理方法及模式要适用于国际工程承包并与国际惯例接轨。

1.1.2 《建设工程项目管理规范》的适用范围

《建设工程项目管理规范》(GB/T 50326—2006)适用于新建、扩建、改建等建设工程有关各方的项目管理。

(1)新建建设工程项目,主要是指从无到有新开始建设的建设工程项目。

(2)扩建建设工程项目,主要是指在既有基础上加以扩充建设的工程,以扩大或增加生产能力。

(3)改建建设工程项目,主要是指企业在原有基础上,为提高生产效率,改进产品质量或改变产品方向,对原有工程或设备进行改造的建设工程项目。

(4)有关各方,主要包括业主方、设计方、施工方、供货方、监理方、咨询方、代理方、工程总承包方、分包方等。总之,凡是与项目有关者都可使用《建设工程项目管理规范》(GB/T 50326—2006)。

1.1.3 《建设工程项目管理规范》的术语设置原则

《建设工程项目管理规范》(GB/T 50326—2006)中术语设置的原则如下:

(1)为免于重复,凡在我国其他规范中已有定义的术语,如与《建设工程项目管理规范》(GB/T 50326—2006)的含义相符,不再列入。

(2)与国际惯例提法相协调。有些术语在国际上已有约定俗成的概念,《建设工程项目管理规范》(GB/T 50326—2006)虽有定义,但是基本与国外的定义是协调的,不会产生歧义。例如,项目范围管理、项目环境管理、项目沟通管理等。

(3)《建设工程项目管理规范》(GB/T 50326—2006)中定义的术语是在条文中出现较多且地位重要的。例如,建设工程项目、建设工程项目管理、项目组织、项目发包人、项目承包人、项目承包和项目分包,都是在规范中反复使用的,所以都进行了定义,各章的章名,由于地位重要,在规范中基本都有定义。

(4)原规范中定义的适用术语,新版规范继续使用。例如,项目经理、项目经理部、项目经理责任制等,都是原规范中的概念。

(5)定义中包含了我国在实践中创新的成功经验。例如,项目经理责任制和项目管理目标责任书就是我国在实践中创新的成功经验,在术语中进行定义,以示重视,也为相关章节内的条文提供前提。

(6)对原规范中不确切的提法,进行了更正。例如,原规范对"控制"和"管理"的区分不够明确,甚至产生错误,新版规范对此作了正确的定义。原规范"进度控制"、"质量控制"、"安全控制"、"成本控制"中的"控制",按照其内容的规定一律换成"管理"。这样,章名和条文内容就一致了,也解决了"管理"和"控制"概念混淆的矛盾。

1.2 项目范围管理

1.2.1 项目范围管理的概述

1.项目范围管理的概念

项目范围主要是指为了成功达到项目目标,完成最终可交付工程的所有工作总和,以及它们构成项目的实施过程。最终可交付工程是实现项目目标的物质条件,它是确定项目范围的核心。

2.项目范围管理的目的

项目范围管理应当以确定并完成项目目标为根本目的,通过明确项目有关各方的职责界限,以保证项目管理工作的充分性与有效性。项目范围管理的目的具体表现为以下三个方面:

(1)按照项目目标、用户及其他相关要求,确定应完成的工程活动,并详细定义、计划这些活动。

(2)在项目过程中,确保在预定的项目范围内有计划地进行项目的实施与管理工作;同时,完成规定要做的全部工作,既不多余又不遗漏。

(3)确保项目的各项活动满足项目范围定义所描述的要求。

3.项目范围管理的过程

项目范围管理的过程应当包括项目范围确定、项目结构分析、项目范围控制。项目范围管理过程如图1.1所示。

4.项目范围管理的内容

工程项目可以划分为策划与决策阶段、准备阶段、实施阶段以及竣工验收和总结评价阶段,所以项目范围管理在建设工程项目周期各阶段,项目范围管理工作内容、建设项目周期的各个阶段的内容也是不同的,见表1.1。

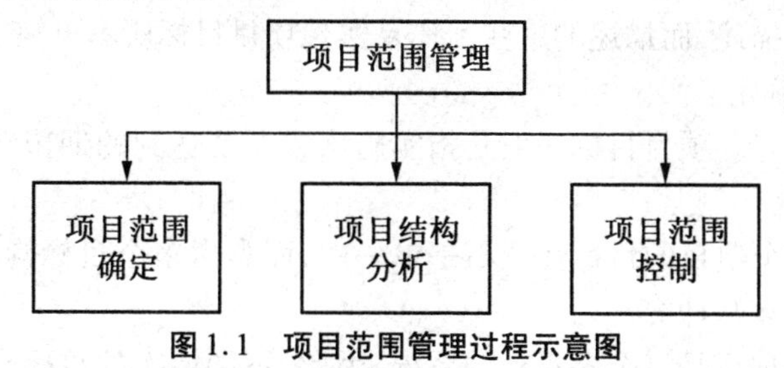

图1.1 项目范围管理过程示意图

表1.1 建设工程项目周期各阶段范围管理的内容

项目周期各阶段	策划与决策阶段	准备阶段	实施阶段	竣工验收和总结评价阶段
工作内容	投资机会研究 预可行性研究 可行性研究	设计 招标	项目施工 协调 生产人员培训	试生产 竣工验收 总结评价

1.2.2 项目范围确定

1.项目范围确定的定义

项目范围确定是指明确项目的目标和可交付成果的内容,确定项目的总体系统范围并形成文件,以作为项目设计、计划、实施和评价项目成果的依据。

2.项目范围确定的依据

项目范围确定的依据主要有:

(1)项目目标的定义或范围说明文件。

(2)环境条件调查资料。

(3)项目的限制条件与制约因素。

(4)同类项目的相关资料。

3.项目范围确定的过程

通常来说,项目范围确定应经过以下过程:

(1)项目目标的分析。

(2)项目环境的调查与限制条件分析。

(3)项目可交付成果的范围和项目范围确定。

(4)对项目进行结构分解(WBS)工作。

(5)项目单元的定义。将项目目标与任务分解落实到具体的项目单元上,从各个方面(质量、技术要求、项目实施活动的责任人、费用限制、项目工期、前提条件等)对它们作详细的说明和定义。这个工作应与相应的技术设计、计划、组织安排等工作同步进行。

(6)项目单元之间界面的分析。一般包括界限的划分与定义、逻辑关系的分析、实施顺序的安排,将全部项目单元还原成一个有机的项目整体。这是进行网络分析、项目组织设计的基础工作。

4. 项目范围确定的工作内容

(1)项目的界定。项目的界定,首先要将一项任务界定为项目,然后再将项目业主的需求转化为详细的工作描述,而描述的这些工作是实现项目目标所不可缺少的。

(2)项目目标的确定。

①项目目标的特点。项目目标一般是指实施项目所要达到的期望结果。项目目标的特点主要有以下几方面:

a. 多目标性。一个项目的目标往往不是单一的,而是由多个目标构成的一个系统,不同目标之间有可能彼此相互冲突。

b. 优先性。因为项目是一个多目标的系统,因此,不同层次的目标,其重要性也不相同,往往被赋予不同的权重。不同的目标在项目生命周期的不同阶段,其权重也不相同。

c. 层次性。目标的描述需要由抽象到具体,要有一定的层次性。一般将目标系统表示为一个层次结构。其最高层是总体目标,指明要解决的问题的总的期望结果;最下层是具体目标,指出解决问题的具体措施。上层目标通常表现为模糊的、不可控的,下层目标则表现为具体的、明确的、可测的。层次越低,目标越具体而可控。

②项目目标确定程序。

a. 明确制定项目目标的主体。不同层次的目标,其制定目标的主体也是不同的。如项目总体目标通常由项目发起人或项目提议人来确定;而项目实施中的某项工序的目标,由相应的实施组织或个人来确定。

b. 描述项目目标。项目目标必须明确、具体,尽可能定量描述,确保项目目标容易理解,并使每个项目管理组织成员结合项目目标确定个人的具体目标。

c. 形成项目目标文件。项目目标文件是一种详细描述项目目标的文件,也可用层次结构图进行表示。项目目标文件通过对项目目标的详细描述,预先设定了项目成功的标准。

(3)项目范围的界定。项目范围的界定就是确定成功实现项目目标所必须完成的工作。项目范围的界定应着重考虑的内容有以下三个方面:

①项目的基本目标。

②必须做的工作内容。

③可以省略的工作内容。

经过项目范围的界定,就可以将有限的资源用在完成项目所必不可少的工作上,确保项目目标的实现。

(4)项目范围说明书的形成。项目范围说明书说明了为什么要进行这个项目(或某项具体工作),明确了项目(或某项具体工作)的目标和主要可交付的成果,是将来项目实施管理的重要基础。

在编写项目范围说明书时,必须了解以下情况:

①成果说明书。所谓的成果,即任务的委托者在项目结束或者项目阶段结束时,要求项目班子交出的成果。显然对于这些要求交付的成果必须有明确的要求及说明。

②项目目标文件。

③制约因素。制约因素是限制项目承担者行动的因素。如项目预算将会限制项目管理组织对项目范围、人员配置以及日程安排的选择。项目管理组织必须考虑有哪些因素会限制自己的行动。

④假设前提。假设前提是指为了制订计划,假定某些因素是真实、符合现实和肯定的。如决定项目开工时间的某一前期准备工作的完成时间不确定,项目管理组织将假设某一特别的日期作为该项工作完成的时间。假设一般包含一定程度的风险。

项目范围说明书应当包括以下几个方面内容:

a. 项目合理性说明。即解释为何要进行这一项目,为以后权衡各种利弊关系提供主要依据。

b. 项目成果的简要描述。

c. 可交付成果清单。

d. 项目目标。当项目成功完成时,必须向项目业主表明,项目事先设立的目标均已达到。设立的目标要能够量化。目标不能量化或未量化,就要承担很大风险。

5. 项目范围确定的方法

进行项目范围确定,经常使用的方法如下:

(1)成果分析。通过成果分析可加深对项目成果的理解,确定其是否必要、是否多余以及是否有价值。其中包括:系统工程、价值工程和价值分析等技术。

(2)成本效益分析。

(3)项目方案识别技术。项目方案识别技术泛指提出实现项目目标的方案的所有技术。在这方面,管理学已提出了许多现成的技术,可供识别项目方案。

(4)领域专家法。可以请领域专家对各种方案进行评价。任何经过专门训练或具备专门知识的集体或个人均可视为领域专家。

(5)项目分解结构。

1.2.3 项目结构分析

项目结构分析是对项目系统范围进行结构分解(工作结构分解),用可测量的指标定义项目的工作任务,并形成文件,以此作为分解项目目标、落实组织责任、安排工作计划及实施控制的依据。

1.2.3.1 项目结构分解

1. 项目结构分解的含义

项目结构分解就是将主要的项目可交付成果分成较小的、更易管理的组成部分,直到可交付成果定义得足够详细,足以支持项目将来的活动,如计划、实施、控制,并便于制订项目各具体领域和整体的实施计划。也可以说,是将项目划分为可管理的工作单元,以便这些工作单元的费用、时间和其他方面较项目整体更容易确定。

2. 项目结构分解的要求

项目结构分解应符合以下要求:

(1)内容完整,不重复,不遗漏。

(2)一个工作单元只能从属于一个上层单元。

(3)每个工作单元应有明确的工作内容和责任者,工作单元之间的界面应清晰。

(4)项目分解应利于项目实施和管理,便于考核评价。

3. 项目结构分解的方法

项目结构分解的基本思路为:以项目目标体系为主导,以工程技术系统范围和项目的实施过程为依据,按照一定的规则由上而下、由粗到细地进行。

(1)树形结构图。常见的工程项目的树形结构如图1.2所示。

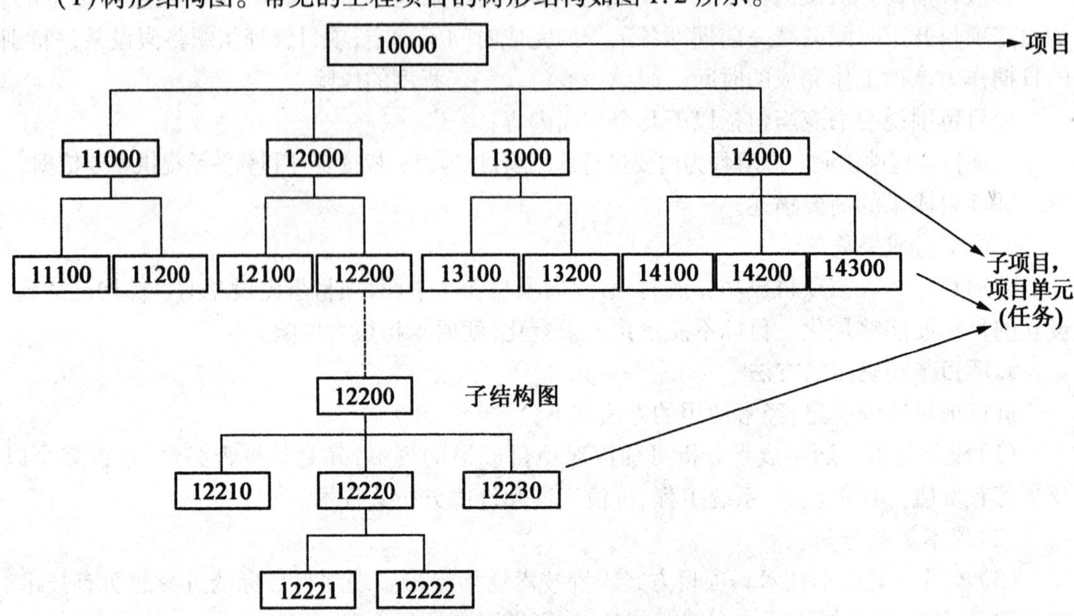

图1.2 工程项目树形结构图

项目结构图中的每一个单元(不分层次)统一被称为项目单元。项目结构图表达了项目总体的结构框架。

(2)项目结构分解表。将项目结构图以表的形式来表示则为项目结构分解表，它就是项目的工作任务分配表，又是项目范围说明书。其结构类似于计算机中文件的目录路径。例如上面的工程项目结构图可以用一个简单的分解表来表示，见表1.2。

表1.2 工程项目结构分解表

编码	活动名称	负责人(单位)	预算成本	计划工期	……
10000					
11000					
11100					
11200					
12000					
12100					
12200					
12210					
12220					
12221					
12222					
12223					
12230					
13000					
14000					

对上述分解成果应进行全面审查工作,范围的完备性、分解的科学性、定义的准确性,经过项目业主批准后作为项目实施的执行文件。

1.2.3.2　工作分解结构

1.概述

工作分解结构是指按照项目的发展规律,依据一定的原则和规定,对项目进行系统化、相互关联和协调的层次分解。结构层次越往下层则项目组成部分的定义越详细。工作分解结构将建设项目依次分解成较小的项目单元,直至满足项目控制需要的最低层次,这就形成了一种层次化的“树”状结构。这一树状结构将项目合同中所规定的全部工作分解为便于管理的独立单元,并将完成这些单元工作的责任分配给相应的具体部门和人员,从而在项目资源与项目工作之间建立了一种明确的目标责任关系,这就形成了一种职能责任矩阵,如图1.3所示。

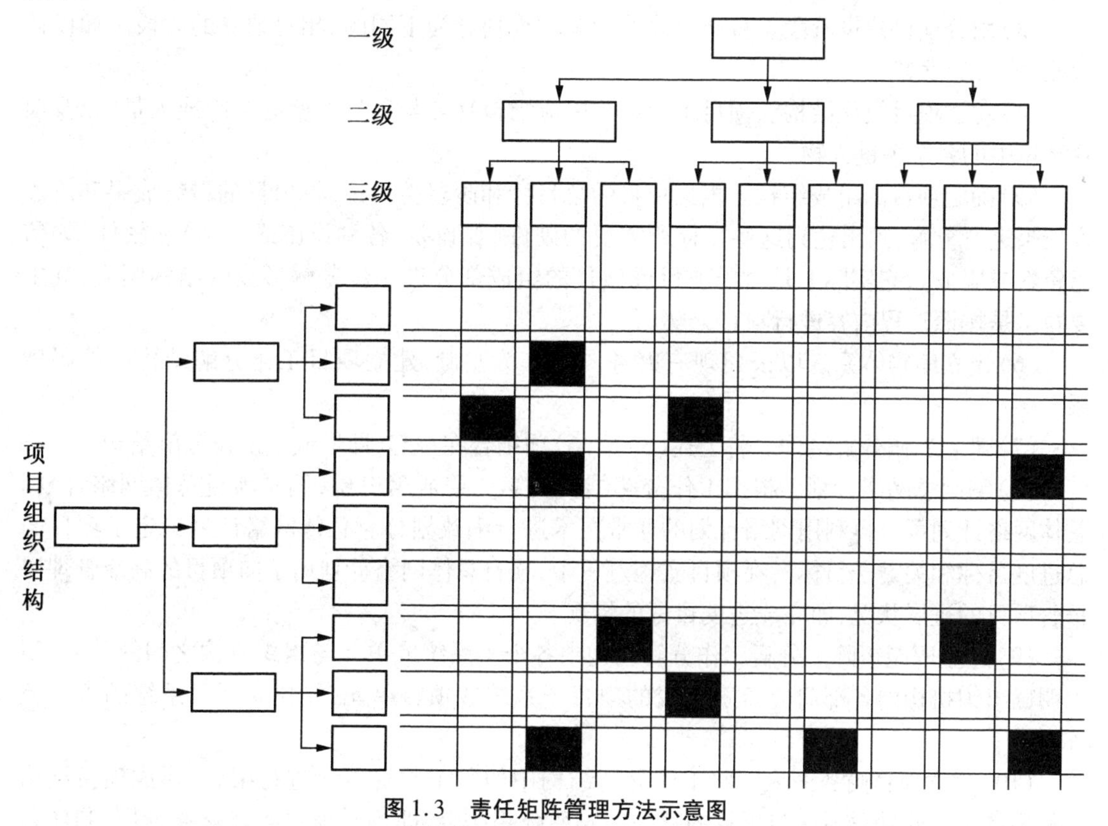

图1.3　责任矩阵管理方法示意图

2.工作分解结构的目的

工作分解结构的主要目的包括:

(1)明确和准确说明项目的范围。

(2)为各独立单元分派人员,确定这些人员的相应职责。

(3)针对各独立单元,进行时间、费用和资源需要量的估算,提高费用、时间及资源估算的准确性。

(4)为计划、预算、进度安排和费用控制奠定共同的基础,确定项目进度测量和控制的基准。

(5)将项目工作与项目的费用预算及考核联系起来。

(6)便于划分和分派责任,自上而下地将项目目标落实到具体的工作上,并将这些工作交付给项目内外的个人或组织去完成。

(7)确定工作内容和工作顺序。

(8)估算项目整体和全过程的费用。

3. 工作分解结构的步骤

工作分解结构的建立应按照以下步骤进行。

(1)确定项目总目标。根据项目技术规范和项目合同的具体要求,确定最终完成项目需要达到的项目总目标。

(2)确定项目目标层次。确定项目目标层次即确定工作分解结构的详细程度(即 WBS 的分层数)。

(3)划分项目建设阶段。将项目建设的全过程划分为不同的、相对独立的阶段。如设计阶段、施工阶段等。

(4)建立项目组织结构。项目组织结构中应当包括参与项目的所有组织或人员,以及项目环境中的各个关键人物。

(5)确定项目的组成结构。根据项目的总目标和阶段性目标,将项目的最终成果和阶段性成果进行分解,列出达到这些目标所需要的硬件(如设备、各种设施或结构)和软件(如信息资料或服务),它实际上是对子项目或项目的组成部分进一步分解形成的结构图表,其主要技术是按照工程内容进行项目分解。

(6)建立编码体系。以公司现有财务图表作为基础,建立项目工作分解结构的编码体系。

(7)建立工作分解结构。将上述(3)至(6)项结合在一起,即形成了工作分解结构。

(8)编制总网络计划。根据工作分解结构的第二层或第三层,编制项目总体网络计划。总体网络计划可以再利用网络计划的通常技术进行细致划分。总体网络计划确定了项目的总进度目标和关键子目标。在项目实施过程中,项目总体网络计划用于向项目的高级管理层报告项目的进展状况,即完成进度目标的情况。

(9)建立职能矩阵。分析工作分解结构中各个子系统或单元与组织机构之间的关系,用以明确组织机构内各部门应负责完成的项目子系统或项目单元,并建立项目系统的责任矩阵。

(10)建立项目财务图表。将工作分解结构中的每个项目单元进行编码,形成项目结构的编码系统。此编码系统与项目的财务编码系统相结合,即可对项目实施财务管理,制作各种财务图表,建立费用目标。

(11)编制关键线路网络计划。前述的十项步骤完成之后,就形成了一个完整的工作分解结构,它是制订详细网络计划的基础。工作分解结构本身不涉及项目的具体工作、工作的时间估计、资源使用以及各项工作之间的逻辑关系,因此,项目的进度控制还需使用详细网络计划。详细网络计划通常采用关键线路法(CPM)编制,它是对工作分解结构中的项目单元作进一步细分后产生的,可用于直接控制生产或施工活动。详细网络计划确定了各项工作的进度目标。

(12)建立工作顺序系统。根据工作分解结构和职能矩阵,建立项目的工作顺序系统,明确各职能部门所负责的项目子系统或项目单元何时开始、何时结束，同时也明确项目子系统或项目单元间的前后衔接关系。

(13)建立报告和控制系统。根据项目的整体要求、工作分解结构以及总体和详细网络计划，即可以建立项目的报告体系和控制系统，以核实项目的执行情况。

4. 工作分解结构的注意事项

工作分解结构，尤其是较大项目，应该注意以下几点内容：

(1)确定项目工作分解结构就是将项目的可交付成果、组织和过程这三种不同结构综合为项目工作分解结构的过程。项目管理组织要善于巧妙地将项目按照可交付成果的结构划分、按照项目的阶段划分以及按照项目组织的责任划分有机地结合起来。

(2)最底层的工作包应当便于完整无缺地分派给项目内外的不同个人或组织，因此要求明确各工作包之间的界面。界面清楚有利于减少项目进展过程中的协调工作量。

(3)最底层的工作包应当非常具体，以便于各工作包的承担者能明确自己的任务、努力的目标和承担的责任。工作包划分得具体，也便于监督和业绩考核。

(4)逐层分解项目或其主要可交付成果的过程实际上也是分解角色和职责的过程。

(5)项目工作分解完成以后必须交出的成果就是项目工作分解结构。工作分解结构中的每一项工作，或者称为单元均要编上号码。这些号码的全体，叫作编码系统。编码系统同项目工作分解结构本身一样重要。在项目规划和以后的各阶段，项目各基本单元的查找、变更、费用计算、时间安排、资源安排、质量要求等各个方面均要参照这个编码系统。

(6)在项目工作分解结构中，无论是哪一个层次，每一个单元都要有相应的依据(投入、输入、资源)和成果(产出、输出、产品)。某一层次单元的成果是上一层次单元的依据。

(7)依据和成果之间的具体关系是在逐层分解项目或其主要可交付成果，以及分派角色和职责时确定的。注意事项包括，某一层次工作所需的依据在许多情况下来自于同一层次的其他工作。由此可以看出，项目管理的协调工作要沿着项目工作分解结构的竖直和水平两个方向展开。

(8)对于最底层的工作包，要有全面、详细和明确的文字说明。由于项目，特别是较大的项目有许多工作包，因此，往往将所有工作包文字说明汇集在一起，编成一个项目工作分解结构词典，便于需要时查阅。

3. 工程项目工作单元定义

工作单元是项目分解结果的最小单位，便于落实职责、实施、核算和信息收集等工作。工作单元的定义一般包括工作范围、质量要求、费用预算、时间安排、资源要求和组织责任等内容。工作包是最低层次的项目单元，是计划和控制的最小单位(特别是在成本方面)，是项目目标管理的具体体现。其相应的说明被称为工作包说明，它是以任务(活动)说明为主的。

工作包通常具有预先的定义，有相应的目标、可评价其结果的自我封闭的可交付成果(工作量)，有一个负责人(或单位)。它是设计(计划)、说明、控制和验收的对象。但它的内涵的大小(工作范围)没有具体的规定。常见的工作包说明表的格式见表1.3。

表 1.3 工作包说明表

项目名:________ 子项目名:________	工作包编码:________	日期:________ 版次:________
工作包名称:		
结果:		
前提条件:		
工程活动(或事件):		
负责人:		
费用: 计划: 实际:	其他参加者:	工期: 计划: 实际:

工作包说明是项目的目标分解和责任落实文件。它包括项目的计划、控制、组织、合同等各方面的基本信息,另外还可能包括:工作包的实施方案、各种消耗标准等信息。因此定义工作包的内容是一项非常复杂的工作,需要各部门的配合。

4. 工程项目工作界面分析

(1)工作界面分析的概念。

工作界面是指工作单元之间的结合部,或称接口部位,即工作单元之间相互作用、相互联系、相互影响的复杂关系。工作界面分析是指对界面中的复杂关系进行分析。

在项目管理中,大量的矛盾、争执、损失都发生在界面上。界面的类型很多,有目标系统的界面、技术系统的界面、行为系统的界面、组织系统的界面以及环境系统的界面等。对于大型复杂的项目,界面必须经过精心的组织和设计。

(2)工作界面分析的要求。

工作界面分析应符合如下要求:

①工作单元之间的接口合理,必要时应对工作界面进行书面说明。

②在项目的设计、计划和实施的过程中,注意界面之间的联系和制约。

③在项目的实施中,应注意变更对界面的影响。

(3)工作界面分析的原则。

随着项目管理集成化和综合化,工作界面分析越来越重要。工作界面的分析应遵循如下原则:

①保证系统界面之间的相容性,使项目系统单元之间有良好的接口,有相同的规格。这种良好的接口确保项目经济、安全、稳定、高效率的运行。

②保证系统的完备性,不失掉任何工作、设备、信息等,防止发生工作内容、成本和质量责任归属的争执。

③对界面进行定义,并形成文件,在项目的实施过程中保持界面清楚,当工程发生变更时应特别注意变更对界面的影响。

④在界面处设置检查验收点、里程碑、决策点和控制点,应采用系统方法从组织、管理、技术、经济、合同各方面主动地进行界面分析。

⑤注意界面之间的联系和制约,解决界面之间不协调、障碍和争执,主动地、积极地管理系统界面的关系,对相互影响的因素进行协调。

(4)工作界面的定义文件。

在项目管理中,对重要的工作界面应进行书面定义,并形成文件。项目工作界面的定义文件应能够综合表达界面的信息,例如界面的位置、组织责任的划分、技术界限、界面工作的界限和归宿、工期界限、活动关系、资源、信息的交换时间安排、成本界限等,见表1.4。

表1.4 工作界面说明

项目:			
子项目:			
界面号:			
部门:	部门:		
技术界限		已清楚	尚未清楚
工期界限		已清楚	尚未清楚
成本界限		已清楚	尚未清楚
签字:		签字:	

1.2.4 项目范围控制

1.项目范围控制的要求

项目范围控制应符合如下要求:

(1)组织要保证严格按照项目范围文件进行实施(包括设计、施工和采购等),对项目范围的变更进行有效的控制,保证项目系统的完备性。

(2)在项目实施过程中应经常检查和记录项目实施状况,对项目任务的范围(如数量)、标准(如质量)和工作内容等的变化情况进行有效控制。

(3)项目范围变更涉及目标变更、设计变更、实施过程变更等。范围变更会导致费用、工期和组织责任的变化以及实施计划的调整、索赔和合同争执等问题发生。

(4)范围管理应具备一定的审查和批准程序以及授权。特别要注重项目范围变更责任的落实和影响的处理程序。

(5)在工程项目的结束阶段,或整个工程在竣工时,将项目最终交付成果(竣工工程)移交之前,应对项目的可交付成果进行审查,核实项目范围内规定的各项工作或活动是否已经完成,可交付成果是否完备或令人满意。

2.项目范围变更管理

(1)项目范围变更管理的概念。项目范围变更是指在实施合同期间项目工作范围发生的改变,例如增加或删除某些工作等。项目范围变更管理是指对造成范围变更的因素施加影响,保证这些变化给项目带来益处,并确定范围变更已经发生,以及当变更发生时对实际变更进行管理。

项目范围变更管理必须完全与其他的控制过程(如进度控制、费用控制、质量控制等)相结合才能够收到更好的控制效果。

(2)项目范围变更管理的要求。项目范围变更管理应符合如下要求:

①项目范围变更要有严格的审批程序和手续。

②项目范围变更之后应调整相关的计划。

③组织对重大的项目范围变更,应提出影响报告。

(3)项目范围变更管理的依据。项目范围变更管理的依据见表1.5。

表1.5　项目范围变更管理的依据

序号	项目	具体内容
1	工作范围描述	工作范围描述是项目合同的主要内容之一,它详细描述了完成工程项目需要实施的全部工作
2	技术规范和图纸	技术规范规定了提供服务方在履行合同义务期间必须遵守的国家和行业标准以及项目业主的其他技术要求。技术规范优先于图纸,即当两者发生矛盾时,以技术规范规定的内容为准
3	变更令	形成正式变更令的第一步是提出变更申请,变更申请可能以多种形式发生——口头或书面的,直接或间接的,以及合法的命令或业主的自主决定。变更令可能要求扩大或缩小项目的工作范围
4	工程项目进度计划	工程项目进度计划既定义了工程项目的范围基准,同时又定义了各项工作的逻辑关系和起止时间(即进度目标)。当工程项目范围发生变更时,必然会对进度计划产生影响
5	进度报告	进度报告提供了项目范围执行状态的信息。例如,项目的哪些中间成果已经完成,哪些还未完成。进度报告还可以对可能在未来引起不利影响的潜在问题向项目管理班子发出警示信息

(4)项目范围变更控制系统。项目范围变更控制系统规定了项目范围变更应遵循的程序,包括书面工作、跟踪系统以及批准变更所必需的批准层次。范围变更控制系统应融入整个项目的变更控制系统。当在某一合同下实施项目时,范围变更控制系统还必须遵守该项目合同中的全部规定。

1.3　项目管理规划

1.3.1　项目管理规划通常规定

(1)项目管理规划作为指导项目管理工作的纲领性文件,应对项目管理的目标、依据、内容、组织、资源、方法、程序和控制措施进行确定。

(2)项目管理规划应包括项目管理规划大纲和项目管理实施规划两类文件。

(3)项目管理规划大纲应由组织的管理层或组织委托的项目管理单位编制。

(4)项目管理实施规划应由项目经理组织编制。

(5)大中型项目应单独编制项目管理实施规划;承包人的项目管理实施规划可以用施工组织设计或质量计划代替,但应能够满足项目管理实施规划的要求。

1.3.2 项目管理规划大纲

(1)项目管理规划大纲是项目管理工作中具有战略性、全局性和宏观性的指导文件。

(2)编制项目管理规划大纲应遵循下列程序:

①明确项目目标。

②分析项目环境和条件。

③收集项目的有关资料和信息。

④确定项目管理组织模式、结构和职责。

⑤明确项目管理内容。

⑥编制项目目标计划和资源计划。

⑦汇总整理,报送审批。

(3)项目管理规划大纲可依据下列资料编制:

①可行性研究报告。

②设计文件、标准、规范与有关规定。

③招标文件及有关合同文件。

④相关市场信息与环境信息。

(4)项目管理规划大纲可包括下列内容,组织应根据需要选定:

①项目概况。

②项目范围管理规划。

③项目管理目标规划。

④项目管理组织规划。

⑤项目成本管理规划。

⑥项目进度管理规划。

⑦项目质量管理规划。

⑧项目职业健康安全与环境管理规划。

⑨项目采购与资源管理规划。

⑩项目信息管理规划。

⑪项目沟通管理规划。

⑫项目风险管理规划。

⑬项目收尾管理规划

1.3.3 项目管理实施规划

(1)项目管理实施规划应对项目管理规划大纲进行细化,使其具有可操作性。

(2)编制项目管理实施规划应遵循下列程序:

①了解项目相关各方的要求。

②分析项目条件和环境。

③熟悉相关的法规和文件。

④组织编制。

⑤履行报批手续。

(3)项目管理实施规划可依据下列资料编制:

①项目管理规划大纲。

②项目条件和环境分析资料。

③工程合同及相关文件。

④同类项目的相关资料。

(4)项目管理实施规划应包括下列内容:

①项目概况。

②总体工作计划。

③组织方案。

④技术方案。

⑤进度计划。

⑥质量计划。

⑦职业健康安全与环境管理计划。

⑧成本计划。

⑨资源需求计划。

⑩风险管理计划。

⑪信息管理计划。

⑫项目沟通管理计划。

⑬项目收尾管理计划。

⑭项目现场平面布置图。

⑮项目目标控制措施。

⑯技术经济指标。

(5)项目管理实施规划应符合下列要求:

①项目经理签字后报组织管理层审批。

②与各相关组织的工作协调一致。

③进行跟踪检查和必要的调整。

④项目结束后,形成总结文件。

1.4 项目管理组织

1.4.1 项目管理组织通常规定

(1)项目管理组织的建立应遵循下列原则:

①组织结构科学合理。

②有明确的管理目标和责任制度。

③组织成员具备相应的职业资格。

④保持相对稳定,并根据实际需要进行调整。

(2)组织应确定各相关项目管理组织的职责、权限、利益和应承担的风险。

(3)组织管理层应按项目管理目标对项目进行协调和综合管理。

(4)组织管理层的项目管理活动应符合下列规定:

①制定项目管理制度。

②实施计划管理,保证资源的合理配置和有序流动。

③对项目管理层的工作进行指导、监督、检查、考核和服务。

1.4.2 项目经理部

1.项目经理部的性质

项目经理部是在施工项目经理领导下的管理层,其职能为:对施工项目实行全过程的综合管理。

项目经理部是施工项目管理的中枢,是施工项目责、权、利的落脚点,隶属于企业的项目责任部门,就一个施工项目的各方面活动对企业进行全面负责。对于建设单位来说,是目标的直接责任者,是建设单位直接监督、控制的对象。对于项目内部成员而言,它是项目独立利益的代表者和保证者,同时也是项目的最高管理者。项目经理部是施工企业内部相对独立的一个综合性的责任单位,其性质可以归纳为以下三个方面。

(1)项目经理部的相对独立性。项目经理部的相对独立性是指其与施工企业存在着双重关系:

①项目经理部作为施工企业的下属单位,同施工企业存在着行政隶属关系,要绝对服从施工企业的全面领导。

②项目经理部是一个施工项目独立利益的代表,存在着独立的利益,同企业形成一种经济承包或其他的经济责任关系。

(2)项目经理部的综合性。项目经理部的综合性主要指以下几方面内容:

①应当明确施工项目经理部是施工企业的一级经济组织,主要职责是管理施工项目的各种经济活动,但它又要负责一定的政工管理。

②其管理职能是综合的,包括计划、组织、控制、协调、指挥等多方面。

③项目经理部的管理业务是综合的,从横向方面看包括人、财、物,生产和经营活动,从纵向方面看包括施工项目寿命周期全过程。

(3)项目经理部的单体性和临时性。

项目经理部的单体性和临时性是指其仅为施工企业一个施工项目的责任单位,要随着项目的立项而成立,随着项目的终结而解体。

2.项目经理部的作用

项目经理部是由项目经理在企业的支持下组建,进行项目管理的组织机构。其作用包括:

(1)项目经理部是企业在项目上的管理层,同时对作业层负有管理与服务的双重职能。

(2)项目经理部是项目经理的办事机构,为项目经理决策提供信息依据,当好参谋,同时又要执行项目经理的决策意图,对项目经理进行全面负责。

(3)项目经理部是一个组织体,其作用包括:完成企业所赋予的基本任务——项目管理和专业管理任务等;凝聚管理人员的力量,调动其积极性;促进管理人员的合作,建立为事业献身的精神;协调部门之间、管理人员之间的关系,发挥每个人的岗位作用,为实现共同目标努力工作;影响和改变管理人员的观念及行为,使个人的思想、行为变为组织文化的积极因素;贯彻组织责任制,搞好管理;沟通部门之间,项目经理部与作业层之间、与公司之间以及与环境之间的信息。

(4)项目经理部是代表企业履行工程施工合同的主体,对最终建筑产品和建设单位负责。

3.项目经理部的建立

(1)项目经理部建立的原则。

①根据设计的项目组织形式设置项目经理部。项目组织形式与企业对施工项目的管理方式有关,与企业对项目经理部的授权有关。不同的组织形式对建设工程项目经理部的管理力量和管理职责提出了不同要求,提供了不同的管理环境。

②根据建设工程项目的规模、复杂程度和专业特点设置项目经理部。例如大型项目经理部可以设职能部、处;中型项目经理部可以设处、科;小型项目经理部通常只需设立职能人员即可。若项目的专业性强,便可设置专业性强的职能部门。

③项目经理部是一个具有弹性的一次性施工生产组织,随工程任务的变化而进行调整,不应搞成一个固定性组织。在工程项目施工开始前建立,工程竣工交付使用后,项目管理任务完成,项目经理部应解体。项目经理部不应有固定的作业队伍,而是根据施工的需求,在企业内部或社会上吸收人员,进行优化组合和动态管理。

④项目经理部的人员配置应面向施工项目现场,满足现场计划与调度、技术与质量、成本与核算、劳务与物资、安全与文明施工的需要。不应设置专管经营与咨询、研究与开展、政工与人事等非生产性部门。

⑤在项目管理机构建成之后,应建立有益于组织运转的工作制度。

(2)项目经理部建立的步骤。

①根据企业批准的项目管理规划大纲,确定项目经理部的管理任务和组织形式。

②确定项目经理部的层次,设立职能部门及工作岗位。

③确定人员、职责、权限。

④由项目经理根据项目管理目标责任书进行目标分解。

⑤组织有关人员制订规章制度和目标责任考核、奖惩制度。

(3)项目经理部的部门设置和人员配备。

项目经理部的部门设置和人员配备的指导思想是将项目建成企业管理的重心、成本核算的中心、代表企业履行合同的主体。

①小型施工项目,在项目经理的领导下,可设立管理人员,包括工程师、经济员、技术员、料具员、总务员,不设专业部门。大中型施工项目经理部,可设立专业部门,通常包括以下五类部门:

a.经营核算部门,主要负责预算、合同、索赔、资金收支、成本核算、劳动配置及劳动分配等工作。

b.物资设备部门,主要负责材料的询价、采购、计划供应、管理、运输、工具管理、机械设备的租赁配套使用等工作。

c.工程技术部门,主要负责生产调度、文明施工、技术管理、施工组织设计、计划统计等工作。

d.监控管理部门,主要负责工作质量、安全管理、消防保卫、环境保护等工作。

e. 测试计量部门，主要负责计量、测量、试验等工作。

②人员规模可按照下述岗位及比例配备：由项目经理、总工程师、总经济师、总会计师、政工师和技术、预算、劳资、定额、计划、质量、保卫、测试、计量以及辅助生产人员 15 ~ 45 人组成。一级项目经理部有 30 ~ 45 人，二级项目经理部有 20 ~ 30 人，三级项目经理部有 15 ~ 20 人，其中专业职称设岗为：高级 3% ~ 8%，中级 30% ~ 40%，初级 37% ~ 42%，其他 10%，实行一职多岗，全部岗位职责覆盖项目施工全过程的全面管理。

③项目管理委员会在项目中的地位：为了充分发挥全体职工的主人翁责任感，项目经理部可设立项目管理委员会，通常由 7 ~ 11 人组成，由参与任务承包的劳务作业队全体职工选举产生。但项目经理、各劳务输入单位领导或各作业承包队长应为法定委员。项目管理委员会的主要职责是听取项目经理的工作汇报，参与有关生产分配会议，及时反映职工的建议及要求，帮助项目经理解决在施工中所出现的问题，定期评议项目经理的工作等。

1.4.3 项目团队建设

1. 项目团队建设的要求

项目团队建设应符合如下要求：

(1) 项目团队应有明确的目标、合理的运行程序及完善的工作制度。

(2) 项目经理应对项目团队建设负责，培育团队精神，定期评估团队运作绩效，有效发挥和调动各成员的工作积极性及责任感。

(3) 项目经理应通过表彰奖励、学习交流等多种方式，促进团队和谐氛围，统一团队思想，营造集体观念，处理管理冲突，提高项目运作效率。

(4) 项目团队建设应注重管理绩效，有效地发挥个体成员的积极性，并充分利用成员集体的协作成果。

2. 项目团队建设的过程

项目团队建设的过程可分为以下五个阶段：

(1) 形成阶段。

项目团队形成阶段主要依靠项目经理来指导和构建。团队形成需要以整个运行的组织作为基础，即一个组织构成一个团队的基础框架，团队的目标为组织的目标，团队的成员为组织的全体成员。同时需要在组织内的一个有限范围内完成某一特定的任务或为一共同目标等形成的团队。

(2) 磨合阶段。

磨合阶段是指团队从组建到规范阶段的过渡过程。这一阶段主要指团队成员之间，成员与内外环境之间，团队与所在组织、上级、客户之间进行的磨合。

①成员与成员间的磨合。由于项目团队成员之间的文化、教育、性格、专业等各方面的差异，在项目团队建设初期必然会产生成员间的冲突。这种冲突随着项目成员间的相互了解逐渐达到磨合。项目团队建设磨合期中应该特别注意将员工的心理沟通与辅导有机结合，应用心理学的方法将员工之间的情感不断进行融和，将员工之间的关系逐步地协调，这样才能尽快地减少人为的问题，缩短磨合期。

②成员与内外环境间的磨合。项目团队作为一个系统不是孤立的，要受到团队外界环境和团队内部环境的影响。作为一名项目成员，应熟悉所承担的具体任务和专业技术知识；熟

悉团队内部的管理规则制度;明确各相关单位之间的关系。

③项目团队与其所在组织、上级和客户间的磨合。对于一个新的团队与其所在组织会产生一个观察、评价与调整的过程。二者之间的关系有一个衔接、建立、调整、接受、确认的过程,同样对于与其上级和其客户来说也包括类似的过程。

(3)规范阶段。

经过磨合阶段,团队的工作开始进入有序化状态,团队的各项规则经过建立、补充和完善,成员之间经过认识、了解与相互定位,形成了自己的团队文件、新的工作规范,培养了初步的团队精神。

(4)表现阶段。

经过上述三个阶段,团队进入了表现阶段,这是团队的最佳状态时期。团队成员彼此高度信任,相互默契,工作效率有很大幅度的提高,工作效果明显,这时团队已经比较成熟。

(5)休整阶段。

休整阶段包括休止与整顿两方面的内容。

①团队休止。指团队经过一段时期的工作,工作任务即将结束,这时团队将面临着总结、表彰等工作,所有这些暗示着团队前一时期的工作已经基本结束,团队可能面临马上解散的状态,团队成员要为自己的下一步工作进行充分考虑。

②团队整顿。指在团队的原工作任务结束之后,团队也可能准备接受新的任务。为此团队要进行调整和整顿,包括工作作风、工作规范、人员结构等各方面。

3. 项目团队建设的方法

(1)为团队树立共享的目标。

团队目标是一个有意识地选择并能表达出来的方向,它运用团队成员的才能和能力,促进组织的发展,使团队成员有一种成就感。因此团队目标表明了团队存在的理由,能够为团队运行过程中的决策提供参照物,同时可以成为判断团队是否进步的可行标准,而且为团队成员提供一个合作和共担责任的焦点。

要形成团队共享目标,应从以下几方面着手。

①对团队进行摸底。向团队成员咨询对团队整体目标的意见,这非常重要,一方面可以让成员参与进来,使他们觉得这是自己的目标;另一方面可以获取成员对目标的看法,即团队成员能为组织作出什么他人无法作出的贡献,团队成员在未来应重点关注什么事情,团队成员能够从团队中得到什么,以及团队成员个人的特长是否在团队目标达成过程中得到有效的发挥等,通过这些广泛地获取成员对团队目标的相关信息。

②对获取的信息进行深入加工。在对团队进行摸底收集到相关信息后,不要马上确定团队目标,应就成员提出的各种观点进行思考,留下一个空间,回头考虑这些观点,以缓解匆忙决定所带来的不利影响。

③与团队成员讨论目标表述。与团队成员讨论目标表述是将它作为一个起点,以成员的参与而形成最终的定稿,以此获得团队成员对目标的承诺。虽然很难,但这一步确是不可省略的,因此,团队领导应运用一定的方法和技巧——例如头脑风暴法,确保成员将所有的观点都讲出来,找出不同意见的共同之处,辨识出隐藏在争议背后的合理性建议,从而达成团队目标共享的双赢局面。

④确定团队目标。通过对团队摸底和讨论,修改团队目标表述内容以反映团队的目标责

任感;虽然很难让百分百的成员都同意目标表述的内容,但求同存异地形成一个成员认可的、可接受的目标是重要的,这样才能够获得成员对团队目标的真实承诺。

⑤由于团队在运行的过程中难免会遇到一些障碍,例如组织大环境对团队运行缺乏信任、成员对团队目标缺乏足够的信心等,因此在确定团队目标之后,应尽量地对团队目标进行阶段性的分解,树立一些过程中的里程碑式的目标,使团队每前进一步都能给组织以及成员带来惊喜,从而增强团队成员的成就感,为一步一步完成整体性团队目标奠定坚实的信心基础。

(2)改变团队领导管理方式。

在成为管理者前,大多数人都是通过很长一段时间在具体的专业或技术岗位上工作,并因为表现杰出而晋升到管理岗位来的,他们开始的时候都是实干家——例如工程师、行政人员、技术工人等,任何事情都是亲力亲为。走上管理岗位之后,在遇到问题时他们自觉不自觉地都倾向于自己独立做事或寻找能人做事,只注重给团队中业务能力特别强的成员安排工作。

作为新走上管理岗位的人员,他们一方面是通过观摩或感受自己以前上级的管理方式进行管理,另一方面是通过自己的直觉进行管理,从而慢慢形成自己的管理方式。但是令人遗憾的是,若上级的管理方式不正确,或自己领悟错误,这种错误的管理方式就会得到延续而自己还很难察觉。

作为项目团队领导,应改变传统的管理方式,更有效地开展团队工作,以达到团队协同效应,具体可以从以下几方面着手。

①让团队成员充分理解工作任务或目标。只有团队成员对工作目标有了清楚、共同的认识,才能够在成员心中树立成就感,也才能增加实施过程的紧迫感。达成共识的团队目标,才能够赋予成员克服障碍、激发能量的动力。

②在团队中鼓励共担责任。要鼓励团队成员共担责任,团队领导应帮助团队成员之间共享信息,以建立一种鼓励信息共享的氛围;让团队成员知道团队任务的进展情况,以及如何配合整个任务的完成;在团队中提供成员之间的交叉培训,使每个成员都清楚认识到自己并不知道所有的答案,确保有关信息的传递。

③在团队中建立相互信任的关系。信任是团队发挥协同作用的基础,建立相互信任关系应当从以下两方面进行:

a. 在团队中授权,即要勇于给团队成员赋予新的工作,给予团队成员行动的自由,鼓励成员创新性地解决问题,而不是什么事情都亲力亲为。

b. 在团队中建立充分的沟通渠道,即鼓励成员就问题、现状等进行充分沟通,塑造一个公平、平等的沟通环境。

2 市政与园林绿化工程项目管理

2.1 项目合同管理

2.1.1 项目合同管理的内容与程序

1. 项目合同管理的内容

项目合同管理的内容主要包括以下几方面：

(1)对合同履行情况进行监督检查。通过检查，发现问题及时协调解决，提高合同履约率。主要包括以下几点内容：

①检查合同法及有关法规的贯彻执行情况。

②检查合同管理办法及有关规定的贯彻执行情况。

③检查合同签订和履行情况，减少和避免合同纠纷的发生。

(2)经常对项目经理及相关人员进行合同法及有关法律知识教育，提高合同管理人员的素质。

(3)建立健全工程项目合同管理制度。包括：项目合同归口管理制度；考核制度；合同用章管理制度；合同台账、统计及归档制度。

(4)对合同的履行情况进行统计分析。包括：工程合同份数、造价、履约率、纠纷次数、违约原因、变更次数及原因等。通过统计分析手段，发现问题，及时协调解决，提高利用合同进行生产经营的能力。

(5)组织和配合有关部门做好有关工程项目合同的鉴证、公证和调解、仲裁及诉讼活动。

2. 项目合同管理的程序

市政工程与园林绿化工程项目合同管理应遵循以下程序：

(1)合同评审。

(2)合同订立。

(3)合同实施计划编制。

(4)合同实施控制。

(5)合同综合评价。

(6)有关知识产权的合法使用。

2.1.2 项目合同管理组织

项目合同管理任务必须由一定的组织机构和人员来完成。想要提高合同管理水平，必须使合同管理工作专门化和专业化。业主和承包商应设立专门机构或人员负责合同管理工作。项目合同管理组织的设置，一般有以下几种情况。

(1)工程承包企业或相关的组织设置合同管理部门(科室)，专门负责企业所有工程合同的总体管理工作。

(2)对于大型的工程项目,设立项目的合同管理小组,专门负责与该项目有关的合同管理工作。

(3)对于一般项目,较小的工程,可设合同管理员。他在项目经理领导下进行施工现场的合同管理工作。

对于处于分包地位,且承担的工作量不大、工程不复杂的承包商,工地上可不设专门的合同管理人员,而将合同管理任务分解下达给各职能人员,由项目经理作总体协调工作。

2.1.3　项目合同评审

1. 合同合法性审查

合同合法性是指合同依法成立所具有的约束力。对于项目合同合法性的审查,基本上从合同主体、客体、内容三方面加以考虑。结合实践情况,在市政工程与园林绿化工程项目建设市场上,有以下几种合同无效的情况。

(1)没有经营资格而签订的合同。

工程施工合同的签订双方是否有专门从事建筑业务的资格,这是合同有效、无效的重要条件之一。

(2)缺少相应资质而签订的合同。

工程是"百年大计"的不动产产品,而非一般产品,因此工程施工合同的主体除了具备可支配的财产、固定的经营场所和组织机构之外,还必须具备与工程项目相适应的资质条件,而且也只能在资质证书核定的范围内承接相应的工程任务,不得擅自越级或超越规定的范围。

(3)违反法定程序而订立的合同。

在工程施工合同尤其是总承包合同和施工总承包合同的订立中,一般通过招标投标的程序,招标为要约邀请,投标为要约,中标通知书的发出意味着承诺。对通过这一程序缔结的合同,《招标投标法》有着严格的规定。

首先,《招标投标法》对必须进行招投标的项目作了限定。其次,招投标遵循公平、公正的原则,违反这一原则,也可能会导致合同无效。

(4)违反关于分包和转包的规定所签订的合同。

我国《建筑法》允许建设工程总承包单位将承包工程中的部分发包给具有相应资质条件的分包单位,但是除总承包合同中约定的分包外,其他分包必须经建设单位认可。也就是说,未经建设单位认可的分包和施工总承包单位将工程主体结构分包出去所订立的分包合同,均无效。此外,将建设工程分包给不具备相应资质条件的单位或分包后将工程再进行分包,都是法律禁止的。

(5)其他违反法律和行政法规所订立的合同。

如合同内容违反法律和行政法规,也可能导致整个合同的无效或合同的部分无效。例如发包方指定承包单位购入的用于工程的建筑材料、构配件,或者指定生产厂、供应商等,此类条款均为无效。合同中某一条款的无效,并不必然影响整个合同的有效性。

在实践中,构成合同无效的情况众多,需要有一定的法律知识方能判别。因此建议承发包双方将合同审查落实到合同管理机构和专门人员,每一项目的合同文本均须经过经办人员、部门负责人、法律顾问及总经理的审查,批注具体意见,在必要时,还应听取财务人员的意见,以期尽可能完善合同,确保在谈判时确定已方利益能够得到最大保护。

2. 合同条款完备性审查

合同条款的内容直接关系到合同双方的权利、义务,在市政工程与园林绿化工程项目合同签订之前,应当严格审查各项合同条款内容的完备性,尤其应注意如下内容。

(1)确定合理的工期。

工期过长,不利于发包方及时收回投资;工期过短,则不利于承包方对工程质量以及施工过程中建筑半成品的养护。因此对承包方而言,应合理计算自己能否在发包方要求的工期内完成承包任务,否则应当按照合同约定承担逾期竣工的违约责任。

(2)明确双方代表的权限。

在施工承包的合同中一般都明确甲方代表和乙方代表的姓名和职务,但对其作为代表的权限则往往规定不明。由于代表的行为代表了合同双方的行为,因此有必要对其权利范围以及权利限制作一定约定。

(3)明确工程造价或工程造价的计算方法。

工程造价条款是工程施工合同的必备和关键条款,但一般会发生约定不明的情况,往往为日后争议和纠纷的发生埋下隐患。而处理这类纠纷,法院或仲裁机构通常委托有权审价单位鉴定造价,这势必使当事人陷入持久的诉讼,更何况经审价得出的造价也因缺少可靠的计算依据而缺乏准确性,对维护当事人的合法权益极为不利。

(4)明确材料和设备的供应。

由于材料、设备的采购和供应所引发的纠纷非常多,因此必须在合同中明确约定相关条款,包括发包方或承包商所供应或采购的材料、设备的名称、规格、型号、数量、单价、质量要求、运送到达工地的时间、验收标准、运输费用的承担、保管责任、违约责任等。

(5)明确工程竣工交付的标准。

应当明确约定工程竣工交付的标准。如发包方需要提前竣工,而承包商表示同意的,则应约定由发包方另行支付赶工费用或奖励。因为赶工意味着承包商将投入更多的人力、物力、财力,劳动强度增大,损耗增加。

(6)明确违约责任。

违约责任条款订立的目的在于促使合同双方严格履行合同义务,防止违约行为的发生。发包方拖欠工程款、承包方无法保证施工质量或不按期竣工,均会给对方以及第三方带来不可估量的损失。审查违约责任条款时,要注意以下两点内容。

①对违约责任的约定不应笼统化,而应区分情况作相应约定。有的合同不论违约的具体情况,笼统地约定一笔违约金,这没有与因违约造成的真正损失额挂钩,从而会导致违约金过高或是过低的情形,是不妥当的。应当针对不同的情形作不同的约定,如质量不符合合同约定标准所应承担的责任、因工程返修造成工期延长的责任、逾期支付工程款所应承担的责任等,衡量标准均不同。

②对双方违约责任的约定是否全面。在建设工程的施工合同中,双方的义务繁多,有的合同仅对主要的违约情况作了违约责任的约定,而忽视了违反其他非主要义务所应承担的违约责任。但实际上,违反这些义务极可能影响整个合同的履行。

2.1.4　项目合同实施计划

1. 项目合同实施总体策划

(1)工程承包方式和费用的划分。

在项目合同实施总体策划的过程中,首先需要根据项目的分包策划确定项目的承包方式和每个合同的工程范围,我们将在后面对这部分的具体内容进行详细讨论。

(2)合同种类的选择。

①单价合同。单价合同是最为常见的合同种类,适用范围广,例如FIDIC工程施工合同,我国的工程施工合同也主要是这一类合同。

在这种合同中,承包商仅按照合同规定承担报价的风险,即对报价(主要为单价)的正确性和适宜性承担责任;而工程量变化的风险则由业主承担。由于风险分配比较合理,能够适应大多数工程,能够调动承包商和业主双方的管理积极性。单价合同又分为固定单价和可调单价等形式。

单价合同的特点是单价优先,业主在招标文件中所给出的工程量表中的工程量是参考数字,而实际合同价款按照实际完成的工程量和承包商所报的单价计算。在单价合同中应明确编制工程量清单的方法和工程计量方法。

②固定总合同。这种合同以一次包死的总价格委托,除了设计有重大变更,通常不允许调整合同价格。因此在这类合同中承包商承担了全部的工作量和价格风险。

在工程中,业主喜欢采用这种合同形式。在正常情况下,可免除业主由于要追加合同价款、追加投资带来的麻烦。但由于承包商承担了全部风险,报价中不可预见风险费用较高。报价的确定必须考虑施工期间物价变化以及工程量的变化。

③成本加酬金合同。工程最终合同价格按照承包商的实际成本加一定比率的酬金(间接费)计算。在合同签订时不能确定一个具体的合同价格,只能确定酬金的比率。因为合同价格按承包商的实际成本结算,承包商不承担任何风险,所以他没有成本控制的积极性,相反期望提高成本以提高自己工程的经济效益。这样会损害工程的整体效益。

④目标合同。通常来说,目标合同规定,承包商对工程建成后的生产能力(或使用功能)、工程总成本、工期目标承担责任。例如:

a. 若工程投产后,在一定时间内达不到预定的生产能力,则按一定比例扣减合同价格。

b. 若工期拖延,则承包商承担工期拖延违约金。

c. 若实际总成本低于预定总成本,则节约的部分按照预定的比例给承包商奖励,而超支的部分由承包商按比例承担。

d. 若承包商提出合理化建议被业主认可,该建议方案使实际成本减少,则合同价款总额不予减少,这样成本节约的部分业主与承包商分成。

(3)项目招标方式的确定。

①公开招标。在此过程中,业主选择范围大,承包商之间充分地平等竞争,有利于降低报价,提高工程质量,缩短工期。但招标期较长,业主有大量的管理工作,如准备许多资格预审文件和招标文件,资格预审、评标、澄清会议工作量大。

②议标。在这种招标方式中,业主直接与一个承包商进行合同谈判,因为没有竞争,承包商报价较高,工程合同价格自然很高。议标通常适合在一些特殊情况下采用:

a. 业主对承包商十分信任,可能是老主顾,承包商资信很好。

b. 由于工程的特殊性,例如军事工程、保密工程,特殊专业工程和仅由一家承包商控制的专利技术工程等。

c. 有些采用成本加酬金合同的情况。

d. 在一些国际工程中,承包商帮助业主进行项目的前期策划,做可行性研究甚至项目的初步设计。

③选择性竞争招标(邀请招标)。业主根据工程的特点,有目标、有条件地选择几个承包商,邀请他们参加工程的投标竞争,这是国内外经常采用的招标方式。采用这种招标方式,业主的事务性管理工作较少,招标所用的时间较短,费用较低,同时业主可以获得一个较为合理的价格。

(4)项目合同条件的选择。

合同条件是合同文件中最为重要的部分。在实际工程中,业主可按照需要自己(一般委托咨询公司)起草合同协议书(包括合同条件),也可以选择标准的合同条件。可以通过特殊条款对标准文本作修改、限定或补充。

(5)重要合同条款的确定。

在合同实施总体策划的过程中,需要对以下重要的条款进行确定:

①适用于合同关系的法律,以及合同争执仲裁的地点、程序等。

②付款方式。

③合同价格的调整条件、范围、方法。

④对承包商的激励措施。

⑤合同双方风险的分担。

⑥设计合同条款,通过合同保证对工程的控制权力,并形成一个完整的控制体系。

⑦为了保证双方诚实信用,必须有相应的合同措施。如保函、保险等。

(6)其他问题。

在市政工程与园林绿化工程项目合同实施总体策划过程中,除了确定上述各项问题外,还需要对以下问题进行确定:

①确定资格预审的标准和允许参加投标单位的数量。

②标后谈判的处理。

③定标的标准。

2. 项目合同实施分包策划

(1)分阶段分专业工程平行承包。

分阶段分专业工程平行承包方式是指业主将设计、设备供应、土建、电器安装、机械安装、装饰等工程施工分别委托给不同的承包商。各承包商分别与业主签订合同,向业主负责。这种方式的特点包括:

①业主有大量的管理工作,有许多次招标,作比较精细的计划及控制,因此项目前期需要比较充裕的时间。

②在工程中,业主必须负责各承包商之间的协调工作,对各承包商之间互相干扰造成的问题承担责任。因此在这类工程中组织争执较多,索赔较多,工期比较长。

③对项目业主管理和控制比较细,需要对出现的各种工程问题作中间决策,必须具备较

强的项目管理能力。

④在大型工程项目中，业主将面对很多承包商（其中包括设计单位、供应单位、施工单位），直接管理承包商的数量太多，管理跨度太大，易造成项目协调的困难，造成工程中的混乱和项目失控现象。

⑤业主可分阶段进行招标，可通过协调和项目管理加强对工程的干预。同时承包商之间存在着一定的制衡，如各专业设计、设备供应、专业工程施工之间存在制约关系。

⑥使用这种方式，项目的计划和设计必须周全、准确、细致，否则极易造成项目实施中的混乱状态。

(2)"设计—施工—供应"总承包。

①可减少业主面对的承包商的数量，这给业主带来很大的方便。在工程中业主责任较小，主要提出工程的总体要求（例如工程的功能要求、设计标准、材料标准的说明），作宏观控制，验收结果，通常不干涉承包商的工程实施过程和项目管理工作。

②这使得承包商能够将整个项目管理形成一个统一的系统，方便协调和控制，减少大量重复的管理工作与花费，利于施工现场的管理，减少中间检查、交接环节和手续，避免由此引起的工程拖延，从而使工期（招标投标和建设期）大大缩短。

③无论是设计、施工与供应之间的互相干扰，还是不同专业之间的干扰，均由总承包商负责，业主不承担任何责任，所以争执较少，索赔也较少。

④要求业主必须加强对承包商的宏观控制，选择资信好、实力强、适应全方位工作的承包商。

目前，这种承包方式在国际上受到普遍欢迎。

(3)将工程委托给几个主要的承包商。

这种方式是介于上述两者之间的中间形式，即将工程委托给几个主要的承包商，例如设计总承包商、施工总承包商、供应总承包商等，在工程中是极为常见的。

2.1.5　项目合同实施控制

1. 项目合同交底

市政工程与园林绿化工程项目合同交底主要包括以下几点：

(1)工程的质量、技术要求和实施中的注意点。

(2)工期要求。

(3)消耗标准。

(4)各工程小组（分包商）责任界限的划分。

(5)相关事件之间的搭接关系。

(6)完不成责任的影响和法律后果等。

2. 项目合同跟踪

(1)项目合同跟踪的依据。

对项目合同实施情况进行跟踪时，主要有以下几个方面的依据：

①合同和合同分析的结果。合同和合同分析的结果，如各种计划、方案、合同变更文件等，它们是比较的基础，是合同实施的目标和方向。

②各种实际的工程文件。各种实际的工程文件，如原始记录、各种工程报表、报告、验收

结果、量方结果等。

③对现场情况的直观了解。工程管理人员每天对现场情况的直观了解,如通过施工现场的巡视、与各种人谈话、召集小组会议、检查工程质量,通过报表、报告等。

(2)项目合同实施跟踪的对象。

项目合同实施跟踪的对象主要包括:

①具体的合同事件。对照合同事件表的具体内容,分析该事件的实际完成情况。

②工程小组或分包商的工程和工作。一个工程小组或分包商可能承担许多专业相同、工艺相近的分项工程或许多合同事件,因此必须对其实施的总情况进行检查分析。在实际工程中,常常因为某一工程小组或分包商的工作质量不高或进度拖延而影响到整个工程施工。合同管理人员在这方面应给他们提供帮助,例如协调他们之间的工作,对工程缺陷提出意见、建议或警告,责成他们在一定时间内提高质量、加快工程进度等。

③业主和工程师的工作。业主和工程师是承包商的主要工作伙伴,对他们的工作进行监督和跟踪是非常重要的。

④工程总的实施状况中所存在的问题。对工程总的实施状况的跟踪可以就以下几方面进行:

a.工程整体施工秩序状况。若出现以下情况,合同实施必然存在问题:

Ⅰ.现场混乱、拥挤不堪。

Ⅱ.承包商与业主的其他承包商、供应商之间协调困难。

Ⅲ.合同事件之间和工程小组之间协调困难。

Ⅳ.出现事先未考虑到的情况和局面。

Ⅳ.发生较为严重的工程事故等。

b.已完工程未通过验收、出现大的工程质量问题、工程试生产不成功或达不到预定的生产能力等。

c.施工进度未达到预定的计划,主要的工程活动出现拖期,在工程周报和月报上计划和实际进度出现大的偏差。

d.计划和实际的成本曲线出现大的偏离。在工程项目管理中,工程累计成本曲线对合同实施的跟踪分析起很大作用。计划成本累计曲线一般在网络分析、各工程活动成本计划确定后得到。在国外,它又被称为工程项目的成本模型。而实际成本曲线由实际施工进度安排和实际成本累计得到,两者对比即可分析出实际和计划的差异。

3.项目合同实施诊断

(1)合同实施诊断的内容。

①合同执行差异的原因分析。通过对不同监督和跟踪对象的计划和实际的对比分析,不仅可以得到差异,而且可以探索引起这个差异的原因。原因分析可采用鱼刺图,因果关系分析图(表),成本量差、价差分析等方法定性地或定量地进行。

②合同差异责任分析。即这些原因由谁所引起,该由谁承担责任,这常常是索赔的理由。通常只要原因分析详细,有根有据,则责任自然清楚。责任分析必须以合同作为依据,按合同规定落实双方的责任。

③合同实施趋向预测。分别考虑不采取调控措施和采取调控措施以及采取不同的调控措施情况下,合同的最终执行结果:

a. 最终的工程状况，包括总工期的延误，总成本的超支，质量标准，所能达到的生产能力（或是功能要求）等。

b. 承包商将承担什么样的后果，例如被罚款、被清算，甚至被起诉，对承包商资信、企业形象、经营战略造成的影响等。

c. 最终工程经济效益（利润）水平。

（2）合同实施偏差的处理措施。

经合同诊断之后，根据合同实施偏差分析的结果，承包商应采取相应的调整措施。调整措施有以下四类：

①组织措施，如增加人员的投入，重新计划或调整计划，派遣得力的管理人员。

②技术措施，如变更技术方案，采用新的更高效率的施工方案。

③经济措施，如增加投入，对工作人员进行经济激励等。

④合同措施，如进行合同变更，签订新的附加协议、备忘录，通过索赔解决费用的超支问题等。

4. 项目合同变更管理

（1）合同变更的起因及影响。

市政工程与园林绿化工程项目合同变更通常主要有以下几方面的原因：

①发包人有新的意图，发包人修改项目总计划，削减预算，发包人要求变化。

②由于设计人员、工程师、承包商事先没能很好地理解发包人的意图，或设计的错误，导致的图纸修改。

③工程环境的变化，预定的工程条件不准确，必须改变原设计、实施方案或实施计划，或由于发包人指令及发包人责任的原因所造成承包商施工方案的变更。

④由于产生新的技术和知识，有必要改变原设计、实施方案或实施计划。

⑤政府部门对工程新的要求，例如国家计划变化、环境保护要求、城市规划变动等。

⑥由于合同实施出现问题，必须调整合同目标，或修改合同条款。

⑦合同双方当事人由于倒闭或其他原因转让合同，造成合同当事人的变化，这一般比较少。

合同的变更一般不能免除或改变承包商的合同责任，但对合同实施影响很大，主要表现在以下几方面：

①导致设计图纸、成本计划和支付计划、工期计划、施工方案、技术说明和适用的规范等定义工程目标和工程实施情况的各种文件作相应的修改和变更。

②引起合同双方、承包商的工程小组之间、总承包商与分包商之间合同责任的变化。

③有些工程变更还会引起已完工程的返工，现场工程施工的停滞，施工秩序打乱，已购材料的损失等。

（2）合同变更的范围。

合同变更的范围很广，通常在合同签订之后所有工程范围、进度、工程质量要求、合同条款内容、合同双方责权利关系的变化等都可以被看做合同变更。市政工程与园林绿化工程最常见的变更包括以下两种：

①涉及合同条款的变更，合同条件和合同协议书所定义的双方责权利关系或一些重大问题的变更。这是狭义的合同变更，从前人们定义合同变更即为这一类。

②工程变更,即工程的质量、数量、性质、功能、施工次序及实施方案的变化。

(3)合同变更的程序。

①合同变更的提出。

a. 承包商提出合同变更。承包商在提出合同变更时,通常情况是工程遇到无法预见的地质条件或地下障碍。

b. 发包人提出变更。发包人通常可通过工程师提出合同变更。但如发包方提出的合同变更内容超出合同限定的范围,则属于新增工程,只能另签合同进行处理,除非承包方同意作为变更。

c. 工程师提出合同变更。工程师往往根据工地现场工程进展的具体情况,认为确有必要时,可提出合同变更。工程承包合同施工中,因设计考虑不周,或是施工时环境发生变化,工程师本着节约工程成本和加快工程与保证工程质量的原则,提出合同变更。只要提出的合同变更在原合同规定的范围内,通常是切实可行的。如果超出原合同,新增了很多工程内容和项目,则属于不合理的合同变更请求,工程师应和承包商协商后酌情处理。

②合同变更的批准。由承包商所提出的合同变更,应交与工程师审查并批准。由发包人提出的合同变更,为了便于工程的统一管理,通常由工程师代为发出。

合同变更审批的通常原则应为:

a. 考虑合同变更对工程进展是否有利。

b. 考虑合同变更可否节约工程成本。

c. 考虑合同变更更是兼顾发包人、承包商或工程项目之外其他第三方的利益,不能因为合同变更而损害任何一方的正当权益。

d. 必须确保变更项目符合本工程的技术标准。

e. 最后一种情况是工程受阻,如遇到特殊风险、人为阻碍、合同一方当事人违约等不得不变更合同。

③合同变更指令的发出及执行。为了避免耽误工作,工程师在和承包商就变更价格达成一致意见之前,有必要先行发布变更指示,即分两个阶段发布变更指示:

a. 第一阶段是在没有规定价格和费率的情况下直接指示承包商继续工作;

b. 第二阶段是在通过进一步的协商之后,发布确定变更工程费率和价格的指示。

合同变更指示的发出有两种形式:书面形式和口头形式。

市政工程与园林绿化工程合同变更的程序如图 2.1 所示。

(4)合同变更责任分析。

在合同变更中,量最大、最频繁的是工程变更。它在工程索赔中所占的份额也是最大的。工程变更的责任分析是工程变更起因与工程变更问题处理,是确定赔偿问题的重要的直接的依据。市政工程与园林绿化工程变更中有两大类变更,即设计变更和施工方案变更。

①设计变更。设计变更会引起工程量的增加、减少,新增或删除工程分项,工程质量和进度的变化,实施方案的变化。通常工程施工合同赋予发包人(工程师)这方面的变更权力,可直接通过下达指令,重新发布图纸或规范实现变更。

②施工方案变更。

a. 在投标文件中,承包商就在施工组织设计中提出较为完备的施工方案,但施工组织设计不作为合同文件的一部分。

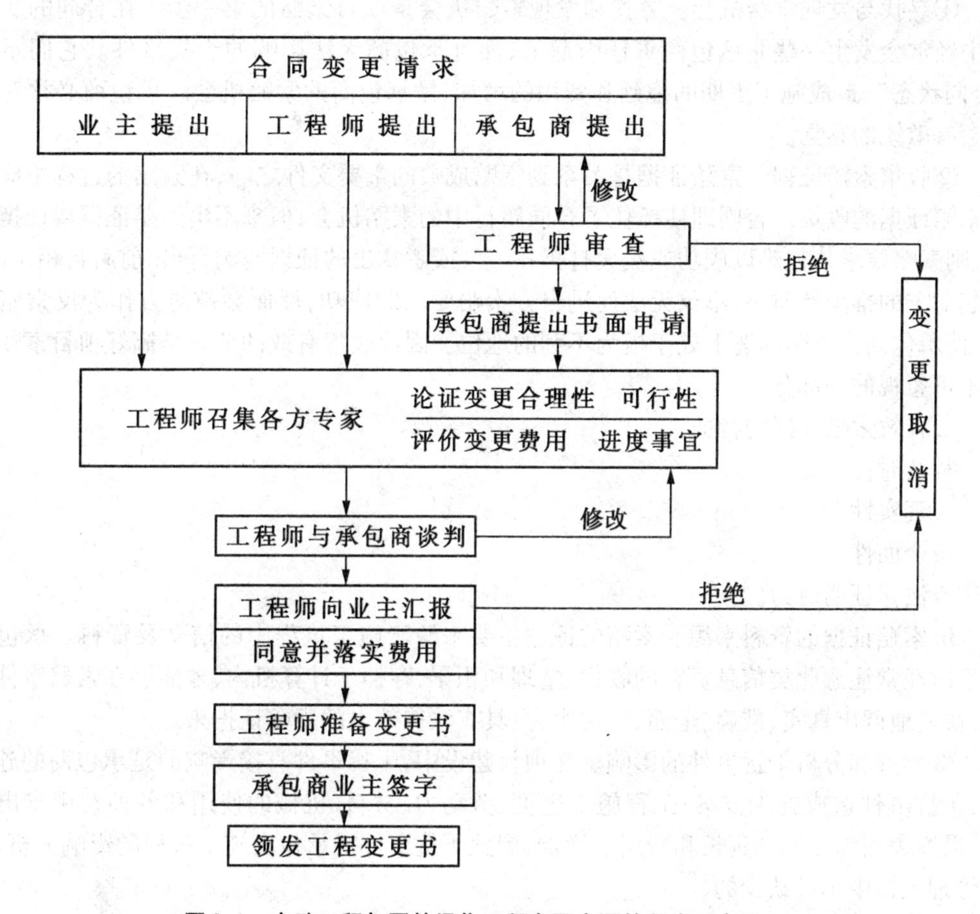

图2.1　市政工程与园林绿化工程合同变更的程序示意图

b. 重大的设计变更常常会导致施工方案的变更。若设计变更由发包人承担责任,则相应的施工方案的变更也由发包人负责;反之,则由承包商负责。

c. 对不利的异常的地质条件所引起的施工方案的变更,通常作为发包人的责任。一方面这是一个有经验的承包商无法预料的现场气候条件除外的障碍或是条件,另一方面发包人负责地质勘察和提供地质报告,应对报告的正确性及完备性承担责任。

d. 施工进度的变更。施工进度的变更是十分频繁的:在招标文件当中,发包人给出工程的总工期目标;承包商在投标书中有一个总进度计划(通常以横道图形式表示);中标后承包商还要提出详细的进度计划,由工程师批准(或同意);在工程开工之后,每月都可能有进度的调整。一般只要工程师(或发包人)批准(或同意)承包商的进度计划(或调整后的进度计划),则新进度计划就产生约束力。若发包人无法按照新进度计划完成按合同应由发包人完成的责任,如及时提供图纸、施工场地、水电等,则属发包人的违约,应承担责任。

5. 项目合同索赔管理

(1)索赔。

项目承包人对发包人、分包人以及供应商之间的索赔管理工作主要包括:预测、寻找和发现索赔机会;收集索赔的证据和理由,调查和分析干扰事件的影响,计算索赔值;提出索赔意向和报告。

①寻找与发现索赔机会。寻找和发现索赔机会是项目索赔的第一步。在合同的实施过程中经常会发生一些非承包商责任引起的,而且承包商无法影响的干扰事件。它们不符合“合同状态”,造成施工工期的拖延和费用的增加,是承包商的索赔机会。承包商必须对索赔机会有敏锐的感觉。

②收集索赔证据。索赔证据是关系到索赔成败的重要文件之一,在索赔的过程中应注重对索赔证据的收集。否则即使抓住了合同履行中的索赔机会,但拿不出索赔证据或证据不充分,则索赔要求往往难以成功或被大打折扣。又或者拿出的证据漏洞百出,前后自相矛盾,经不起对方的推敲及质疑,不仅无法促进自方索赔要求的成功,反而会被对方作为反索赔的证据,使承包商在索赔问题上处于极为不利的地位。因此收集有效的证据是搞好项目索赔管理中不可忽视的一部分。

a. 有效索赔证据的特征。

☆及时性。

☆真实性。

☆全面性。

☆法律证明效力。

b. 索赔证据的资料来源。索赔的证据主要来源于施工过程中的信息及资料。承包商只有平时经常注意此类信息资料的收集、整理和积累,存档于计算机内,才能够在索赔事件发生时,快速地调出真实、准确、全面、有说服力、具有法律效力的索赔证据来。

③调查和分析干扰事件的影响。在项目建设中,干扰事件直接影响的是承包商的施工过程,干扰事件造成施工方案、工程施工进度、劳动力、材料、机械的使用和各种费用支出的变化,最终表面为工期的延长和费用的增加,因此干扰事件对承包商施工过程的影响分析,是索赔管理工作中不可缺少的。

一般可以从以下三方面进行分析:

a. 合同状态分析。这里不考虑任何干扰事件的影响,仅对合同签订的情况作重新分析。

Ⅰ. 合同状态及分析基础。从总体上说,合同状态分析是重新分析合同签订时的合同条件、工程环境、实施方案和价格。其分析基础为招标文件和各种报价文件,包括合同条件、合同规定的工程范围、施工图纸、工程量表、工程说明、规范、总工期、双方认可的施工方案和施工进度计划、合同报价的价格水平等。

在工程施工过程中,由于干扰事件的发生,造成合同状态其他几个方面——合同条件、工程环境、实施方案的变化,原合同状态被打破。这是干扰事件影响的结果,就应按照合同的规定,重新确定合同工期和价格。新的工期和价格必须在合同状态的基础上进行分析计算。

Ⅱ. 合同状态分析的内容。合同状态分析的内容和次序为:

☆各分项工程的工程量。

☆按照劳动组合确定人工费单价。

☆按照材料采购价格、运输、关税、损耗等确定材料单价。

☆确定机械台班单价。

☆按照生产效率和工程量确定总劳动力用量和总人工费。

☆列各事件表,进行网络计划分析,确定具体的施工进度和工期。

☆劳动力需求曲线和最高需求量。

☆工地管理人员安排计划及费用。

☆材料使用计划及费用。

☆机械使用计划及费用。

☆各种附加费用。

☆各分项工程单价、报价。

☆工程总报价等。

Ⅲ.合同状态分析的结论。合同状态分析确定的是:若合同条件、工程环境、实施方案等没有变化,则承包商应在合同工期之内,按照合同规定的要求完成工程施工,并得到相应的合同价格。

b.可能状态分析。合同状态仅为计划状态或理想状态。在任何工程中,干扰事件是不可避免的,因此合同状态很难保持。要分析干扰事件对施工过程的影响,必须在合同状态的基础上加上干扰事件的分析。为了区分各方面的责任,这里的干扰事件必须为非承包商自身的原因所引起,而且不在合同规定的承包商应承担的风险范围之内,才符合合同规定的赔偿条件。

c.实际状态分析。按照实际的工程量、生产效率、人力安排、价格水平、施工方案及施工进度安排等确定实际的工期和费用。这种分析以承包商的实际工程资料为依据。

④计算索赔值。

a.工期索赔计算。

·网络分析计算法。网络分析计算方法通过分析延误发生前后网络计划,对比两种工期计算结果,计算索赔值。

·比例分析计算法。网络分析法虽然最为科学,也是最合理的,但在实际工程中,干扰事件通常仅影响某些单项工程、单位工程或分部分项工程的工期,分析其对总工期的影响,可采用更为简单的比例分析法,即以某个技术经济指标作为比较基础,计算出工期索赔值。

b.费用索赔计算。费用索赔是指承包商在非自身因素影响下而遭受经济损失时,向发包人提出补偿其额外费用损失的要求。因此,费用索赔应是承包商根据合同条款的相关规定,向发包人索取的合同价款以外的费用。

费用索赔的计算方法通常包括以下两种:

Ⅰ.总费用法。总费用法的基本思路是将固定总价合同转化为成本加酬金合同,以承包商的额外成本为基点加上管理费和利润等附加费作为索赔值。

Ⅱ.分项法。分项法是按照每个(或每类)干扰事件,以及该事件所影响的各个费用项目分别计算索赔值的方法,其特点有:

☆它比总费用法复杂,处理起来困难。

☆它反映实际情况,比较合理、科学。

☆它为索赔报告的进一步分析评价、审核,双方责任的划分,双方谈判和最终解决提供方便。

☆应用面广,人们在逻辑上容易接受。

因此,一般在实际工程中费用索赔计算都采用分项法。但对具体的干扰事件和具体费用项目,分项法的计算方法又是千差万别。分项法计算索赔值,一般分为以下三步:

☆分析每个或每类干扰事件所影响的费用项目。这些费用项目一般应与合同报价中的费用项目一致。

☆确定各费用项目索赔值的计算基础及计算方法，计算每个费用项目受干扰事件影响后的实际成本或费用值，并与合同报价中的费用值对比，便可得到该项费用的索赔值。

☆将各费用项目的计算值列表汇总，得到总费用索赔值。

⑤提出索赔意向。通常索赔意向通知仅仅是表明意向，应写得简明扼要，涉及索赔内容但不涉及索赔数额。一般包括以下几个方面的内容：

a. 事件发生的时间和情况的简单描述。

b. 合同依据的条款和理由。

c. 有关后续资料的提供，其中包括及时记录和提供事件发展的动态。

d. 对工程成本和工期产生的不利影响的严重程度，以期引起工程师(发包人)的注意。

e. 编写提交索赔报告。在编写索赔报告时，应注意以下几个问题方面：

Ⅰ. 索赔报告的基本要求。

☆必须说明索赔的合同依据。

☆在索赔报告中，必须有详细准确的损失金额及时间的计算。

☆要证明客观事实与损失之间的因果关系，说明索赔事件前因后果的关联性，要以合同为依据，说明发包人违约或合同变更与引起索赔的必然性联系。若无法有理有据说明因果关系，而仅在事件的严重性和损失的巨大上花费过多的笔墨，对索赔的成功均无济于事。

Ⅱ. 索赔报告必须准确。编写索赔报告是一项较为复杂的工作，须有一个专门的小组和各方的大力协助才能够完成。索赔小组的人员应具有合同、法律、施工组织计划、工程技术、成本核算、财务管理、写作等各方面的知识，进行深入的调查研究。对较大的、复杂的索赔需要向有关专家咨询，对索赔报告进行反复讨论和修改，写出的报告不仅有理有据，且必须准确可靠。应特别强调以下几点：

☆责任分析应清晰、准确。

☆索赔值的计算依据要正确，计算结果要准确。

☆用词要婉转和恰当。

Ⅲ. 索赔报告的内容。在实际的承包工程中，索赔报告一般包括三个部分：

☆承包商或其授权人致发包人或工程师的信。信中简要介绍索赔的事项、理由及要求，说明随函所附的索赔报告正文及证明材料情况等。

☆索赔报告正文。不同格式的索赔报告，其形式可能不同，但实质性的内容相似，通常主要包括：题目、索赔事件陈述、理由、影响、结论。

☆附件。该报告中所列举事实、理由、影响的证明文件和各种计算基础、计算依据的证明文件。

(2)反索赔。

①反索赔工作的内容。承包人对发包人、分包人、供应商之间的反索赔管理工作应包括以下内容：

a. 对收到的索赔报告进行审查分析，收集反驳理由及证据，复核索赔值，并提出反索赔报告。

b. 通过合同管理，防止反索赔事件的发生。

②反索赔的工作步骤。

a. 合同总体分析。反索赔同样是以合同作为法律依据，作为反驳的理由和根据。合同分析的目的是分析、评价对方索赔要求的理由和依据。在合同中找出对对方不利,对己方有利的合同条文,以构成对对方索赔要求否定的理由。合同总体分析的重点包括:与对方索赔报告中提出的问题有关的合同条款,一般包括:

Ⅰ.合同的法律基础;

Ⅱ.合同的组成及合同变更情况;

Ⅲ.合同规定的工程范围和承包商责任;

Ⅳ.工程变更的补偿条件、范围和方法;

Ⅴ.合同价格,工期的调整条件、范围和方法,以及对方应承担的风险;

Ⅵ.违约责任;

Ⅶ.争执的解决方法等。

b.事态调查与分析。反索赔仍然基于事实的基础之上,以事实为根据。这个事实必须有己方对合同的实施过程跟踪和监督的结果,即各种实际工程资料作为证据,用以对照索赔报告所描述的事情经过及所附证据。通过调查可确定干扰事件的起因、事件经过、持续时间、影响范围等详细情况。

在此应收集整理所有与反索赔相关的工程资料。

c.对索赔报告进行全面分析与评价。分析评价索赔报告,可通过索赔分析评价表进行。其中,分别列出对方索赔报告中的干扰事件、索赔理由、索赔要求,提出乙方的反驳理由、证据、处理意见或对策等。

d.起草并向对方递交反索赔报告。反索赔报告也是正规的法律文件。在调解或仲裁中,对方的索赔报告和己方的反索赔报告应一同递交调解人或仲裁人。反索赔报告的基本要求与索赔报告相似。一般反索赔报告的主要内容有:

Ⅰ.合同总体分析简述。

Ⅱ.合同实施情况简述和评价。这里重点针对对方索赔报告中的问题及干扰事件,叙述事实情况,应包括前述三种状态的分析结果,对双方合同责任完成情况和工程施工情况作评价。目标是推卸自己对对方索赔报告中提出的干扰事件的合同责任。

Ⅲ.反驳对方索赔要求。按照具体的干扰事件,逐条反驳对方的索赔要求,详细叙述自己的反索赔理由和证据,全部或部分否定对方的索赔要求。

Ⅳ.提出索赔。对经合同分析和三种状态分析得出的对方违约责任,提出己方的索赔要求。对此,有不同的处理方法,一般可以在反索赔报告中提出索赔,也可另外出具己方的索赔报告。

Ⅴ.总结。对反索赔作全面总结。

③反驳索赔报告。对于索赔报告的反驳,一般可从以下几个方面着手:

a.索赔事件的真实性。对于对方提出的索赔事件,应从两方面核实其真实性:

Ⅰ.对方的证据。如果对方提出的证据不充分,可要求其补充证据,或否定这一索赔事件。

Ⅱ.己方的记录。如果索赔报告中的论述与己方关于工程记录不符,可向其提出质疑,或否定索赔报告。

b.索赔事件责任分析。认真分析索赔事件的起因,澄清责任。下列五种情况可构成对索赔报告的反驳:

Ⅰ. 索赔事件发生以后,对方未采取积极有效的措施以降低损失。

Ⅱ. 此事件应视作合同风险,且合同中未规定此风险由己方承担。

Ⅲ. 此事件责任在第三方,不应由己方负责赔偿。

Ⅳ. 双方均有责任,应按责任大小分摊损失。

Ⅴ. 索赔事件是由索赔方责任造成的,如管理不善、疏忽大意、未正确理解合同文件内容等。

c. 索赔依据分析。对于合同内索赔,可以指出对方所引用的条款不适用于此索赔事件,或是找出可为己方开脱责任的条款,以驳倒对方的索赔依据。对于合同外索赔,可指出对方索赔依据不足,或者错解了合同文件的原意,或者按合同条件的某些内容,不应由己方负责此类事件的赔偿。

此外,可根据相关法律法规,利用其中对自己有利的条文,来反驳对方的索赔。

d. 索赔事件的影响分析。分析索赔事件对工期和费用是否产生影响及其影响的程度,这直接决定着索赔值的计算。对于工期的影响,可分析网络计划图,通过每一工作的时差分析来确定是否存在工期索赔。通过分析施工状态,可得出索赔事件对费用的影响。例如业主未按时交付图纸,造成工程拖期,而承包商并未按合同规定的时间安排人员和机械,因此工期应予顺延,但不存在相应的各种闲置费。

e. 索赔证据分析。索赔证据不足、不当或片面,均可导致索赔不成立。如索赔事件的证据不足,对索赔事件的成立可提出质疑。对索赔事件产生的影响证据不足,则不能计入相应部分的索赔值。仅出示对自己有利的片面证据,将构成对索赔的全部或部分的否定。

f. 索赔值审核。索赔值的审核工作量大,涉及的资料和证据多,需要花费的时间和精力多。审核的重点在于:

Ⅰ. 数据的准确性。对索赔报告中的各种计算基础数据均须核对,如工程量增加的实际量方、人员出勤情况、机械台班使用量、各种价格指数等。

Ⅱ. 计算方法的合理性。不同的计算方法得出的结果也会有所不同。应尽量选择最科学、最精确的计算方法。对某些重大索赔事件的计算,其方法往往需双方协商确定。

Ⅲ. 是否有重复计算。索赔的重复计算可能存在于单项索赔与一揽子索赔之间,相关的索赔报告之间,以及各费用项目的计算中。索赔的重复计算包括工期和费用两方面,应认真进行比较核对,剔除重复索赔。

6. 项目合同终止

市政工程与园林绿化工程项目合同终止的条件,一般有以下几种:

(1)满足合同竣工验收条件。竣工交付使用的工程必须符合以下基本条件:

①完成设计和合同约定的各项内容。

②有完整的技术档案及施工管理资料。

③有工程使用的主要建筑材料,建筑构配件和设备的进场试验报告。

④有勘察、设计、施工、工程监理等单位分别签署的质量合格文件。

⑤有施工单位签署的工程保修书。

(2)已完成竣工结算。

(3)工程款全部回收到位。

(4)按合同约定签订保修合同并扣留相应工程尾款。

7. 项目合同评价

(1)合同签订情况评价。

市政工程与园林绿化工程项目在正式签订合同前,所进行的工作都属于签约管理,签约管理质量直接制约着合同的执行过程,因此,签约管理是合同管理的重中之重。评价项目合同签订情况时,主要参照以下几方面:

①在招标前,对发包人和建设项目是否进行了调查和分析,是否清楚、准确,例如:施工所需的资金是否已落实,工程的资金状况直接影响着后期工程款的回收;施工条件是否已经具备、初步设计及概算是否已经批准,直接影响后期工程施工进度等。

②在投标时,是否依据公司整体实力及实际市场状况进行报价,对项目的成本控制及利润收益有明确的目标,心中有数,不至于中标后难以控制费用支出,为了避免亏本而"骑虎难下"。

③在中标后,即使使用标准合同文本,也需逐条与发包人进行谈判,既要通过有效的谈判技巧争取较为宽松的合同条件,又要避免合同条款不明确,造成施工过程中的争议,使索赔工作难以实现。

④做好资料管理工作。签约过程中的所有资料均应经过严格的审阅、分类、归档,因为前期资料既是后期施工的依据,也是后期索赔工作的重要依据。

(2)合同执行情况评价。

在合同实施过程中,应严格按照施工合同的规定,履行自己的职责,通过一定有序的施工管理工作对合同进行控制管理,评价控制管理工作的优劣主要是评价施工过程中工期目标、质量目标、成本目标完成的情况和特点。

①工期目标评价。主要评价合同工期履约情况及各单位(单项)工程进度计划的执行情况;核实单项工程实际开、竣工日期,计算合同建设工期和实际建设工期的变化率;分析施工进度提前或拖后的原因。

②质量目标评价。主要评价单位工程的合格率、优良率及综合质量情况。

a. 计算实际工程质量的合格率、实际工程质量的优良率等指标,将实际工程质量指标与合同文件中所规定的、或设计规定的、或其他同类工程的质量状况进行比较,分析变化的原因。

b. 评价设备质量,分析设备及其安装工程质量能否保证投产后正常生产的需要。

c. 计算和分析工程质量事故的经济损失,其中包括计算返工损失率、因质量事故拖延建设工期所造成的实际损失,以及分析无法补救的工程质量事故对项目投产后投资效益的影响程度。

d. 工程安全情况评价,分析有无重大安全事故的发生,分析其原因和所带来的实际影响。

③成本目标评价。主要评价物资消耗、工时定额、设备折旧、管理费等计划与实际支出的情况,评价项目成本控制方法是否科学合理,分析实际成本高于或低于目标成本的原因。

a. 主要实物工程量的变化及其范围。

b. 主要材料消耗的变化情况,分析造成超耗的原因有哪些。

c. 各项工时定额和管理费用标准是否符合有关规定。

(3)合同管理工作评价。

合同管理工作评价是对合同管理本身,如工作职能、程序、工作成果的评价,其主要内容包括：

①合同分析的准确程度。

②合同管理工作对工程项目的总体贡献或影响。

③在投标报价和工程实施中，合同管理子系统与其他职能协调中的问题，需要改进的地方。

④索赔处理和纠纷处理的经验教训等。

(4)合同条款评价。

合同条款评价是对本项目有重大影响的合同条款进行评价，主要内容包括：

①本合同签订和执行过程中所遇到的特殊问题的分析结果。

②本合同的具体条款，特别对本工程有重大影响的合同条款的表达和执行利弊得失。

③对具体的合同条款如何表达更为有利等。

2.2 项目采购管理

2.2.1 项目采购计划

1.项目采购计划的内容

产品的采购应按照计划内容实施，在品种、规格、数量、交货时间、地点等方面应与项目计划相一致，以满足项目需要。市政工程与园林绿化工程项目采购计划应包括下列内容：

(1)项目采购工作范围、内容及管理要求。

(2)项目采购信息，包括产品或服务的数量、技术标准和质量要求。

(3)检验方式和标准。

(4)供应方资质审查要求。

(5)项目采购控制目标及措施。

2.项目采购计划的编制程序

在编制项目采购计划前，首先要作自制或外购分析，决定是否要采购。在自制或外购分析中，主要对工程项目采购可能发生的直接成本、间接成本、自行制造能力、采购评标能力等进行分析比较，并决定是否从单一的供应商或从多个供应商采购所需的全部或部分物料，或者不从外部采购而自行制造。

在自制或外购分析确定所采用的合同类型后，工程项目采购部门就可以着手编制采购计划了。采购计划编制主要包括两部分内容：即采购认证计划的制订和采购订单计划的制订。具体又可以分为八个环节，即准备认证计划、评估认证需求、计算认证容量、制订认证计划、准备订单计划、评估订单需求、计算订单容量、制订订单计划，如图2.2所示。

(1)准备认证计划。

准备认证计划是编制工程项目采购计划的第一步，也是非常重要的一步。准备认证计划可以从以下四个方面进行详细阐述：

①接收开发批量需求。开发批量需求是能够启动整个供应程序流动的牵引项，要想制订比较准确的认证计划，首先要做的就是熟悉开发需求计划。目前开发批量物料需求一般包括两种情形：

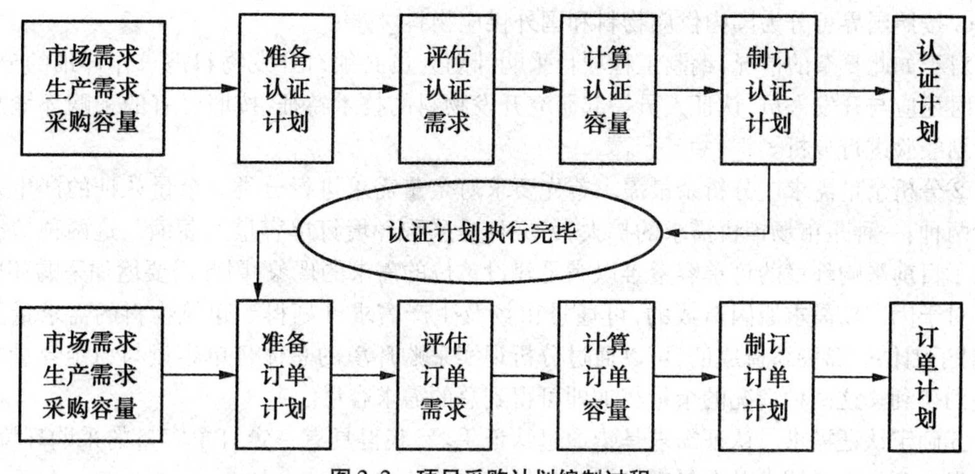

图 2.2 项目采购计划编制过程

a. 在以前或者是目前的采购环境中就能够发掘到的物料供应,例如从前接触的供应商供应范围比较大,我们就可以从这些供应商的供应范围中找到企业需要的批量物料需求。

b. 企业需要采购的是新物料,在原来形成的采购环境中不能提供,需要建筑企业的工程项目采购部门寻找新物料的供应商。

②接收余量需求。工程项目采购人员在进行采购操作时,可能会遇到以下两种情况:

a. 随着企业规模的扩大,市场需求也会变得越来越大,现有的采购环境容量不足以支持企业的物料需求。

b. 由于采购环境呈下降趋势,使物料的采购环境容量逐渐缩小,无法满足采购的需求。

在这两种情况下,就会产生余量需求,要求对采购环境进行扩容。采购环境容量的信息通常由认证人员和订单人员提供。

③准备认证环境资料。一般采购环境的内容包括认证环境和订单环境两个部分。认证容量和订单容量是两个完全不同的概念,有些供应商的认证容量比较大,但是其订单容量较小,有些供应商的情况则恰恰相反。其原因在于认证过程本身是对供应商样件的小批量试制过程,需要强有力的技术力量支持,有时甚至需要与供应商一起开发;而订单过程是供应商的规模化的生产过程。订单容量的技术支持难度比起认证容量的技术支持难度要小得多。因此企业对认证环境进行分析时一定要分清认证环境和订单环境。

④制订认证计划说明书。制订认证计划说明书也就是把认证计划所需要的材料准备好,主要内容包括认证计划说明书,例如物料项目名称、需求数量、认证周期等,同时附有开发需求计划、余量需求计划、认证环境资料等。

(2)评估认证需求。

评估认证需求主要包括:分析开发批量需求、分析余量需求、确定认证需求三方面的内容。

①分析开发批量需求。要作好开发批量需求分析不仅要分析量的需求,还要掌握物料的技术特征等信息。开发批量需求的样式各种各样:

a. 按照需求的环节可分为研发物料开发认证需求和生产批量物料认证需求。

b. 按照采购环境可分为环境内物料需求和环境外物料需求。

c. 按照供应情况可分为直接供应物料和需要定做物料。

d. 按照国界可分为国内供应物料和国外供应物料。

对于如此复杂的情况，编制工程项目采购计划人员必须对开发物料需求作详细的分析，必要时还应与开发人员、认证人员一起研究开发物料的技术特征，按照已有的采购环境及认证计划经验进行分析。

②分析余量需求。分析余量需求首先要求对余量需求进行分类。余量认证的产生来源包括两种：一种是市场销售需求的扩大，另一种是采购环境订单容量的萎缩。这两种情况都导致了目前采购环境的订单容量难以满足建设单位的需求的现象，因此需要增加采购环境容量。对于因市场需求原因造成的，可通过市场及生产需求计划得到建筑物料的需求量及时间；对于因供应商萎缩造成的，可以通过分析现实采购环境的总体订单容量与原定容量之间的差别得到。这两种情况的余量相加即可得到总的需求容量。

③确定认证需求。认证需求是指通过认证手段，获得具有一定订单容量的采购环境，它可以根据开发批量需求及余量需求的分析结果进行确定。

(3)计算认证容量。

计算认证容量主要包括：分析项目认证资料、计算总体认证容量、计算承接认证容量、确定剩余认证容量四个方面的内容。

①分析项目认证资料。这是编制工程项目采购计划人员的一项重要事务，不同的认证项目及周期也是不同的。作为建筑行业的实体来说，需要认证的物料项目可能是上千种物料中的某几种，熟练分析几种物料的认证资料是可能的。但对于规模比较大的建筑企业，分析上千种甚至上万种物料其难度则要大得多。

②计算总体认证容量。通常在认证供应商时，工程项目采购部门会要求供应商提供一定的资源用于支持认证操作，或者一些供应商只作认证项目。在供应商认证合同中，应说明认证容量与订单容量的比例，防止供应商只做批量订单，不愿意做样件认证。计算采购环境的总体认证容量的方法是将采购环境中的所有供应商的认证容量叠加即可。采购人员对有些供应商的认证容量需要加以适当系数。

③计算承接认证容量。供应商的承接认证容量等于当前供应商正在履行认证的合同量。通常认为认证容量的计算是一个相当复杂的过程，各种各样的物料项目的认证周期是不同的，通常是计算要求的某一时间段的承接认证量。最恰当、最及时的处理方法是借助电子信息系统，模拟显示供应商已承接认证量，以便认证计划决策使用。

④确定剩余认证容量。某一物料所有供应商群体的剩余认证容量的总和，称之为该物料的“认证容量”，可以用下面的公式简单地进行说明：

物料认证容量 = 物料供应商群体总体认证容量 - 承接认证量　　(2.1)

需要工程项目采购人员注意的是，认证容量是一近似值，仅作为参考，认证计划人员对此不可过高估计，但它能指导认证过程的操作。

工程项目采购环境中的认证容量不仅是采购环境的指标，而且是企业不断创新、持续发展的动力源。源源不断的新产品问世是认证容量价值的体现。

(4)制订认证计划。

采购计划的第四步是制订认证计划，主要包括：对比需求与容量、综合平衡、确定余量认证计划、制订认证计划四方面内容。

①对比需求与容量。认证需求与供应商对应的认证容量之间通常都会存在差异，若认证

需求小于认证容量,则没有必要进行综合平衡,直接按照认证需求制订认证计划。若认证需求量大大超出供应商容量,就要进行认证综合平衡,对于剩余认证需求要制订采购环境之外的认证计划。

②综合平衡。综合平衡就是指从全局出发,综合考虑生产、认证容量、物料生命周期等要素,判断认证需求的可行性。工程项目采购通过调节认证计划来尽量地满足认证需求,并计算认证容量无法满足的剩余认证需求,这部分剩余认证需求需要到企业采购环境之外的社会供应群体之中寻找容量。

③确定余量认证计划。确定余量认证计划是指对于采购环境无法满足的剩余认证需求,应当提交工程项目采购认证人员分析并提出对策,与之一起确认采购环境之外的供应商认证计划。采购环境之外的社会供应群体如未与企业签订合同,工程项目采购部门在制订认证计划时要特别小心,并由具有丰富经验的认证计划人员和认证人员联合操作。

④制订认证计划。制订认证计划是确定认证物料数量及开始认证时间,其确定方法可用如下计算公式表示:

认证物料数量=开发样件需求数量+检验测试需求数量+样品数量+机动数量 (2.2)

开始认证时间=要求认证结束时间-认证周期-缓冲时间 (2.3)

(5)准备订单计划。

准备订单计划包括:接收市场需求、接收生产需求、准备订单环境资料、编制订单计划说明书。

①接收市场需求。市场需求是启动生产供应程序的流动牵引项,建设单位要想制订较为准确的订单计划,首先必须熟知市场需求计划,或者市场销售计划。随着市场需求的进一步分解可以得到生产需求计划。企业的年度销售计划通常在上一年的年末制订,并报送至各个相关部门,同时下发到工程项目采购部门,便于指导全年的供应链运转;根据年度计划制订季度、月度的市场销售需求计划。

②接收生产需求。生产需求对采购来说可以称为生产物料需求。生产物料需求的时间是根据生产计划而产生的,一般生产物料需求计划是订单计划的主要来源。为了利用生产物料需求,采购计划人员需要深入熟知生产计划以及工艺常识。在MRP系统之中,物料需求计划是主生产计划的细化,主要来源于主生产计划、独立需求的预测、物料清单文件、库存文件。

③准备订单环境资料。准备订单环境资料是准备订单计划中的一个非常重要的内容。订单环境的资料主要包括:

a.订单物料的供应商消息。

b.最小包装信息。

c.订单周期。订单周期是指从下单到交货的时间间隔,一般是以天为单位的。订单环境一般使用信息系统管理,订单人员根据生产需求的物料项目,从信息系统中查询、了解物料的采购环境参数及描述。

d.订单比例信息。对多家供应商的物料来说,每一个供应商分摊的下单比例称之为订单比例,该比例由工程项目采购认证人员提出并给予维护。

④编制定单计划说明书。主要内容包括订单计划说明书,如物料名称、需求数量、到货日期等,并附有市场需求计划、生产需求计划、订单环境资料等。

(6)评估订单需求。

评估订单需求主要包括:分析市场需求、分析生产需求、确定订单需求三个方面内容。

①分析市场需求。项目采购人员必须仔细分析市场签订合同的数量、还未签订合同的数量(包括没有及时交货的合同)的一系列数据,同时研究其变化趋势,全面考虑要货计划的规范性和严谨性,还要参照相关的历史要货数据,找出问题所在。

②分析生产需求。要分析生产需求,首先要研究生产需求的产生过程,其次分析生产需求量和要货时间。

③确定订单需求。根据对市场需求和对生产需求的分析结果,采购部门可确定订单需求。一般来讲,订单需求的内容是指通过订单操作手段,在未来指定的时间内,将指定数量的合格物料采购入库。

(7)计算订单容量。

计算订单容量主要包括:分析项目供应资料、计算总体订单容量、计算承接订单容量、确定剩余订单容量四个方面的内容。

①分析项目供应资料。对于工程项目采购工作来说,在实际采购环境中,所要采购物料的供应商的信息是非常重要的一项信息资料。若没有供应商供应物料,无论是生产需求,还是紧急的市场需求,都会出现“巧妇难为无米之炊”的现象。可见有供应商的物料供应是满足生产需求和满足紧急市场需求的必要条件。

②计算总体订单容量。总体订单容量是多方面内容的组合,通常包括:可供给的物料数量和可供给物料的交货时间两方面内容。

③计算承接订单容量。承接订单容量是指某供应商在指定的时间内已经签下的订单量。但是承接订单容量的计算过程较为复杂,有时在各种物料容龟之间进行借用,并且存在多个供应商的情况下,其计算比较稳定。

④确定剩余订单容量。剩余订单容量是指某物料所有供应商群体的剩余订单容量的总和。

(8)制订订单计划。

制订订单计划主要包括:对比需求与容量、综合平衡、确定余量认证计划、制订订单计划四个方面的内容。

①对比需求与容量。对比需求与容量是制订订单计划的首要环节,只有比较出需求与容量的关系才能有的放矢地制订订单计划。若经过对比发现需求小于容量,即无论需求多大,容量总能满足需求,则企业要根据物料需求来制订订单计划。若供应商的容量小于企业的物料需求,则要求企业根据容量制订合适的物料需求计划,这样就产生了剩余物料需求,需要对剩余物料需求重新制订认证计划。

②综合平衡。计划人员要综合考虑市场、生产、订单容量等要素,分析物料订单需求的可行性,在必要时,调整订单计划,计算容量无法满足的剩余订单需求。

③确定余量认证计划。在对比需求与容量的时候,若容量小于需求就会产生剩余需求,对于剩余需求,要提交认证计划制订者处理,并确定能否按照物料需求规定的时间及数量交货。为了保证物料及时供应,此时可简化认证程序,并由具有丰富经验的认证计划人员进行操作。

④制订订单计划。制订订单计划是采购计划的最后一个环节,订单计划作好之后就可按

照计划进行采购工作了。

3. 项目采购计划的编制方法

由于市场的瞬息万变、采购过程的繁杂,采购部门要制订一份合理、完善,有效指导采购管理工作的采购计划并不容易。因此采购部门应对采购计划工作给予高度的重视。

(1)广开言路,群策群力。

许多采购单位在制订采购计划时,常常仅由采购经理来制订,没有相关部门和基层采购人员的智慧支持,而且缺乏采购人员的普遍共识,导致采购计划因不够完善而影响采购运作的顺利进行。在编制采购计划时,不应把采购计划作为一家的事情,而是应当广泛听取各部门的意见,吸收采纳其合理、正确的意见和建议。在计划草拟成文之后,还需要反复征询各方意见,以使采购计划真正切入企业的实际,适应市场变化的脉搏。

(2)认真分析企业自身实际情况。

在作采购计划之前,必须要充分分析企业自身实际情况,如企业在行业中的地位、现有供应商的情况、生产能力等,尤其要把握企业长远发展计划和发展战略。企业发展战略反映着企业的发展方向和宏观目标,采购计划若没有贯彻、落实企业的发展战略,就可能导致采购管理与企业的发展战略不相协调甚至发生冲突,造成企业发展中的"南辕北辙"。而且脱离企业发展战略的采购计划,就如同无根浮萍,既缺乏根据,又可能使采购部门丧失方向感。因此,只有充分了解了企业自身的情况,制订出的采购计划才是切实可行的。

(3)进行市场调查与收集信息。

在制订采购计划时,应对企业所面临的市场进行认真的调研,调研的内容应包括:经济发展形势、行业发展状况、与采购有关的政策法规、竞争对手的采购策略以及供应商的情况等。否则,制订的计划不管理论上多合理,也可能经不起市场的考验,要么过于保守造成市场机会的丧失和企业可利用资源的巨大浪费,要么过于激进导致计划不切实际,无法实现而成为一纸空文。

2.2.2 项目采购控制

1. 项目采购计价

(1)项目采购单价计价。

①单价计价适用条件。单价计价适用条件是:当准备发包的工程项目的内容一时无法确定,或设计深度不够(如初步设计)时,工程内容或工程量可能出入较大,则采用单价计价形式为宜。

②单价计价分类。

a. 单价与包干混合式计价类型。采用单价与包干混合式计价类型时,以单价计价类型为基础,但对其中某些不易计算工程量的分项工程(例如施工导流、小型设备购置与安装调试)采用包干办法,而对能用某种单位计算工程量的条目,则采用单价方式。

b. 纯单价计价类型。当设计单位还来不及提供设计图纸,或在虽有设计图纸但因为某些原因不能比较准确地计算工程量时,宜采用纯单价计价类型。文件只向投标人给出各分项工程内的工作项目一览表、工程范围以及必要的说明,而不提供工程量,承包商只要给出表中各项目的单价即可,将来施工时按实际净工程量计算。

c. 估计工程量单价计价类型。在采用估计工程量单价计价类型时,业主在准备此类计价类型的文件时,委托咨询单位按分部分项工程列出工程量表及估算的工程量,承包商投标时在工程量表中填入各项的单价,据此计算出计价类型总价作为投标报价之用。

③价款支付。对于采用包干报价的项目,通常在计价类型条件中规定,在开工后数周内,由承包商向工程师递交一份包干项目的分析表,在分析表中将包干项目分解为若干子项,列出每个子项的合理价格。该分析表经工程师批准后即可作为包干项目实施时支付价款的依据。对于单价报价项目,按月支付。

(2)项目采购总价计价。

①总价计价分类。

a. 固定总价计价类型。采用固定总价计价类型时,承包商的报价以准确的设计图纸及计算为基础,并考虑一些费用的上升因素。若图纸及工程要求不变动,则总价固定;若施工中图纸或工程质量要求发生变化,或工期要求提前,则总价应作相应的调整。采用这种计价类型,承包商将承担全部风险,将为许多不可预见的因素付出代价,因此报价较高。

这种计价类型适用于工期较短(通常不超过1年)、对工程项目要求十分明确的项目。

b. 固定工程量总价计价类型。采用固定工程量总价计价类型时,业主要求投标人在投标时分别填报分项工程单价,并按工程量清单提供的工程量计算出工程总价。原定工程项目全部完成后,根据计价类型总价付款给承包商。

若改变设计或增加新项目,则用计价类型中已确定的费率计算新增工程量那部分价款,并调整总价。此种方式适用于工程量变化不大的项目。

c. 管理费总价计价类型。业主雇用某一公司的管理专家对发包计价类型的工程项目进行施工管理和协调,由业主付给一笔总的管理费用。采用这种计价类型时要明确具体工作范畴。

②总价计价类型适用条件。采用总价计价类型时,要求投标人按照文件的要求报一个总价,据此完成文件中所规定的全部项目。对于业主而言,采用总价计价类型比较简便,评标时易于确定报价最低的承包商,业主按照计价类型规定的方式分阶段付款,在施工过程中可集中精力控制工程质量和进度。但在采用这种计价类型时,通常应满足以下三个条件:

a. 必须详细而全面地准备好设计图纸(通常要求施工详图)和各项说明,以便投标人能够准确地计算工程量。

b. 工程风险不大,技术不太复杂,工程量不太大,工期不太长,通常在2年之内。

c. 在计价类型条件允许的范围内,向承包商提供各种方便。

(3)项目采购成本补偿计价。

①成本补偿计价分类。

a. 成本加固定费用计价类型。采用成本加固定费用计价类型时,根据双方讨论同意的估算成本,来考虑确定一笔固定数目的报酬金额作为管理费及利润。若工程变更或增加新项目,即直接费用超过原定估算成本的某一百分比时,固定的报酬费也要增加。在工程总成本一开始估计不准,可能发生较大变化的情况下,可以采用此形式。

b. 成本加定比费用计价类型。采用成本加定比费用计价类型时,工程成本中的直接费加一定比例的报酬费,报酬部分的比例在签订计价类型时由双方进行确定。这种方式报酬费随成本加大而增加,不利于缩短工期和降低成本,因而较少采用。

c. 成本加奖金计价类型。采用成本加奖金计价类型时,奖金标准是根据报价书中成本概算指标制定的。计价类型中对这个概算指标规定了一个"底点"和一个"顶点"。承包商在概算指标的"顶点"之下完成工程则可以得到奖金,超过"顶点"则要对超出部分支付罚款。若成本控制在"底点"之下,则可加大酬金值或酬金百分比。这种方式一般规定,当实际成本超过"顶点"对承包商进行罚款时,最大罚款限额不超过原先议定的最高酬金值。

d. 工时及材料计价类型。在采用工时及材料计价类型时,人工按综合的时费率进行支付,时费率包括:基本工资、纳税、保险、工具、监督管理、现场及办公室各项开支以及利润等;材料则以实际支付材料费为准支付费用。这种形式通常用于聘请专家或管理代理人等。

e. 成本加保证最大酬金计价类型。采用成本加保证最大酬金计价类型(即成本加固定奖金计价类型)时,双方协商一个保证最大酬金,业主偿付给承包商实际支出的直接成本,但最大限度不得超过成本加保证最大酬金。这种形式适用于设计已达到一定深度、工作范围已明确的工程。

②成本补偿计价类型适用条件。成本补偿计价类型也称成本加酬金计价类型,即业主向承包商支付实际工程成本中的直接费,按照事先协议好的某一种方式支付管理费以及利润的一种方式。

2. 项目采购认证

(1)工程项目采购认证准备。

认证准备是整个采购认证工作的起点,是在与供应商接触之前必须做好的工作。这也是经验丰富的认证人员一般采用的工作方法。在本书中物料认证和项目认证属于同一采购名词,可相互交换使用。其认证准备流程如图2.3所示。认证准备工作主要包括以下四个方面的注意事项:熟悉物料项目、价格预算、了解项目的需求量和认证说明。

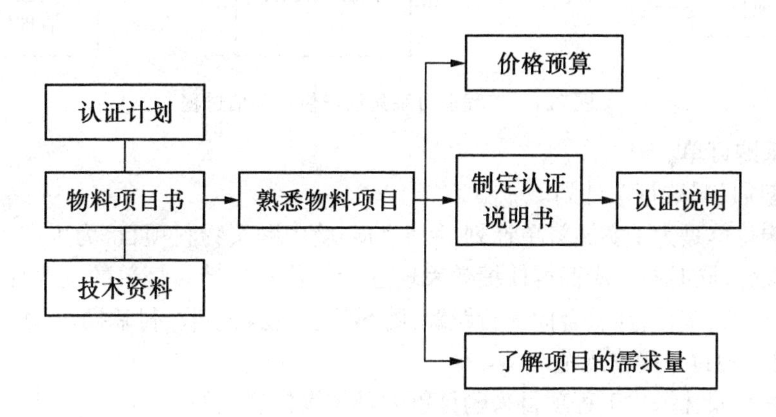

图2.3 认证准备流程

(2)样件试制认证。

样件试制认证的主要内容包括:签订试制合同、向供应商提供认证项目试制资料、供应商准备样件、认证人员对过程进行协调监控、供应商提供样件、样件评估、确定物料项目样件供应商等几个步骤。

(3)中试认证。

中试认证的内容通常包括以下七个方面:签订中试认证合同、向供应商提供认证项目中试资料、供应商准备小批件、认证人员对过程进行协调监控、供应商提供小批件、中试评估、确定物料项目中试供应商。

(4)批量认证。

工程项目批量认证的内容主要包括以下五个方面:签订批量合同、供应商准备批量件、认证人员对过程进行协调监控、供应商提供批量件、批量评估、确定项目批量供应商。

(5)认证供应评估。

在工程项目实际采购过程中,供应商能否严格按照供货合同进行供货,以及绩效如何,是否要调整等问题在认证过程无法得知,只有在实际的供货过程中定期对物料的供应状况进行评估才能得出适当的结论。定期评估的目的就是为了建立优化的采购环境。

定期评估包括五个步骤:制订供应评估计划、部门绩效评估、采购角色绩效评估、供应商绩效评估、建立和调整采购环境,如图2.4所示。

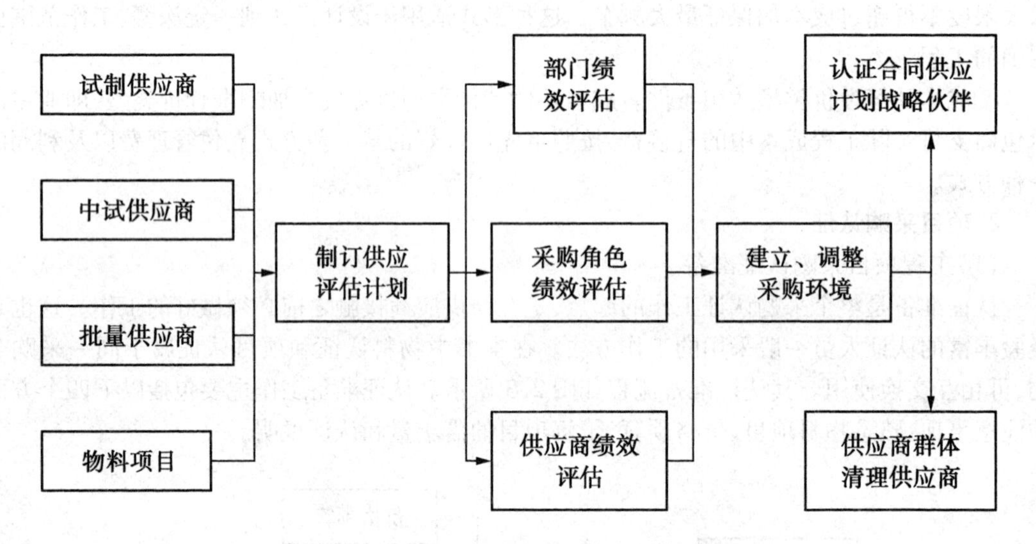

图2.4　工程项目采购认证供应评估过程

3.项目采购订单

(1)实施项目采购订单计划。

发出采购订单是为了实施订单计划,从采购环境中购买物料项目,为生产市场输送合格的原材料和配件,同时对供应商群体绩效表现进行评价和反馈。订单的主要环节包括:订单准备、选择供应商、签订合同、合同执行跟踪、物料检验、物料接收、付款操作、供应评估。

(2)项目采购订单操作规范。

市政工程与园林绿化工程项目采购订单的具体操作规范如下:

①确认项目质量需求标准。订单人员日常与供应商的接触一般大大多于认证人员,当供应商实力发生变化,决定前一订单的质量标准是否需要调整时,订单操作作为认证环节的一个监督部门应发挥应有的作用,即实行工程项目采购质量需求标准确认。

②确认项目的需求量。订单计划的需求量应等于或小于采购环境的订单容量。若大于则提醒认证人员扩展采购环境容量;此外,对计划人员的错误操作,订单人员应及时提出自己的整改意见,以确保订单计划的需求量与采购环境订单容量相匹配。

③价格确认。工程项目采购人员在提出“查订单”及“估价单”时,为了决定价格,应汇总出“决定价格的资料”。同时,为了了解订购经过,采购人员也应制作单行簿。在决定价格之后,应填列订购单、订购单兼收据、入货单、验收单及接受检查单、货单等。这些单据应记载事

项包括:交货期限、订购号码、交易对象号码(用电脑处理的号码)、交易对象名称、数量、单位、单价、合计金额、资材号码(资材的区分号码)、品名、图面及设计书号码、交货日期、发行日期、需要来源(要写采购部门的名称)、制造号码、交货地点、摘要(图面、设计书简要的补充说明)。

此外,在交货日期的右栏,应填入交货记录,并保管订购单,以及将订购单交给订购对象。

④查询采购环境信息。订单人员在完成订单准备之后,要查询采购环境信息系统,以寻找适应本次工程项目采购的供应商群体。认证环节结束之后会形成公司物料项目的采购环境,其中,对小规模的采购,采购环境可记录在认证报告文档上;对于大规模的采购,采购环境则使用信息系统来管理。

⑤制订订单说明书。订单说明书主要内容包括说明书,即项目名称、确认的价格、确认的质量标准、确认的需求量、是否需要扩展采购环境容量等方面,另附有必要的图纸、检验标准、技术规范等。

⑥与供应商确认订单。在实际的采购过程中,采购人员从主观上对供应商的了解需要得到供应商的确认,供应商组织结构的调整、设备的变化、厂房的扩建等均影响供应商的订单容量;工程项目采购人员有时需要进行实地考察,尤其注意谎报订单容量的供应商。

⑦发放订单说明书。既然确定了工程项目采购供应商,就应该向他们发放相关技术资料,通常来说采购环境中的供应商应具备已通过认证的物料生产工艺文件,那么订单说明书就不需要包括额外的技术资料。供应商在接到技术资料并分析之后,即向订单人员作出“接单”还是“不接单”的答复。

⑧制作合同。拥有采购信息管理系统的建筑企业,工程项目采购订单人员便可直接在信息系统中生成订单,在其他情况下,需要订单制作者自行编排打印。

4. 项目采购作业控制

在项目采购实施过程中,若供应商不愿签订合同,或供应商愿意签合同但不愿负责运输时,或者是多品种采购,每个供应商的批量都很小,而合起来运量很大,必须由项目采购部门来运输进货时,就必须进行作业控制。

项目作业控制,就是项目采购部门必须经办处理或者监督处理进货过程的每一道作业,对每一道作业进行控制。在处理时,应当注意采用以下一些措施和办法:

(1)选用有经验、处理问题能力强、活动能力强、身体好的人担任此项工作。此项工作要处理各种各样的问题,项目采购人员要接触各种各样的人,要熟悉运输部门的业务及各种规章制度,没有一定能力的人,难以胜任此项工作。

(2)事前要进行周密策划和计划,对于可能出现的各种情况制订应对措施,要制订切实可行的物料进度控制表,对整个过程实行任务控制。

(3)做好供应商按期交货、货物检验的工作。这是工程项目采购部门与供应商最后的物资交接,是物资所有权的完全性转移。交接完毕,供应商就算完全交清了货物,工程项目采购部门就已经完全接受了货物。因此这次交接验收一定要在数量上、质量上严格把好关,做到数量准确、质量合格。应当有验收记录,并且准确无误,要留下原始凭证,例如磅码单、计量记录等。验收完毕,双方签字盖章。

(4)发货。所接收的货物,要妥善包装,每箱要有装箱清单,装箱单应该一式两份,箱内一份,货主留一份。在有些情况下还要在箱外贴物流条码,安全搬运上车,每个都要合理堆码,固紧,活塞填填充物,防止在运输途中发生碰撞、倾覆而导致货物受损。车厢装满之后还要填写运单。办好发运手续,并且在物料进度控制表中填写相关记录,作好商业记录。督促运输商按时发车。

(5)运输途中控制。可能的话,最好跟车押运。若不能跟车,也要和运输部门取得联系,跟踪货物运行情况。无论跟车或不跟车,都要随时掌握物料运输进度,并且记录物料进度控制表,作好记录。

(6)货物中转。在运输途中,可能会因运输工具的改变、运输路段的改变而需要中转,中转有不同情况,有的是整车重新编组以后再发运,有的是要卸车、暂存仓库一段时间后再装车发运。中转点最容易发生问题,例如整车漏挂、错挂,卸车损坏、错存、错装、少装、延时装车、延时发运等,因此最好亲自前往监督。并填写好物料控制进度表,作好商业记录。

(7)购买方与运输方的交接。货物运到家门口,购买方要从运输方手中接收货物。这个时候,要作好运输验收。这个验收主要是看有没有包装箱受损、开箱、缺少,货物散失等。若包装箱完好无损,数量不少,就可以接收。若包装箱受损、遗失或货物散失,就要弄清受损或遗失的数量,并且作好商业记录,双方认证签字,凭此向运输方索赔。

(8)进货责任人与仓库保管员的交接工作,就是入库。这是采购中最实质性的一环节。它是采购物资的实际接收关。验收入库完毕,货物就完全成为企业的财产,这次采购任务也基本结束。因此要严格作好入库验收工作。数量上要认真清点;质量上要认真检查,按照实际质量标准登记入账。验收完毕,双方在验收单签字盖章。进货管理人员应当填写物料进度控制表,作好商业记录。

2.3 项目进度管理

2.3.1 项目进度管理程序

项目经理部应当按照以下程序进行进度管理:

(1)根据施工合同的要求确定施工进度目标,明确计划开工日期、计划总工期及计划竣工日期,确定项目分期分批的开竣工日期。

(2)编制施工进度计划,具体安排实现计划目标的工艺关系、组织关系、搭接关系、起止时间、材料计划、劳动力计划、机械计划及其他保证性计划。分包人负责根据项目施工进度计划编制分包工程施工进度计划。

(3)进行计划交底,落实责任,并向监理工程师提出开工申请报告,按照监理工程师开工令确定的日期开工。

(4)实施施工进度计划。项目经理应通过施工部署、组织协调、生产调度和指挥,改善施工程序和方法的决策等,应用技术、经济及管理手段实现有效的进度管理。项目经理部首先要建立进度实施、控制的科学组织系统和严密的工作制度,然后依据工程项目进度管理目标体系,对施工的全过程进行系统控制。在正常情况下,进度实施系统应发挥监测、分析职能并循环运行,即随着施工活动的进行,信息管理系统会不断地将施工实际进度信息,按照信息流动程序反馈给进度管理者,经过统计整理,在比较分析后,确认进度无偏差,则系统继续运行;一旦发现实际进度与计划进度有偏差,系统将发挥调控职能,分析偏差产生的原因,及对后续施工和总工期的影响。在必要时,可对原计划进度作出相应的调整,提出纠正偏差方案和实施技术、经济、合同保证措施,以及取得相关单位支持与配合的协调措施,确认切实可行后,将调整后的新进度计划输入到进度实施系统,施工活动继续在新的控制下运行。当新的偏差出现之后,再重复上述过程,直到施工项目全部完成。进度管理系统也可以处理由于合同变更而需要进行的进度调整。

(5)全部任务完成之后,进行进度管理总结并编写进度管理报告。

2.3.2 项目进度计划编制

1.项目进度计划编制内容

市政工程与园林绿化工程项目进度计划包括:控制性进度计划和作业性进度计划两类。

(1)控制性进度计划。

控制性进度计划包括整个项目的总进度计划、分阶段进度计划、子项目进度计划或单体工程进度计划,年(季)度计划。上述各项计划依次细化且被上层计划所控制。其作用是对进度目标进行论证、分解,确定里程碑事件进度目标,作为编制实施性进度计划和其他各种计划以及动态控制的依据。

(2)作业性进度计划。

作业性进度计划包括分部分项工程进度计划、月度作业计划和旬度作业计划。作业性进度计划是项目作业的依据,确定具体的作用安排和相应对象或时段的资源需求。作业性进度计划应由项目经理部编制。项目经理部必须按计划实施作业,完成每一道工序和每一项分项工程。

各类进度计划的内容都应包括:编制说明、进度计划表、资源需要量及供应平衡表。编制说明主要包括进度计划关键目标的说明,实施中的关键点和难点,保证条件的重点,要采取的主要措施等。进度计划表是最主要的内容,包括分解的计划子项名称(如作业计划的分项工程或工序),进度目标或进度图等。资源需要量及供应平衡表是实现进度表的进度安排所需要的资源保证计划。

2.项目进度计划编制程序

市政工程与园林绿化工程项目进度计划的编制应按照下列程序进行:

(1)确定进度计划的目标、性质和任务。

(2)进行工作分解。

(3)收集编制依据。

(4)确定工作的起止时间和里程碑。

(5)处理各工作之间的逻辑关系。

(6)编制进度表。

(7)编制进度说明书。

(8)编制资源需要量及供应平衡表。

(9)报有关部门批准。

3.项目进度计划编制方法

项目进度计划编制前,应对编制的依据和应考虑的因素进行综合研究。其编制方法如下:

(1)划分施工过程。

在编制进度计划时,应当按照设计图纸、文件和施工顺序把拟建工程的各个施工过程列出,并结合具体的施工方法、施工条件、劳动组织等因素,加以适当整理。

(2)确定施工顺序。

在确定项目施工顺序时,应考虑:

①各种施工工艺的要求。

②各种施工方法和施工机械的要求。

③项目施工组织合理的要求。

④确保工程项目质量的要求。

⑤工程项目所在地区的气候特点和条件。

⑥确保安全生产的要求。

(3)计算工程量。

工程量计算应当根据施工图纸和工程量计算规则进行。

(4)确定劳动力用量和机械台班数量。

应根据各分项工程、分部工程的工程量、施工方法及相应的定额,并参考施工单位的实际情况和水平,计算各分项工程、分部工程所需的劳动力用量和机械台班数量。

(5)确定各分项工程、分部工程的施工天数,安排工程进度。

当存在特殊要求时,可根据工期要求,倒排进度;同时在施工技术和施工组织上采取相应的措施,如在可能的情况下,组织立体交叉施工、水平流水施工,增加工作班次,提高混凝土早期强度等。

(6)施工进度图表。

施工进度图表是施工项目在时间及空间上的组织形式。目前表达施工进度计划的常用方法有网络图和流水施工水平图(又称横道图)。

(7)进度计划的优化。

进度计划初稿编制之后,需再次检查各分部(子分部)工程、分项工程的施工时间和施工顺序安排是否合理,总工期是否满足合同规定的要求,劳动力、材料、施工机械设备所需用量是否有不均衡的现象出现,主要施工机械设备是否充分利用。经过检查,对不符合要求的部分予以改正和优化。

2.3.3　项目进度计划实施

项目进度计划的实施即施工活动的进展,也就是用施工进度计划指导施工活动,落实和完成计划。项目进度计划逐步实施的进程就是工程项目建造的逐步完成过程。

1.工程项目进度计划实施要求

(1)经批准的进度计划,应向执行者交底并落实责任。

(2)进度计划执行者应制订实施计划方案。

(3)在实施进度计划的过程中应进行下列工作。

①跟踪检查,收集实际进度数据。

②将实际数据和进度计划进行对比。

③分析计划执行的情况。

④对产生的进度变化,采取相应措施进行纠正或调整计划。

⑤检查措施的落实情况。

⑥进度计划的变更必须与有关单位和部门及时沟通。

2. 工程项目进度计划实施步骤

为了保证施工项目进度计划的实施,并且尽可能按照编制的计划时间逐步实现,市政工程与园林绿化工程项目进度计划的实施应按以下步骤进行。

(1)向执行者进行交底并落实责任。

要将计划贯彻到项目经理部的每一个岗位、每一个职工,要保证进度的顺利实施,就必须做好思想发动工作和计划交底工作。项目经理部要将进度计划讲解给广大职工,让他们心中有数,并且要提出贯彻措施,针对贯彻进度计划中的困难和问题,同时提出克服这些困难和解决这些问题的方法和步骤。

为确保进度计划的贯彻执行,项目管理层和作业层都要建立严格的岗位责任制,要严肃纪律、奖罚分明,项目经理部内部积极推行生产承包经济责任制,贯彻按劳分配的原则,使职工群众的物质利益同项目经理部的经营成果结合起来,激发群众执行进度计划的自觉性、主动性。

(2)制订实施计划方案。

进度计划执行者应制订工程项目进度计划的实施计划方案,具体来讲,就是编制详细的施工作业计划。

由于施工活动的复杂性,在编制施工进度计划时,不可能考虑到施工过程中的一切变化情况,也不可能一次安排好未来施工活动中的全部细节,所以施工进度计划还只能是比较概括的,很难作为直接下达施工任务的依据。因此,还必须有更为符合当时情况、更为细致具体的、短时间的计划,这就是施工作业计划。施工作业计划应当根据施工组织设计和现场的具体情况,灵活安排、平衡调度,以确保实现施工进度和上级规定的各项指标任务的具体的执行计划。

施工作业计划通常可分为月作业计划和旬作业计划。施工作业计划通常应包括以下三方面内容:

①明确本月(旬)应完成的施工任务,确定其施工进度。月(旬)作业计划应确保年、季度计划指标的完成,通常要按照一定的规定填写作业计划表。

②根据本月(旬)施工任务及其施工进度,编制相应的资源需要量计划。

③结合月(旬)作业计划的具体实施情况,落实相应的提高劳动生产率和降低成本的措施。

在编制作业计划时,计划人员应深入施工现场,检查项目实施的实际进度情况,并且要深入施工队组,了解其实际施工能力,同时了解设计要求,将主观和客观因素结合起来,征询各有关施工队组的意见,进行综合平衡,修正不合时宜的计划安排,提出作业计划指标。最后,召开计划会议,通过施工任务书将作业计划落实并下达到施工队组。

(3)跟踪记录,收集实际进度数据。

在计划任务完成的过程中,各级施工进度计划的执行者均要跟踪作好施工记录,记载计划中的每项工作开始日期、工作进度和完成日期,为施工项目进度检查分析提供信息,因此要求实事求是地记载,并填好有关图表。

收集数据的方式包括报表的方式和进行现场实地检查的方式。收集的数据质量要高，不完整或不正确的进度数据将导致不全面或不正确的决策。

收集到的施工项目实际进度数据，要进行必要的整理，按照计划控制的工作项目进行统计，形成与计划进度具有可比性的数据、相同的量纲和形象进度。通常可以按实物工程量、工作量和劳动消耗量以及累计百分比整理和统计实际检查的数据，以便与相应的计划完成量相对比。

(4)将实际数据与计划进度对比。

将实际数据与计划进度对比主要是将实际的数据与计划的数据进行比较，例如将实际的完成量、实际完成的百分比与计划的完成量、计划完成的百分比进行比较。一般可利用表格形成各种进度比较报表或直接绘制比较图形来直观地反映实际与计划的差距。通过比较了解实际进度比计划进度拖后、超前还是与计划进度一致。

(5)做好施工中的调度工作。

施工调度是指在施工过程中不断组织新的平衡，建立和维护正常的施工条件及施工程序所做的工作。主要任务包括督促、检查工程项目计划和工程合同执行情况，调度物资、设备、劳力，解决施工现场出现的矛盾，协调内、外部的配合关系，促进和确保各项计划指标的落实。

为确保完成作业计划和实现进度目标，有关施工调度应涉及多方面的工作，包括：

①执行施工合同中对进度、开工及延期开工、暂停施工、工期延误、工程竣工的承诺。

②落实控制进度措施应当具体到执行人、目标、任务、检查方法和考核办法。

③监督检查施工准备工作、作业计划的实施，协调各方面的进度关系。

④督促资料供应单位按照计划供应劳动力、施工机具、材料构配件、运输车辆等，并对临时出现问题采取相应措施。

⑤由于工程变更引起资源需求的数量变更和品种变化时，应当及时调整供应计划。

⑥按照施工平面图管理施工现场，遇到问题作必要的调整，保证文明施工。

⑦及时了解气候和水、电供应情况，采取相应的防范及调整保证措施。

⑧及时发现并处理工程施工中各种事故与意外事件。

⑨协助分包人解决项目进度控制中的相关问题。

⑩定期、及时召开现场调度会议，贯彻项目主管人的决策，发布调度令。

⑪当发包人提供的资源供应进度发生变化无法满足施工进度要求时，应督促发包人执行原计划，并对造成的工期延误及经济损失进行索赔。

2.3.4　项目进度计划的检查与调整

1.项目进度计划的检查

在项目施工进度计划的实施过程中，因为各种因素的影响，原始计划的安排常常会被打乱而出现进度偏差。所以在进度计划执行一段时间后，必须对执行情况进行动态检查，并分析进度偏差产生的原因，以便为施工进度计划的调整提供必要的信息。

(1)项目进度计划检查的内容。

项目进度计划的检查应包括以下内容：

①工作量的完成情况。

②工作时间的执行情况。

③资源使用及与进度的互配情况。

④上次检查提出问题的处理情况。

(2)项目进度检查的方式。

在市政工程与园林绿化工程项目施工过程中,可以通过以下方式获得项目施工实际进展情况。

①定期地、经常地收集由承包单位提交的有关进度报表资料。项目施工进度报表资料不仅是对工程项目实施进度控制的依据,同时也是核对工程进度的依据。在通常情况下,进度报表格式由监理单位提供给施工承包单位,施工承包单位按时填写完后提交给监理工程师核查。报表的内容根据施工对象及承包方式的不同而有所区别,但通常应包括:工作的开始时间、完成时间、持续时间、逻辑关系、实物工程量和工作量,以及工作时差的利用情况等。承包单位如果能准确地填报进度报表,监理工程师就能从中了解到建设工程的实际进展情况。

②现场管理人员跟踪检查建设工程的实际进展情况。为避免施工承包单位超报已完工程量,驻地监理人员有必要进行现场实地检查和监督。至于每隔多长时间检查一次,应视建设工程的类型、规模、监理范围及施工现场的条件等多方面的因素而定。可每月或每半月检查一次,也可每旬或每周检查一次。若在某一施工阶段出现不利情况时,则需每天检查。

除以上两种方式外,由监理工程师定期组织现场施工负责人召开现场会议,也是获得工程项目实际进展情况的一种方式。通过这种面对面的交谈,监理工程师可以从中了解到施工过程中的潜在问题,以便及时采取相应的措施加以预防。

(3)项目进度检查的方法。

项目施工进度检查的主要方法是比较法。常用的检查比较方法包括横道图、S形曲线、香蕉形曲线、前锋线和列表比较法。

①横道图比较法。横道图比较法是指将项目实施过程中检查、收集到的实际进度数据,经加工整理后直接用横道线平行绘于原计划的横道线处,进行实际进度与计划进度的比较法。采用横道图比较法,可以形象、直观地反映实际进度与计划进度的比较情况。

②S形曲线比较法。S形曲线比较法与横道图比较法不同,它不是在编制的横道图进度计划上进行实际进度与计划进度比较。它是以横坐标来表示进度时间,纵坐标表示累计完成任务量,而绘制出一条按照计划时间累计完成任务量的S形曲线,将施工项目的各检查时间实际完成的任务量与S形曲线进行实际进度与计划进度相比较的一种方法。

③香蕉形曲线比较法。香蕉形曲线是两条S形曲线组合成的闭合图形。如前所述,工程项目的计划时间及累计完成任务量之间的关系均可用一条S形曲线表示。在工程项目的网络计划中,各项工作通常可分为最早和最迟开始时间,于是根据各项工作的计划最早开始时间安排进度,就可绘制出一条S形曲线,称之为ES曲线,而根据各项工作的计划最迟开始时间安排进度,绘制出的S形曲线,称之为LS曲线。这两条曲线都是起始于计划开始时刻,终止于计划完成之时,因而图形是闭合的;通常情况下,在其余时刻,ES曲线上各点均应在LS曲线的左侧,其图形如图2.5所示,形似香蕉,因此得名。

④前锋线比较法。前锋线比较法也是一种简单地进行工程实际进度与计划进度的比较方法。主要适用于时标网络计划。其主要方法是从检查时刻的时标点出发,首先连接与其相邻的工作箭线的实际进度点,由此再去连接该箭线相邻工作箭线的实际进度点,以此类推,将检查时刻正在进行工作的点都依次连接起来,组成一条通常为折线的前锋线。按照前锋线与

箭线交点的位置判定工程实际进度与计划进度的偏差。简而言之,前锋线法就是通过工程项目实际进度前锋线,比较工程实际进度与计划进度偏差的方法。

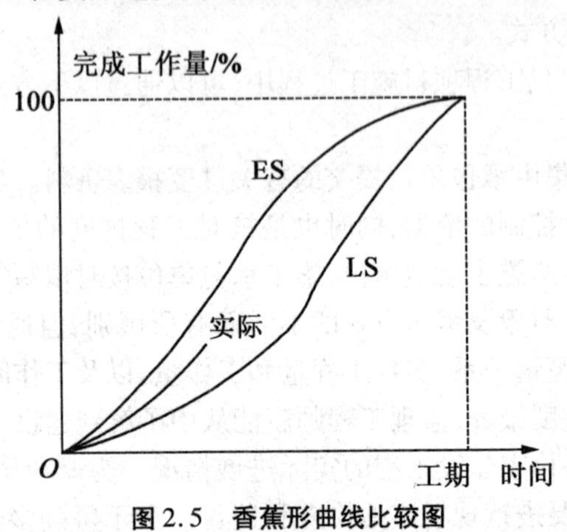

图2.5 香蕉形曲线比较图

(4)工程项目进度报告。

工程项目进度计划检查后应按照下列内容编制进度报告。

①进度执行情况的综合描述。

②实际进度与计划进度的对比资料。

③进度计划的实施问题及原因分析。

④进度执行情况对质量、安全和成本等的影响情况。

⑤采取的措施和对未来计划进度的预测。

2.项目进度计划的调整

市政工程与园林绿化工程项目进度计划的调整应依据进度计划检查结果,在进度计划执行发生偏离的时候,通过对工程量、起止时间、工作关系,资源提供和必要的目标进行调整,或通过局部改变施工顺序,重新确认作业过程相互协作方式等工作关系进行的调整,更充分利用施工的时间及空间进行合理交叉衔接,并编制调整后的施工进度计划,以保证施工总目标的实现。

(1)分析进度偏差的影响。

在建设工程项目实施过程中,当通过实际进度与计划进度的比较,当发现有进度偏差时,需要分析该偏差对后续工作及总工期的影响,从而采取相应的调整措施对原进度计划进行调整,以确保工期目标的顺利实现。进度偏差的大小及其所处的位置不同,对后续工作及总工期的影响程度是不同的,在分析时,需要利用网络计划中工作总时差和自由时差的概念进行判断。分析步骤如下:

①分析进度偏差的工作是否为关键工作。在工程项目的施工过程中,如果出现偏差的工作为关键工作,则无论偏差大小,均对后续工作及总工期产生影响,必须采取相应的调整措施,如果出现偏差的工作不为关键工作,需要根据偏差值与总时差和自由时差的大小关系,确定对后续工作和总工期的影响程度。

②分析进度偏差是否大于总时差。在工程项目施工过程中,如果工作的进度偏差大于该工作的总时差,说明此偏差必将影响后续工作和总工期,必须采取相应的调整措施;如果工作的进度偏差不大于该工作的总时差,说明此偏差对总工期无影响,但它对后续工作的影响程

度,需要根据比较偏差与自由时差的情况来确定。

③分析进度偏差是否大于自由时差。在工程项目施工过程中,如果工作的进度偏差大于该工作的自由时差,说明此偏差对后续工作会产生影响。对其所作的调整,应根据后续工作允许影响的程度而定;如果工作的进度偏差不大于该工作的自由时差,则说明此偏差对后续工作无影响,因此,原进度计划可以不作调整。

经过如此分析,进度控制人员可确认应当调整产生进度偏差的工作和调整偏差值的大小,以便确定采取调整新措施,获得新的符合实际进度情况和计划目标的新进度计划。

(2)项目进度计划调整方法。

当工程项目施工实际进度影响到后续工作,总工期需要对进度计划进行调整时,一般采用以下两种方法。

①改变某些工作间的逻辑关系。当工程项目实施中产生的进度偏差影响到总工期,且有关工作的逻辑关系允许改变时,可改变关键线路和超过计划工期的非关键线路上的有关工作之间的逻辑关系,达到缩短工期的目的。例如将顺序进行的工作改为平行作业、搭接作业以及分段组织流水作业等,均可有效地缩短工期。对于大型群体工程项目,单位工程间的相互制约相对较小,可调幅度较大;对于单位工程内部,因为施工顺序和逻辑关系约束较大,可调幅度较小。

②缩短某些工作的持续时间。这种方法不改变工作之间的逻辑关系,而是缩短某些工作的持续时间,而使施工进度加快,并确保实现计划工期的方法。这些被压缩持续时间的工作是由于实际施工进度的拖延而引起总工期增长的关键线路和某些非关键线路上的工作。同时这些工作又是可压缩持续时间的工作。这种方法实际上就是网络计划优化中的工期优化方法和工期与费用优化的方法。

2.4　项目质量管理

2.4.1　项目质量控制

1. 工程项目现场施工质量控制的特点

由于市政工程项目施工涉及面广,是一个极其复杂的综合过程,再加上项目具有位置固定、生产流动、结构类型不一、质量要求不一、施工方法不一、体型大、整体性强、建设周期较长、受自然条件影响大等特点,因此市政工程项目的质量管理比通常工业产品的质量管理更难以实施。

园林绿化工程的特点与市政工程类似,其施工涉及景观小品、园林建筑,如亭、廊、园路、栏杆、景墙、铺装、景桥、驳岸、植物材料等,需要套用施工规范,且涉及的施工面、施工环境及施工技术力量组织都很复杂,因此其项目施工现场质量控制难度也较大。

市政工程与园林绿化工程项目施工质量控制的特点主要表现在以下几方面:

(1)影响质量因素多。如设计、材料、机械、地质、地形、水文、气象、施工工艺、操作方法、技术措施、管理制度等,均直接影响施工项目的质量。

(2)容易产生质量变异。影响施工项目质量的偶然性因素和系统性因素较多,因此很容易产生质量变异。例如材料性能微小的差异、机械设备正常的磨损、操作微小的变化、环境微小的波动等，均会引起偶然性因素的质量变异；当使用材料的规格、品种有误，施工方法不妥，操作不按规程，机械故障，设计计算错误时，则会引起系统性因素的质量变异，造成工程质量事故。

（3）容易产生第一、第二判断错误。施工项目由于工序交接多、中间产品多、隐蔽工程多，如果检查不认真、读数有误，则会产生第一判断错误，容易将合格产品认为是不合格的产品；如果不及时检查实质，事后再看表面，就容易产生第二判断错误，容易将不合格的产品认为是合格的产品。因此在进行质量检查验收时，应特别注意。

（4）质量检查不能解体、拆卸。工程项目建成之后，不可能像某些工业产品那样，再拆卸或解体检查内在的质量，或重新更换零件；即使发现质量有问题，也不可能像工业产品那样实行"包换"或"退款"。

（5）质量要受投资、进度的制约。施工项目的质量受投资、进度的制约较大，如通常情况下，投资大、进度适度，质量就好；反之质量则差。因此项目在施工中，还必须正确处理质量、投资、进度三者之间的关系，使其达到对立的统一。

以上特点是市政工程与园林绿化工程共有的特点，除此之外，由于园林绿化工程的特殊性，其施工质量控制还具有以下特点：

（1）园林绿化工程的大部分实施对象，均为有生命的活体。通过各种色彩植物、花卉、树木、草皮的栽植与搭配，利用各种苗木的特殊功能，达到清洁空气、吸尘降温、隔音、营造与美化生活环境，它是源于林业与其他种植业而又有别于林业与其他种植业的特殊行业。

（2）"三分种七分管"，种是短暂的，管是长期的。只有进行不间断的精心养护管理，才能够确保各种苗木的成活率和良好长势，否则难以达到生态环境景观的特殊要求和效果。这就决定了，园林绿化工程建成后必须提供养护计划和相关的资金投入。

（3）追求工程的艺术美。园林绿化工程在景观小品、植物配置、古典建筑等方面则更讲究艺术性，其效果要给人以格外美的感受。而这一点在某些设计部位可能难以达到，需要通过工程技术人员创造性的劳动，去实现设计的最佳理念与境界。例如假山堆叠、黄石驳岸、微地形处理等，同一张设计图纸，在相邻的工地上，由于施工人员技能、熟练程度不同，出来的艺术效果、气势就完全不同，观感反差较大，这就给工程监理人员提出了专业上的深层次要求和对于园林艺术美的特殊处理要求。

（4）强化管理意识。除大的公园建设项目之外，通常来说，园林绿化工程均作为建筑配套附属工程出现，其规模较小，而且工程量分散不便于监督管理。常有两种现象较为普遍，一是少数业主认为园林绿化工程不会出大乱子，大不了死几棵树，将投资控制到不合理的程度，主张谁的标低谁中标。这无意中迎合了社会上一段时间所刮的"投低标"风，给工程质量监管留下了严重隐患，更使监理处于一种两难境地。二是因为工程量小且分散、施工线长，往往使工程监理顾此失彼，容易使一些素质较低的施工单位乘虚而入，钻空子，做手脚，极难全面控制工程质量。

2. 工程项目现场施工质量控制的基本原则

（1）坚持质量第一的原则。

对于市政工程来说，建筑产品作为一种特殊的商品，使用年限较长，是"百年大计"，直接关系到人民生命财产的安全，必须自始至终地把"质量第一"作为质量控制的基本原则。对于园林绿化工程来说，工程质量是园林作品使用价值的集中体现，施工中最关心的就是工程质量的优劣，在项目施工中必须树立“质量第一”的建园思想。

(2)坚持以人为控制核心的原则。

人是质量的创造者，质量控制必须以“人”为核心将人作为质量控制的动力，发挥人的积极性、创造性。人为控制多用制度、规范、标准、责任、职责等描述。

(3)坚持预防为主的原则。

预防为主的思想，是指事先分析影响施工质量的各种因素，找出主导因素，采取措施加以重点控制，使质量问题消灭在萌芽时期，做到防患于未然。

(4)坚持质量标准的原则。

质量标准是评价工程质量的尺度，数据是质量控制的基础。市政与园林绿化工程质量是否符合质量要求，必须以数据为依据进行严格检查后做出判断。

(5)坚持全面控制的原则。

坚持全面控制的原则，即全过程的质量控制。市政与园林绿化工程质量的控制贯穿于建设程序的全过程，为了保证和提高工程质量，质量控制不能仅限于施工过程，而必须贯穿于从勘察设计直到使用维护的全过程，要把所有影响工程质量的环节和因素控制起来。

(6)全员的质量控制。

市政与园林绿化工程质量提高依赖于项目经理及通常员工的共同努力。质量控制必须把项目所有人员的积极性和创造性充分调动起来，做到人人关心质量控制，人人做好质量控制工作。

3. 工程项目现场施工质量控制计划

(1)基本概念。

按照GB/T 19000—2008质量管理体系标准，质量计划是质量管理体系文件的组成内容。在合同环境下质量计划是企业向建设方表明质量管理方针、目标及其具体实现的方法、手段和措施，体现企业对质量责任的承诺和实施的具体步骤。

施工项目质量计划是指确定施工项目应达到的质量标准和如何达到这些质量标准的工作计划及安排。通过制订和严格实施质量计划，可有效保证施工项目质量控制。

(2)现场施工质量计划的编制内容。

施工质量计划的内容一般包括：

①工程特点及施工条件分析(合同条件、法规条件和现场条件)。

②履行施工承包合同所必须达到的工程质量总目标及其分解目标。

③质量管理组织机构、人员及资源配置计划。

④为了确保工程质量所采取的施工技术方案、施工程序。

⑤材料设备质量管理及控制措施。

⑥工程检测项目计划及方法等。

(3)现场施工质量计划的编制要求。

施工质量计划的编制主体是施工承包企业，由项目经理主持编制。在总承包的情况下，分包企业的施工质量计划是总承包施工质量计划的组成部分。总承包施工企业有责任对分承包施工企业质量计划的编制进行指导及审核，并承担施工质量的连带责任。

目前我国工程项目施工的质量计划常用施工方案或施工项目管理实施规划的文件形式进行编制。施工质量计划编制完毕，应经企业技术领导审核批准，并按照施工承包合同的约定提交工程监理或建设单位批准确认后执行。

4. 工程项目施工工序质量控制

市政工程与园林绿化工程工序质量控制主要包括两方面的控制，即对工序施工条件的控制和对工序施工效果的控制，如图2.6所示。

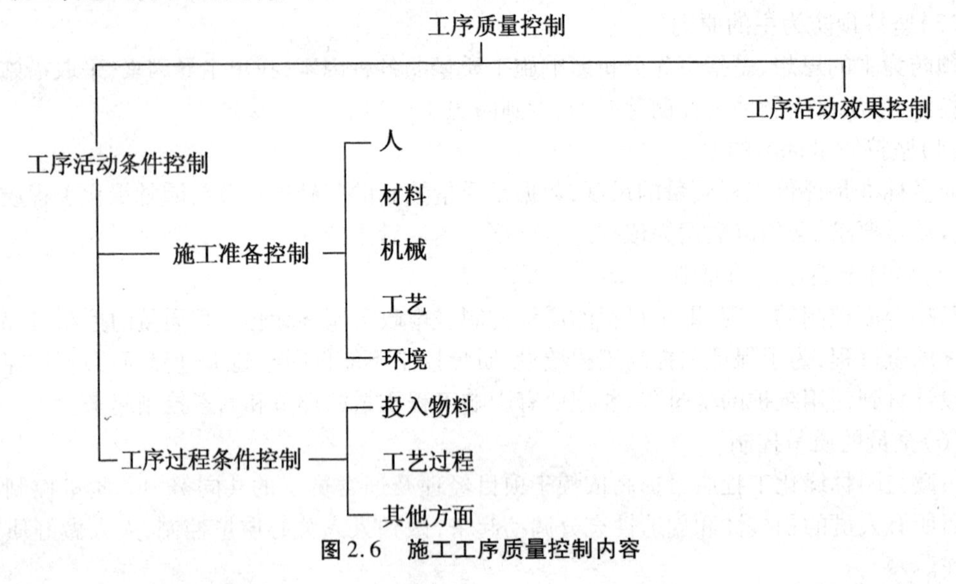

图2.6　施工工序质量控制内容

(1)工序施工条件的控制。

工序施工条件的控制包括以下两个方面：

①施工准备方面的控制。即在工序施工之前，应对影响工序质量的因素或条件进行监控。要控制的内容通常包括：

a. 人的因素，如施工操作者和有关人员是否符合上岗要求。

b. 材料因素，如材料质量是否符合标准，能否使用。

c. 施工机械设备的条件，如其规格、性能、数量能否满足要求，质量有无保障。

d. 采用的施工方法及工艺是否恰当，产品质量有无保证。

e. 施工的环境条件是否良好等。

这些因素或条件应当符合规定的要求或保持良好状态。

②施工过程中对工序活动条件的控制。对影响工序产品质量的各因素的控制不仅体现在开工前的施工准备中，而且还应贯穿于整个施工过程中，包括各工序、各工种的质量保证与强制活动。在施工的过程中，工序活动是在经过审查认可的施工准备的条件下展开的，要注意各因素或条件的变化，若发现某种因素或条件向不利于工序质量方面变化，应及时予以控制或纠正。

在各种因素中，投入施工的物料如材料、半成品等，以及施工操作或工艺是最活跃和易变化的因素，应予以特别的监督与控制，使它们的质量始终处于控制之中，符合标准及要求。

(2)工序施工效果的控制。

工序施工效果主要反映在工序产品的质量特征和特性指标方面。对工序施工效果控制就是控制工序产品的质量特征和特性指标是否达到设计要求及施工验收标准。工序施工效果质量控制通常属于事后质量控制，其控制的基本步骤包括：实测、统计、分析、判断、认可或纠偏。

(3)工序施工质量的动态控制。

影响工程工序施工质量的因素对工序质量所产生的影响,可能表现为一种偶然的、随机性的影响,也可能表现为一种系统性的影响。前者表现为工序产品的质量特征数据是以平均值为中心,上下波动不定,呈随机性变化,此时的工序质量基本上是稳定的,质量数据波动是正常的,它是由于工序活动过程中一些偶然的、不可避免的因素所造成的,如施工设备运行的正常振动、所用材料上的微小差异、检验误差等。这种正常的波动通常对产品质量影响不大,在管理上是容许的。而后者则表现为在工序产品质量特征数据方面出现异常大的波动或散差,其数据波动呈一定的规律性或倾向性变化,如数据均大于(或小于)标准值、数值不断增大或减小、或呈周期性变化等。这种质量数据的异常波动一般是由于系统性的因素造成的,如使用了不合格的材料、施工机具设备严重磨损、违章操作、检验量具失准等。这种异常波动,在质量管理上是不允许的,施工单位应采取措施设法加以消除。

5.质量控制点设置

(1)质量控制点设置的原则。

市政工程与园林绿化工程质量控制点设置的原则,是根据市政工程与园林绿化工程的重要程度,即质量特性值对整个工程质量的影响程度来确定。因此,在设置质量控制点时,首先要对施工的工程对象进行全面分析、比较,以明确质量控制点;然后进一步分析所设置的质量控制点在施工中可能出现的质量问题或造成质量隐患的原因,针对隐患的原因,提出相应对策、措施予以预防。由此可见,设置质量控制点,是对市政工程与园林绿化工程质量进行预控的有力措施。

质量控制点通常设置于以下几个部位:

①重要的和关键性的施工环节和部位。

②质量不稳定、施工质量没把握的施工工序和环节。

③施工技术难度大的、施工条件困难的部位或环节。

④质量标准或质量精度要求高的施工内容和项目。

⑤对后续施工或后续工序质量或安全有重要影响的施工工序或部位。

⑥采用新技术、新工艺、新材料施工的部位或环节。

(2)质量控制点的实施要点。

市政工程与园林绿化工程质量控制点实施要点如下:

①交底。将控制点的"控制措施设计"向操作班组进行认真交底,必须使工人真正理人员应当进行旁站指导,检查和验收。

②工人按照作业指导书进行认真操作,确保操作中每个环节的质量。

③按规定做好检查并认真记录检查结果,取得第一手数据。

④运用数理统计方法不断进行分析与改进(实施 PDCA 循环),直至质量控制点验收合格。

(3)见证点和停止点。

①见证点(也称截流点,或简称 W 点)。它是指重要性通常的质量控制点,在这种质量控制点施工前,施工单位应提前(例如 24 小时之前)通知监理单位派监理人员在约定的时间到现场进行见证,对该质量控制点的施工进行监督及检查,并在见证表上详细记录该质量控

制点所在的建筑部位、施工内容、数量、施工质量和工时，并签字以作为凭证。若在规定的时间监理人员未能到达现场进行见证和监督，施工单位可以认为已取得监理单位的同意(默认)，有权进行该见证点的施工。

②停止点(也称待检点，或简称 H 点)。它是指重要性较高、其质量无法通过施工以后的检验来得到证实的质量控制点。例如无法依靠事后检验来证实其内在质量或无法事后把关的特殊工序或特殊过程。对于这种质量控制点，在施工之前，施工单位应提前通知监理单位，并约定施工时间，由监理单位派出监督员到现场进行监督控制，若在约定的时间监理人员未到现场进行监督和检查，则施工单位应停止该质量控制点的施工，并按合同规定，等待监理人员，或另行约定该质量控制点的施工时间。

6. 成品保护质量控制

成品保护是市政工程与园林绿化工程施工过程中质量管理的重点。施工中，若对已完成部分或成品，不采取妥善的措施加以保护，就会造成损伤，影响工程质量。因此，会造成人、财、物的浪费和拖延工期；更为严重的是有些损伤难以恢复原状，而成为永久性的缺陷。加强成品保护，要从两个方面着手，首先应加强教育，提高全体员工的成品保护意识；其次要合理安排施工顺序，采取有效的保护措施。下面分别对市政工程和园林绿化工程成品质量保护措施进行讲述。

(1)市政工程成品质量保护。

市政工程施工是一个复杂的、多工种穿插作业的过程。一个大的工程项目中一般包括几个至十几个分项工程，例如大型城市环路改造工程是以改造道路为主，还包括：公路桥、铁路桥、市政综合道路的建设。施工过程中，有些分项工程已完成，而其他分项工程尚在施工；或者分项工程的某些部位已经完成，而其他部位正在施工。

市政工程保护措施主要从以下三方面进行考虑：

①组织措施。

教育全体职工要对国家、对人民负责，爱护公物，尊重他人和自己的劳动成果，在施工操作时，要珍惜已完成的和将完成的工程。

建立成品保护组织。由项目技术负责人领导，工号和材料部门参加，重点工程应当有保卫部门参加。建立交接班检查制度等。

②技术措施。

a. 在大的工程项目布置上，在保证总进度计划的前提下，要决定以哪个分项工程为主，为辅的分项工程可适当放宽施工工期，以减少工种、工序间的交叉作业。避免后期集中抢工。采用新工艺、新材料，尽可能减少工序，以达到减少交叉作业的目的。

b. 合理安排施工工序、施工流程。坚持先地下、后地上，先土建、后设备，先主体、后围护，先结构、后装修。不得颠倒工序，防止后道工序损坏或污染前道工序。在合槽施工时，应当先安装正下部管道，再安装上部管道；否则挖土方时会扰动上部管道基础。

c. 雨季要根据所在地的雨量、雨期，制定雨季措施；这些措施应能使成品防泡、防淹、防塌方、防漏、防陷，得到保护。冬季由于各地区的气温、降雪量不同，越冬的工程部位应采取适当的冬施措施。

③保护措施。

市政工程成品保护措施主要包括：疏导、堵挡、遮盖、排水、防雷、避雨、加固防陷等措施。

例如道路施工碾压路面时,要对检查井口和雨水口进行苫盖。对已完工但尚未交付甲方的道路路段要拦挡、局部封闭,以免社会车辆对路面和道牙破坏。雨季为防止管道被泥浆灌入或钢管漂移,要及时闭水、打泵、交验、还土;否则应封堵。

(2)园林绿化工程成品质量保护。

园林绿化工程成品保护的措施包括:护、包、盖、封。

①护,即提前保护,防止对成品的损伤。如大树移植中采用双支撑或三支撑法来保护刚移植的大树。

②包,即进行包裹,防止对成品的污染及损伤。如在居住区绿化中配光线路施工,填土前对控制电开关、插座、灯具、接线口等设备进行包裹等。

③盖,即表面覆盖,防止堵塞、损伤。如雨天新到苗木要及时苫盖,以防雨水淋湿土球造成散球,不利于成活。

④封,即局部封闭。如园林建筑室内塑料墙纸、地板油漆完成后,应立即锁门封闭;屋顶花园屋面防水完成后,应封闭屋面的楼梯门或出入口。

2.4.2 项目质量改进

1.项目质量改进基本规定

(1)项目经理部应定期对项目质量状况进行检查、分析,向组织提出质量报告,提出目前质量状况、发包人及其他相关方满意程度、产品要求的符合性以及项目经理部的质量改进措施。

(2)组织应对项目经理部进行检查、考核,定期进行内部审核,并将审核的结果作为管理评审结果输入,促进项目经理部的质量改进。

(3)组织应了解发包人及其他相关方对质量的意见,对质量管理体系进行审核,确定改进目标,提出相应的措施并检查落实。

2.项目质量改进方法

(1)质量改进应坚持全面质量管理的 PDCA 循环方法。随着质量管理循环的不停进行,原有的问题解决了,新的问题又产生了,问题不断产生而又不断被解决,如此循环不止,每一次循环都将质量管理活动推向一个新的高度。

(2)坚持"三全"管理:"全过程"质量管理指的就是在产品质量形成全过程中,将可以影响工程质量的环节和因素控制起来;"全员"质量管理就是上至项目经理下至通常员工,全体人员行动起来参加质量管理;"全面质量管理"就是要对项目各方面的工作质量进行管理。这个任务不仅由质量管理部门来承担,而且项目的各部门都要参加。

(3)质量改进要运用先进的管理办法、专业技术和数理统计方法。

3.项目质量预防措施

(1)项目经理部应定期召开质量分析会,对影响工程质量潜在原因,采取预防措施。

(2)对有可能出现的不合格现象,应制定防止再发生的措施并组织实施。

(3)对质量通病应采取预防措施。

(4)对潜在的严重不合格现象,应实施预防措施控制程序。

(5)项目经理部应定期评价预防措施的有效性。

4.项目质量纠正措施

(1)对发包人或监理工程师、设计人、质量监督部门提出的质量问题,应分析原因,制定纠正措施。

(2)对已发生或潜在的不合格信息,应分析并记录结果。

(3)对检查发现的工程质量问题或不合格报告提及的问题,应由项目技术负责人组织有关人员判定不合格程度,制定纠正措施。

(4)对严重不合格或重大的质量事故,必须实施纠正措施。

(5)实施纠正措施的结果应由项目技术负责人验证并记录;对严重不合格或等级质量事故的纠正措施和实施效果应验证,并应报企业管理层。

(6)项目经理部或责任单位应定期评价纠正措施的有效性。

2.5 项目成本管理

2.5.1 项目成本管理的概念

项目成本管理是企业的一项重要基础管理,是指施工企业结合本行业的特点,以施工过程中直接耗费为原则,以货币为主要计量单位,对项目从开工到竣工所发生的各项收、支进行全面、系统的管理,以实现项目施工成本最优化目的。它主要包括:落实项目施工责任成本,制订成本计划,分解成本指标,进行成本控制、成本核算、成本考核与成本监督的过程。

2.5.2 项目成本管理的特点

1. 事先能动性

由于市政与园林绿化工程项目管理具有一次性的特征,因而其成本管理只能在这种不再重复的过程中进行管理,以避免某一工程项目上的重大失误。这就要求项目成本管理必须是事先的、能动性的、自为的管理。市政与园林绿化工程项目通常在项目管理的起始点就要对成本进行预测,制订计划、明确目标,然后以目标为出发点,采取各种技术、经济、管理措施实现目标。假如一个工程项目没有进行事先的管理,而仅仅在项目结束或进行到相当阶段才对已经发生的成本进行核算,那显然已为时过晚。现在不少工程项目总结出的“先算后干,边干边算,干完再算”的经验,就鲜明地体现了项目成本管理的事先能动性特点。

2. 内容适应性

市政与园林绿化工程项目成本管理的内容是由市政与园林绿化工程项目管理的对象范围决定的。它与企业成本管理的对象范围既有联系,又有明显的差异。因此对市政与园林绿化工程项目成本管理中的成本项目、核算台账、核算办法等必须进行深入的研究,不能盲目地要求与企业成本核算对口。通常来说,项目成本管理只是对工程项目的直接成本和间接成本的管理,除此之外的内容均不属于项目成本管理范畴。

3. 动态跟踪性

项目产品的生产过程不同于工业产品的生产,其成本状况随着生产过程的推进会随客观条件的改变而发生较大的变化。尤其是在市场经济的背景下,各种不稳定因素会随时出现,从而影响到项目成本。例如建材价格的提高、工程设计的修改、产品功能的调整、因建设单位责任引起的工期延误、资金的到位情况、国家规定的预算定额的调整、人工机械安装等分包人的价格上涨等,都使项目成本的实际水平处在不稳定的环境中。市政与园林绿化工程项目想要实现预期的成本目标,维护企业的合法权益,争取应有的经济效益,就应采取有效措施,控制成本。其中包括调整预算、合同索赔、增减账管理等一系列针对性措施。从项目成本管理的这一特点可以更进一步看清项目成本管理的重要性和优越性。

4. 综合优化性

这种特征是由项目成本管理在市政与园林绿化工程项目管理中的特定地位所决定的。项目经理部并不是企业的财务核算部门,而是在实际履行工程承包合同中,以为企业创造经济效益为最终目的的施工管理组织。它是为生产有效益的合格项目产品而存在的,不是仅仅为了成本核算而存在于企业之中。因此,市政与园林绿化工程项目成本管理的过程,必然要求其与项目的工期管理、质量管理、技术管理、分包管理、预算管理、资金管理、安全管理紧密结合起来,从而组成项目成本管理的完整网络。工程项目中每一项管理职能,每个管理人员,可以说都参与着工程项目的成本管理,他们的工作都与项目的成本直接或间接、或多或少有关。市政与园林绿化工程项目只有把所有管理职能、所有管理对象、所有管理要素纳入成本管理轨道,整个项目才能收到综合优化的功效。否则,仅靠几名成本核算人员从事成本管理,对市政与园林绿化工程项目管理就没有更多的实际价值。

2.5.3 项目成本管理的程序

市政与园林绿化工程项目成本管理应遵循以下程序:

(1)掌握生产要素的市场价格和变动状态。

(2)确定项目合同价。

(3)编制成本计划,确定成本实施目标。

(4)进行成本动态控制,实现成本实施目标。

(5)进行项目成本核算和工程价款结算,及时收回工程款。

(6)进行项目成本分析。

(7)进行项目成本考核,编制成本报告。

(8)积累项目成本资料。

2.5.4 项目成本管理的原则

1. 领导者推动原则

企业的领导者是企业成本的责任人,必然是园林工程施工成本的责任人。领导者应该制定市政工程与园林绿化工程成本管理的方针和目标,组织市政工程与园林绿化工程成本管理体系的建立和保持,使企业全体员工能充分参与施工成本管理,创造企业成本目标的良好内部环境。

2. 以人为本,全员参与原则

管理的本质是人,人的本质是思想和精神。纵观世界发展史,从工业革命到信息化时代,历史的滚滚车轮无一不是人在推动。具体到市政工程与园林绿化工程成本管理,管理的每一项工作、每一个内容都需要相应的人员来完善,抓住本质、全面提高人的积极性和创造性是搞好施工项目成本管理的前提。

市政工程与园林绿化工程成本管理工作是一项系统工程,其进度管理、质量管理、安全管理、施工技术管理、物资管理、劳务管理、计划统计、财务管理等一系列管理工作都关联到施工项目成本。市政工程与园林绿化工程项目成本管理是工程管理的中心工作，必须让企业全体人员共同参与，只有如此，才能保证市政工程与园林绿化工程成本管理工作顺利地进行。

3. 目标分解，责任明确原则

市政工程与园林绿化工程成本管理的工作业绩最终要转化为定量指标，而这些指标的完成是通过上述各级各个岗位的工作实现的，为明确各级各岗位的成本目标和责任，就必须进行指标分解。企业确定市政工程与园林绿化工程责任成本指标和成本降低率指标，是对园林工程成本进行了一次目标分解。企业的责任是降低企业管理费用和经营费用，组织项目经理部完成市政工程与园林绿化工程责任成本指标和成本降低率指标。项目经理部还要对市政工程与园林绿化工程项目责任成本指标和成本降低率目标进行二次目标分解，根据岗位不同、管理内容不同，确定每个岗位的成本目标和所承担的责任；把总目标进行层层分解，落实到每一个人，通过每个指标的完成来保证总目标的实现。事实上，每个项目管理工作都是由具体的个人来执行，执行任务而不明确承担的责任，等于无人负责，久而久之，形成人人都在工作，谁也不负责任的局面，企业无法搞好。

指标分解并不是提倡分散主义，只要各人自己的工作完成就行。提倡风险分担更不是不要集体主义，相反，企业管理水平的提高需要建立在团结互助的集体主义精神和团队精神的基础上。施工项目成本管理涉及施工管理的方方面面，而它们之间又是相互联系、相互影响的，必须要发挥项目管理的集体优势，协同工作，才能完成市政工程与园林绿化工程成本管理这一系统工程。

4. 管理层次与管理内容的一致性原则

市政工程与园林绿化工程成本管理是企业各项专业管理的一个部分，从管理层次上讲，企业是决策中心、利润中心，项目是企业的生产场地、生产车间，行业的特点是大部分的成本耗费在此发生，因而它是成本中心。项目完成了材料和半成品在空间和时间上的流水，绝大部分要素或资源要在项目上完成价值转换，并要求实现增值，其管理上的深度和广度远远大于一个生产车间所能完成的工作内容，因此项目上的生产责任和成本责任是非常大的，为了完成或者实现园林工程管理和成本目标，就必须建立一套相应的管理制度，并授予相应的权力。因而，相应的管理层次，它所对应的管理内容和管理权力必须相称和匹配，否则会发生责、权、利的不协调，从而导致管理目标和管理结果的扭曲。

5. 实事求是原则

市政工程与园林绿化工程成本管理应遵循动态性、及时性、准确性原则，即实事求是原则。

项目成本管理是为了实现工程成本目标而进行的一系列管理活动，是对市政工程与园林绿化工程成本实际开支的动态管理过程。由于工程成本的构成是随着工程施工的进展而不断变化的，因而动态性是施工成本管理的属性之一。进行工程成本管理的过程即不断调整工程成本支出与计划目标的偏差，使工程成本支出基本与目标一致，这就需要进行工程成本的动态管理，它决定了工程成本管理不是一次性的工作，而是工程全过程每日每时都在进行的工作。市政工程与园林绿化工程成本管理需要及时、准确地提供成本核算信息，不断反馈，为上级部门或项目经理进行工程成本管理提供科学的决策依据。若这些信息的提供严重滞后，就起不到及时纠偏、亡羊补牢的作用。市政工程与园林绿化工程成本管理所编制的各种成本计划、消耗量计划，统计的各项消耗、各项费用支出，必须是实事求是的、准确的。若计划的编制不准确，各项成本管理就失去了基准；若各项统计不实事求是、不准确，成本核算就不能真实反映出现虚盈或虚亏，只能导致决策失误。

因此，确保工程成本管理的动态性、及时性、准确性是市政工程与园林绿化工程成本管理的灵魂，否则，市政工程与园林绿化工程成本管理就只能是纸上谈兵、流于形式。

6. 过程控制和系统控制原则

市政工程与园林绿化工程成本是由工程过程的各个环节的资源消耗形成的。因此，市政工程与园林绿化工程成本的控制必须采用过程控制的方法，分析每一个过程影响成本的因素，制订工作程序和控制程序，使之时时处于受控状态。

市政工程与园林绿化工程成本形成的每一个过程又是与其他过程互相关联的，一个过程成本的降低，可能会引起关联过程成本的提高。因此，市政工程与园林绿化工程成本的管理，必须遵循系统控制的原则，进行系统分析，制订过程的工作目标必须从全局利益出发，不能为了小团体的利益损害了整体的利益。

2.5.5　项目成本管理的内容

市政工程与园林绿化工程项目成本管理的内容包括：成本计划、成本控制、成本核算、成本分析和成本考核等。

1. 成本计划

项目成本计划是项目经理部对项目施工成本进行计划管理的工具。它是以货币形式编制工程项目在计划期内的生产费用、成本水平、成本降低率以及为降低成本所采取的主要措施和规划的书面方案，它是建立项目成本管理责任制、开展成本控制和核算的重要基础。通常来说，一个项目成本计划应包括从开工到竣工所必需的施工成本，它是降低项目成本的指导文件，是设立目标成本的依据。

2. 成本控制

项目成本控制是指在施工过程中，对影响项目成本的各种因素加强管理，并采取各种有效措施，将施工中实际发生的各种消耗和支出严格控制在成本计划范围之内，随时揭示并及时反馈，严格审查各项费用是否符合标准、计算实际成本和计划成本之间的差异并进行分析，消除施工中的损失浪费现象，发现和总结先进的经验。通过成本控制，使之最终实现甚至超过预期的成本节约目标。项目成本控制应当贯穿在市政工程与园林绿化工程项目从招投标阶段开始直到项目竣工验收的全过程，它是企业全面成本管理的重要环节。

3. 成本核算

项目成本核算是指项目施工过程中所发生的各种费用和形式项目成本的核算。

(1)按照规定的成本开支范围对施工费用进行归集，计算出施工费用的实际发生额。

(2)根据成本核算对象，采用适当的方法，计算出该工程项目的总成本和单位成本。

项目成本核算所提供的各种成本信息，是成本预测、成本计划、成本控制、成本分析和成本考核等各个环节的依据。因此加强项目成本核算工作，对降低项目成本、提高企业的经济效益有积极的作用。

4. 成本分析

项目成本分析是在成本的形成过程中，对项目成本进行的对比评价和剖析总结工作，它贯穿于项目成本管理的全过程，也就是说项目成本分析主要利用工程项目的成本核算资料

(成本信息),与目标成本(计划成本)、预算成本以及类似的工程项目的实际成本等进行比较,了解成本的变动情况,同时也要分析主要技术经济指标对成本的影响,系统地研究成本变动的因素,检查成本计划的合理性,并通过成本分析,深入揭示成本的变动规律,寻找降低项目成本的途径,以便有效地进行成本控制。

5. 成本考核

成本考核是指在项目完成之后,对项目成本形成中的各责任者,按照项目成本目标责任制的有关规定,将成本的实际指标与计划、定额、预算进行对比和考核,评定项目成本计划的完成情况和各责任者的业绩,并以此给以相应的奖励和处罚。通过成本考核,做到有奖有惩,赏罚分明,才能够有效地调动企业的每一个职工在各自的施工岗位上努力完成目标成本的积极性,为降低项目成本和增加企业的积累作出自己的贡献。

2.5.6 项目成本管理体系

1. 市政与园林绿化工程成本管理体系概述

(1)市政与园林绿化工程项目成本管理体系建立的必要性。

一个健全的企业,应该有各个健全的工作体系,诸如经营工作体系、生产调度体系、质量保证体系、成本管理体系、思想工作体系等。各系统协调工作,才能确保企业的健康发展。

市政工程与园林绿化工程项目成本管理不单纯是财务部门的一项业务,而是涉及施工企业全员的管理行为。因此,它不是针对某些具体问题建立若干管理制度或办法可以解决的。实行市政工程与园林绿化工程成本核算必须对工程成本发生的全过程进行科学的实事求是的过程分析,找出影响市政工程与园林绿化工程成本的关键过程以及与其他过程的关联,经过系统的过程策划和设计,确定企业成本方针和目标,建立有效的低成本的组织机构,制订系统的体系文件,经过科学的组织工作,建立科学的工程成本管理体系,才能确保工程成本核算的推行。

(2)建立市政与园林绿化工程成本管理体系的作用。

①建立工程成本管理体系的目的是通过建立相应的组织机构来规定成本管理活动的目的和范围。

②建立工程成本管理体系是企业建立健全企业管理机制、完善企业组织结构的重要组成部分。

③建立工程成本管理体系是企业搞好成本管理、提高经济效益的重要基础。

(3)建立市政与园林绿化工程成本管理体系的原则。

①任务目标原则。即无论设立什么部门、配置什么岗位,均必须有明确的目标和任务,做到因事设岗,而不能因人设岗。

②分工协作原则。成本管理是一项综合性的管理,它涉及预算、财务、工程等各部门,与工期、质量、安全等管理有着千丝万缕的联系。因此在成本管理体系中相关部门之间必须分工协作,单靠某一部门或仅侧重于某一项管理,成本管理工作是搞不好的。

③责、权、利相符合原则。任何部门的管理工作都与其责、权、利有着紧密的联系。正确处理好各部门在成本管理中的责任、权利及利益分配是搞好成本管理工作的关键。尤其需要注意的是,正确处理责、权、利之间的关系必须符合市场经济的原则。

④集分权原则。在处理上下管理层的关系时,必须将必要的权力集中到上级(集权)与

将恰当的分散权力到下层(分权)正确地结合起来,两者不可偏废。集权与分权的相对程度与各管理层的人员素质和公司的管理机制有着密切的联系,必须根据实际情况合理考虑,不是越集权越好,也不是越分权越好。

⑤执行与监督分开原则。执行与监督分开的目的,是为了使成本管理工作公正、公平、公开,确保奖罚合理、到位,防止个人行为或因缺乏监督导致工作失误或腐败现象产生。

(4)建立市政与园林绿化工程成本管理体系的步骤。

①建立市政工程与园林绿化工程成本管理体系的组织机构。

a. 公司层次的组织机构。公司层次的组织机构主要是设计和建立企业成本管理体系,组织体系的运行,行使管理职能、监督职能,负责确定项目施工责任成本,对成本管理过程进行监督,负责奖罚兑现的审计工作。因此,策划、工程、计划、预算、人事、技术、劳资、财务、设备、材料、审计等有关部门中都要设置相应的岗位,参与成本管理体系工作。

b. 项目层次的组织机构。项目层次的组织机构是一个承上启下的结构,是公司层次与岗位层次之间联系的纽带。项目层次实际上是一般所讲的项目经理部的领导层,通常由项目经理部经理、项目总工程师、项目经济师等组成。在项目经理部中,要根据工程规模、特点及公司有关部门的要求设置相应的机构,主要有成本核算、预算统计、物资供应、工程施工等部门,它们在项目经理的领导下行使双重职能,即在完成自身工作的前提下行使部分监督核查岗位人员工作情况的职能。

c. 岗位层次的组织机构。岗位层次的组织机构即项目经理部岗位的设置,由项目经理部根据公司人事部门的工程施工管理办法及工程项目的规模、特点和实际情况确定,具体人员可由项目经理部在公司的持证人员中选定。在项目经理部岗位人员由公司调剂的情况下,项目经理部有权提出正当理由,拒绝接受项目经理部认为不合格的岗位工作人员。项目管理岗位人员可以兼职,但必须符合规定,持证上岗。项目经理部岗位人员负责完成各岗位的业务工作和落实制度规定的本岗位的成本管理职责和成本降低措施,是成本管理目标能否实现的关键所在。

岗位人员负责具体的市政工程与园林绿化工程组织、原始数据的搜集整理等工作,负责劳务分包及其他分包队伍的管理。因此,岗位人员在日常工作中要注意把管理工作向劳务分包及其他分包队伍延伸。只有共同搞好管理工作,才能确保目标的实现。

②制定项目成本管理体系的目标、制度文件。

a. 公司层次项目成本管理办法,包括:

Ⅰ. 市政工程与园林绿化工程责任成本的确定及核算办法。

Ⅱ. 物资管理或控制办法。

Ⅲ. 成本核算办法。

Ⅳ. 成本的过程控制及审计。

Ⅴ. 成本管理业绩的确定及奖罚办法。

b. 项目层次项目成本管理办法,包括:

Ⅰ. 目标成本的确定办法。

Ⅱ. 材料及机具管理办法。

Ⅲ. 成本指标的分解办法及控制措施。

Ⅳ. 各岗位人员的成本职责。

Ⅴ. 成本记录的整理及报表程序。

c. 岗位层次项目成本管理办法，包括：

Ⅰ. 岗位人员日常工作规范。

Ⅱ. 成本目标的落实措施。

2. 市政与园林绿化工程成本管理体系的内容

(1)市政与园林绿化工程成本预测体系。

在企业经营整体目标指导下，通过成本的预测、决策和计划确定目标成本，目标成本再进一步分解到企业各层次、各部门以及生产各环节，形成明确的成本目标，层层落实，保证成本管理控制的具体实施。

(2)市政与园林绿化工程成本控制体系。

围绕着市政工程与园林绿化工程工程项目，企业从纵向上(各层次)和横向上(各部门以及全体人员)，根据分解的成本目标对成本形成的整个过程进行控制，具体内容包括：在投标过程中对成本预测、决策和成本计划的事前控制，对施工阶段成本计划实施的事中控制和交工验收成本结算评价的事后控制。根据各阶段、各条线上成本信息的反馈，对成本目标的优化控制进行监督并及时纠正发生的偏差，使市政工程与园林绿化工程成本限制在计划目标范围内，以实现降低成本的目标。

(3)市政与园林绿化工程信息流通体系。

信息流通体系是对成本形成过程中有关成本信息(计划目标、原始数据资料等)进行汇总、分析和处理的系统。企业各层次、各部门及生产各环节对成本形成过程中实际成本信息进行收集和反馈，用数据及时、准确地反映成本管理控制中的情况。反馈的成本信息经过分析处理，对企业各层次、各部门以及生产各环节发出调整成本偏差的调节指令，保证降低成本目标按计划得以实现。

3. 市政与园林绿化工程成本管理体系的特征

(1)完整的组织机构。

市政工程与园林绿化工程成本管理体系必须有完整的组织机构，保证成本管理活动的有效运行。应当根据园林工程项目不同的特性，因地制宜建立工程项目成本管理体系的组织机构。组织机构的设计应包括管理层次、机构设置、职责范围、隶属关系、相互关系及工作接口等。

(2)明晰的运行程序。

市政工程与园林绿化工程成本管理体系必须有明晰的运行程序，包括工程成本管理办法、实施细则、工作手册、管理流程、信息载体及传递方式等。运行程序以成本管理文件的形式表达，表述控制工程成本的方法、过程，使之制度化、规范化，用以指导企业工程成本管理工作的开展。程序设计要简洁、明晰，确保流程的连续性和程序的可操作性。信息载体和传输应尽量采用现代化手段，利用计算机及网络提高运行程序的先进性。

(3)规范的市政与园林绿化工程成本核算方法。

市政工程与园林绿化工程成本核算是在成本范围内，以货币为计量单位，以工程成本直接耗费为对象，在区分收支类别和岗位成本责任的基础上，利用一定的方法正确组织工程成本核算，全面反映施工成本耗费的一个核算过程。它是工程成本管理的一个重要的组成部分，也是对工程成本管理水平的一个全面反映，因而规范的市政工程与园林绿化工程成本核算十分重要。

(4)明确的成本目标和岗位职责。

市政工程与园林绿化工程成本管理体系对企业各部门和市政工程与园林绿化工程的各管理岗位制定明确的成本目标和岗位职责,使企业各部门和全体职工明确自己为降低施工项目成本应该做什么、怎么做以及应负的责任和应达到的目标。岗位职责和目标可以包含在实施细则和工作手册中,岗位职责一定要考虑全面、分工明确,防止出现管理盲区和结合部的推诿和扯皮。

(5)严格的考核制度。

市政工程与园林绿化工程成本管理体系应包括严格的考核制度,考核工程成本、成本管理体系及其运行质量。市政工程与园林绿化工程成本管理是工程成本全过程的实时控制,因此考核也是全过程的实时考核,绝非园林工程施工完成后的最终考核。当然,园林工程施工完成后的施工成本的最终考核也是必不可少的,通常通过财务报告反映,要以全过程的实时考核确保最终考核的通过。考核制度应包含在成本管理文件内。

4. 市政与园林绿化工程成本管理体系的组织结构

(1)职能结构。

职能结构即完成成本管理目标所需的各项业务工作及其关系,包括:机构设置、业务分工及其相互关系。

(2)层次结构。

层次结构又称为组织的纵向结构,即各管理层次的构成。在成本管理工作中,管理层次的多少表明企业组织结构的纵向复杂程度。根据现在大多数建筑施工企业的管理体制,通常设置为3个层次,即公司层次(分公司或工程处层次)、项目层次和岗位层次。

(3)部门结构。

部门结构又称组织的横向结构,即各管理部门的构成。与成本管理相关的部门主要有生产、计划、技术、劳动、物资、人事、财务、预算、审计及负责企业制度建设工作的部门。

(4)职权结构。

职权结构即各层次、各部门在权力和责任方面的分工及相互关系。因为与成本管理相关的部门较多,在纵向结构上层次也较多,所以在确定成本管理的职权结构时,一定要注意权力要有层次,职责要有范围,分工要明确,关系要清晰,防止责任不清造成相互扯皮推诿,影响管理职能的发挥。

2.6 项目资源与信息管理

2.6.1 项目资源管理

1. 项目资源管理计划

(1)人力资源管理计划。

①人力资源需求计划。确定工程项目人力资源的需要量,是人力资源管理计划的重要组成部分,它不仅决定着人力资源的招聘、培训计划,而且直接影响着其他管理计划的编制。

人力资源需求计划应紧紧围绕施工项目总进度计划的实施进行编制。因为总进度计划决定了各个单项(位)工程的施工顺序及延续时间和人数,它是经过组织流水作业,去掉劳动力高峰及低谷,反复进行综合平衡以后,得出的劳动力需要量计划,反映了计划期内应调入、补充、调出的各种人员变化情况。

a.确定劳动效率。确定劳动力的劳动效率,是劳动力需求计划编制的重要前提,只有确定了劳动力的劳动效率,才能够制订出科学合理的计划。工程施工中,劳动效率一般用“产量/单位时间”,或“工时消耗量/单位工作量”来表示。

根据劳动力的劳动效率,即可得出劳动力投入的总工时,其计算式如下:

$$\text{劳动力投入总工时} = \text{工程量}/(\text{产量}/\text{单位时间}) = \text{工程量} \times \text{工时消耗}/\text{单位工程量} \tag{2.4}$$

b.确定劳动力投入量。劳动力投入量也称劳动组合或投入强度,在工程劳动力投入总工时一定的情况下,假设在持续的时间内,劳动力投入强度相等,而且劳动效率也相等,在确定每日班次及每班次的劳动时间时,可按照下式进行计算:

$$\begin{aligned}\text{某活动劳动力投入量} &= \frac{\text{劳动力投入总工时}}{\text{班次}/\text{日} \times \text{工时}/\text{班次} \times \text{活动持续时间}} \\ &= \frac{\text{工作量} \times \text{工时消耗量} \times \text{单位工程量}}{\text{班次}/\text{日} \times \text{工时}/\text{班次} \times \text{活动持续时间}}\end{aligned} \tag{2.5}$$

c.编制人力资源需求计划。

Ⅰ.在编制劳动力需要量计划时,因为工程量、劳动力投入量、持续时间、班次、劳动效率、每班工作时间之间存在一定的变量关系,所以在计划中要注意它们之间的相互调节。

Ⅱ.在工程项目施工中,经常安排混合班组承担一些工作包任务,此时不仅要考虑整体劳动效率,还要考虑到设备能力和材料供应能力的制约,以及与其他班组工作的协调。

Ⅲ.劳动力需要量计划中还应包括对现场其他人员的使用计划,例如为劳动力服务的人员(如医生、厨师、驾驶员等)、勤杂人员、工地警卫、工地管理人员等,可根据劳动力投入量计划按比例计算,或根据现场的实际需要安排。

②人力资源配置计划。工程项目人力资源配置计划应当根据组织发展计划和组织工作方案,结合人力资源核查报告进行制定。人力资源配置计划阐述了单位每个职位的人员数量、人员的职务变动、职务空缺数量的补充办法。

a.人力资源配置计划编制的依据,见表2.1。

表2.1 人力资源配置计划编制的依据

序号	项目	具体内容
1	人力资源配备计划	人力资源配备计划阐述人力资源在何时、以何种方式加入和离开项目小组。人员计划可能是正式的,也可能是非正式的,可能是十分详细的,也可能是框架概括型的
2	资源库说明	可供项目使用的人力资源情况
3	制约因素	外部获取时的招聘惯例、招聘原则和程序

b.人力资源配置计划编制的内容。

Ⅰ.研究制定合理的工作制度与运营班次,根据类型和生产过程特点,提出工作时间、工作制度及工作班次方案。

Ⅱ.研究员工配置数量,根据精简、高效的原则和劳动定额,提出配备各岗位所需人员的数量,技术改造项目,优化人员配置。

Ⅲ.研究确定各类人员应当具备的劳动技能和文化素质。

Ⅳ.研究测算职工工资和福利费用。

Ⅴ.研究测算劳动生产率。

Ⅵ.研究提出员工选聘方案,特别是高层次管理人员和技术人员的来源和选聘方案。

c.人力资源配置计划编制的方法。

Ⅰ.按照设备计算定员,即根据机器设备的数量、工人操作设备定额和生产班次等计算生产定员人数。

Ⅱ.按照劳动定额定员,根据工作量或生产任务量,按劳动定额计算生产定员人数。

Ⅲ.按照岗位计算定员,根据设备操作岗位和每个岗位需要的工人数计算生产定员人数。

Ⅳ.按照比例计算定员,按服务人数占职工总数或者生产人员数量的比例计算所需服务人员的数量。

Ⅴ.按照劳动效率计算定员,根据生产任务和生产人员的劳动效率计算生产定员人数。

Ⅵ.按照组织机构职责范围、业务分工计算管理人员的人数。

③人力资源培训计划。人力资源培训计划的内容应当包括培训目标、培训方式、培训时间、各种形式的培训人数、培训经费、师资保证等。编制人力资源培训计划的具体步骤如下:

a.调查研究阶段。

Ⅰ.研究我国关于劳动力培训的目标、方针和任务,以及工程项目对劳动力的要求等。

Ⅱ.预测工程项目在计划之内的生产发展情况以及对各类人员的需要量。

Ⅲ.摸清劳动力的技术、业务、文化水平以及其他各方面的素质。

Ⅳ.摸清项目的人、财、物等培训条件和实际培训能力,例如培训经费、师资力量、培训场所,图书资料、培训计划、培训大纲和教材的配置等。

b.计划起草阶段。

Ⅰ.根据需要及可能,经过综合平衡,确定职工教育发展的总目标和分目标。

Ⅱ.制定实施细则包括:计划实施的过程、阶段、步骤、方法、措施和要求等。

Ⅲ.经充分讨论,将计划用文字和图表形式表示出来,形成文件形式的草件。

c.批准实施阶段。上报项目经理批准形成正式文件、下达基层、付诸实施。

(2)项目材料管理计划。

①材料需求计划。

a.材料需用量的确定。根据不同的情况,可分别采用直接计算法或间接计算法确定材料需用量。

Ⅰ.直接计算法。对于工程任务明确,施工图纸齐全,可直接按照施工图纸计算出分部分项工程实物工程量,套用相应的材料消耗定额,逐条逐项计算各种材料的需用量,然后汇总编制材料需用计划。然后再按照施工进度计划分期编制各期材料需用计划。

直接计算法的公式如下:

$$某种材料计划需用量=工程实物工程量\times 某种材料消耗定额 \tag{2.6}$$

式中,材料消耗定额的选用要视计划的用途而定,如计划需用量用于向建设单位结算或编制订货、采购计划,则应采用概算定额计算材料需用量;如计划需用量用于向单位工程承包人和班组实行定额供料，作为承包核算基础，则要采用施工定额计算材料需用量。

Ⅱ. 间接计算法。对于工程任务已经落实，但设计尚未完成，技术资料不全，不具备直接计算需用量条件的情况，为事前做好备料工作，便可采用间接计算法。当设计图纸等技术资料具备后，应按照直接计算法进行计算调整。间接计算法主要有以下几种：

☆比例计算法。多用来确定无消耗定额，但有历史消耗数据，以有关比例关系为基础来确定材料需用量。其计算公式如下：

$$材料需用量 = 对比期材料实际耗用量 \times \frac{计划期工程量}{对比期实际完成工程量} \times 调整系数 \tag{2.7}$$

式中，调整系数，通常可以根据计划期与对比期生产技术组织条件的对比分析、降低材料消耗的要求。采取节约措施后的效果等来确定。

☆类比计算法。多用于计算新产品对某些材料的需用量。它是以参考类似产品的材料消耗定额，来确定该产品或该工艺的材料需用量的一种方法。其计算公式如下：

$$材料需用量 = 工程量 \times 类似产品的材料消耗定额 \times 调整系数 \tag{2.8}$$

式中，调整系数可以根据该种产品与类似产品在质量、结构、工艺等方面的对比分析来确定。

☆经验估计法。根据计划人员以往的经验来估算材料需用量的一种方法。此种方法科学性差，只限于不能或不值得用其他方法的情况。

Ⅱ. 材料总需求计划的编制。

☆编制依据。材料总需用量计划进行编制时，其主要依据是项目设计文件、项目投标书中的《材料汇总表》、项目施工组织计划、当期物资市场采购价格及有关材料消耗定额等。

☆编制步骤。计划的编制步骤大致可分为四步，具体内容如下：

第一步，计划编制人员与投标部门进行联系，了解工程投标书中该项目的《材料汇总表》。

第二步，计划编制人员查看经主管领导审批的项目施工组织设计，了解工程工期安排和机械使用计划。

第三步，根据企业资源和库存情况，对工程所需物资的供应进行策划，确定采购或租赁的范围；根据企业和地方主管部门的有关规定确定供应方式（招标或非招标，采购或租赁）；了解当期市场价格情况。

第四步，进行具体编制，可按表 2.2 进行。

表 2.2　材料总需求量计划表

项目名称：　　　　　　　　　　　　　　　　　　　　　　　　　　（单位：元）

序号	材料名称	规格	单位	数量	单价	金额	供应单位	供应方式

制表人：　　　　审核人：　　　　审批人：　　　　制表时间：

③材料计划期(季、月)需求计划的编制。

Ⅰ.编制依据。计划期计划主要是用来组织本计划期(季、月)内材料的采购、订货和供应等,其编制依据主要包括施工项目的材料计划、企业年度方针目标、项目施工组织设计和年度施工计划、企业现行材料消耗定额、计划期内的施工进度计划等。

Ⅱ.确定计划期材料需用量。确定计划期(季、月)内材料的需用量,常用以下两种方法:

☆定额计算法。根据施工进度计划中各分部、分项工程量获取相应的材料消耗定额,求得各分部、分项的材料需用量,然后汇总,求得计划期各种材料的总需用量。

☆卡段法。根据计划期施工进度的形象部位,从施工项目材料计划中,摘出与施工进度相应部分的材料需要量,然后汇总,求得计划期各种材料的总需用量。

Ⅲ.编制步骤。其编制步骤大致如下:

第一步,了解企业年度方针目标及本项目全年计划目标。

第二步,了解工程年度的施工计划。

第三步,根据市场行情,套用企业现行定额。编制年度计划。

第四步,根据表2.3编制材料备料计划。

表2.3　物资备料计划

项目名称:

计划编号:　编制依据:第　页共　页

序号	材料名称	型号	规格	单位	数量	质量标准	备注

制表人:　审核人:　审批人:　制表时间:

②材料使用计划。

a.材料供应量计算。材料使用计划是在确定计划期需用量的基础上,预计各种材料的期初贮存量、期末贮备量,经过综合平衡后,计算出材料的供应量,然后再进行编制。

材料供应量的计算公式如下:

材料供应量=材料需用量+期末贮备量-期初库存量　(2.9)

式中,期末贮备量主要是由供应方式和现场条件决定的,在通常情况下也可按照下列公式计算:

某项材料贮备量=某项材料的日需用量×(该项材料的供应间隔天数+运输天数+入库检验天数+生产前准备天数)　(2.10)

b.材料使用计划编制原则。

Ⅰ.材料使用计划的编制,只是计划工作的开始,更重要的是组织计划的实施。而实施的关键问题是实行配套供应,即对各分部、分项工程所需的材料品种、规格、数量、时间及地点,组织配套供应,不能缺项,不能颠倒。

Ⅱ.要实行承包责任制,明确供求双方的责任与义务,以及奖惩规定,签订供应合同,保证施工项目顺利进行。

Ⅲ.材料使用计划在执行过程中,当遇到设计修改、生产或施工工艺变更时应作相应的调整和修订,但必须有书面依据,要制定相应的措施,并及时通告有关部门,要妥善处理并积极解决材料的余缺,以避免和减少损失。

c.材料使用计划编制要求。

Ⅰ.A类物资的使用计划:由项目物资部经理根据月度申请计划和施工现场、加工场地、加工周期和供应周期分别报出。使用计划一式两份,公司物资部计划责任师一份,交各专业责任师按照计划时间要求供应到指定地点。

Ⅱ.B类物资的使用计划:由项目物资部经理根据审批的申请计划和工程部门提供的现场实际使用时间、供应周期直接编制。

Ⅲ.C类物资在进场前按物资供应周期直接编制采购计划进场。

d.材料使用计划编制内容。材料使用计划的编制,要注意从数量、品种、时间等方面进行平衡,以达到配套供应、均衡施工。计划中要明确物资的类别、名称、品种(型号)规格、数量、进场时间、交货地点、验收人和编制日期、送达日期、编制依据、编制人、审核人、审批人。

在材料使用计划执行过程中,应当定期或不定期地进行检查。主要内容包括:供应计划落实的情况、材料采购情况、订货合同执行情况、主要材料的贮备及周转情况、主要材料的消耗情况等,以便及时发现问题及时处理解决。

③分阶段材料计划。大型、复杂、工期长的工程项目要实行分段编制的方法,对不同阶段,不同时期提出相应的分阶段材料需求、使用计划,以保持工程项目的顺利实施。

a.年度材料计划。年度材料计划是各项材料工作的全面计划,是全面指导供应工作的主要依据。在实际工作中,因为材料计划编制在前,施工计划安排在后,所以在计划执行过程中要根据施工情况的变化,注意对材料年度计划的调整。

b.季度材料计划。季度材料计划是年度材料计划的具体化,也是为适应情况变化而编制的一种平衡调整计划。

c.月度材料计划。月度材料计划是基层单位根据当月的施工生产进度安排编制的需用材料计划。它比年度、季度计划更细致,内容更全面。

(3)项目机械设备管理计划。

项目机械设备管理计划见表2.4。

表2.4 项目机械设备管理计划

序号	项目	具体内容
1	机械设备需求计划	项目施工机械设备需求计划主要用于确定施工机具设备的类型、数量、进场时间,可据此落实施工机具设备来源,组织进场。其编制方法为:将工程施工进度计划表中的每一个施工过程每天所需的机具设备类型、数量和施工日期进行汇总,即得出施工机械设备需要量计划

续表 2.4

序号	项目	具体内容
2	机械设备使用计划	机械设备使用计划编制依据是根据工程施工组织设计。施工组织设计包括工程的施工方案、方法、措施等。同样的工程采用不同的施工方法、生产工艺及技术安全措施,选配的机械设备也不同。因此编制施工组织设计,应在考虑合理的施工方法、工艺、技术安全措施时,同时考虑用什么设备去组织生产,才能最合理、最有效地保证工期和质量,降低生产成本 机械设备使用计划一般由项目经理部机械管理员或施工准备员负责编制。中小型设备机械一般由项目经理部主管经理审批。大型设备经主管项目经理审批后,报组织有关职能部门审批,方可实施运作
3	机械设备保养计划	(1)例行保养。例行保养属于正常使用管理工作,不占用设备的运转时间,由操作人员在机械运转间隙进行。其主要内容包括:保持机械的清洁、检查运转情况、补充燃油与润滑油、补充冷却水、防止机械腐蚀,按技术要求润滑、转向与制动系统是否灵活可靠等 (2)强制保养。强制保养是隔一定的周期,需要占用机械设备正常运转时间而停工进行的保养。强制保养是按照一定周期和内容分级进行,保养周期根据各类机械设备的磨损规律、作业条件、维护水平及经济性四个主要因素确定。强制保养根据工作和复杂程度分为一级保养、二级保养、三级保养和四级保养,级数越高,保养工作量越大

(4)项目技术管理计划。

项目技术管理计划,见表 2.5。

表 2.5 项目技术管理计划

序号	项目	具体内容
1	技术开发计划	技术开发的依据有:国家的技术政策,包括科学技术的专利政策、技术成果有偿转让;产品生产发展的需要,是指未来对工程产品的种类、规模、质量以及功能等需要;组织的实际情况,指企业的人力、物力、财力以及外部协作条件等
2	设计技术计划	设计技术计划主要是涉及技术方案的确立、设计文件的形成以及有关指导意见和措施的计划
3	工艺技术计划	施工工艺上存在客观规律和相互制约关系,一般是不能违背的。如基坑未挖完上方,后序工作垫层就不能施工,浇注混凝土必须在模板安装和钢筋绑扎完成后,才能施工。因此,要对工艺技术进行科学周密的计划和安排

(5)项目资金管理计划。

①项目资金流动计划。

a.资金支出计划。无论是业主还是承包商,都越来越重视项目的现金流量,并将它纳入计划的范围。对于业主来说,项目的建设期主要是资金支出,因此现金流量计划主要表现为资金支付计划。该计划不仅与工程进度有关,而且与合同所确定的付款方式有关。对承包商来说，项目的费用支出和收入常常在时间上不平衡，对于付款条件苛刻的项目，承包商常常必须垫资承包。承包商工程项目的支付计划包括：

Ⅰ.人工费支付计划。

Ⅱ.材料费支付计划。

Ⅲ.设备费支付计划。

Ⅳ.分包工程款支付计划。

Ⅴ.现场管理费支付计划。

Ⅵ.其他费用计划，如上级管理费、保险费、利息等各种其他开支。

成本计划中的材料费是工程上实际消耗的材料价值。在材料使用前有一个采购、订货、运输、入库、贮存的过程，材料货款的支付一般按采购合同规定支付，其支付方式有以下几种：

Ⅰ.订货时交订金，到货后付清。

Ⅱ.提货时一笔付清。

Ⅲ.供应方负责送到工地，货到后付款。

Ⅳ.在供应后一段时间内付款。

b.工程款收入计划。承包商工程款收入计划，即业主工程款的支付计划，它与工程进度（即按照成本计划确定的工程完成状况）和合同确定的付款方式有关。

Ⅰ.在合同签订之后，工程正式施工之前，业主可根据合同中工程预付款（备料款、准备金）的规定，事先支付一笔款项，让承包商做施工准备，而这笔款项，可在以后工程进度款中按照一定比例扣除。

Ⅱ.按月进度收款，根据合同规定，工程款可按照月进度进行收取，即在每月月末将该月实际完成的分项工程量按合同规定进行结算，即可得出当月的工程款。但实际上，这笔工程款通常要在第二个月，甚至是第三个月才能收取。

Ⅲ.按照工程形象进度分阶段收取。工程项目通常可分为开工、基础完工、层完、封顶、竣工等几个阶段，工程款的收取可按照阶段进行收取。这样编制的工程款收入计划呈阶梯状，如图2.7所示。

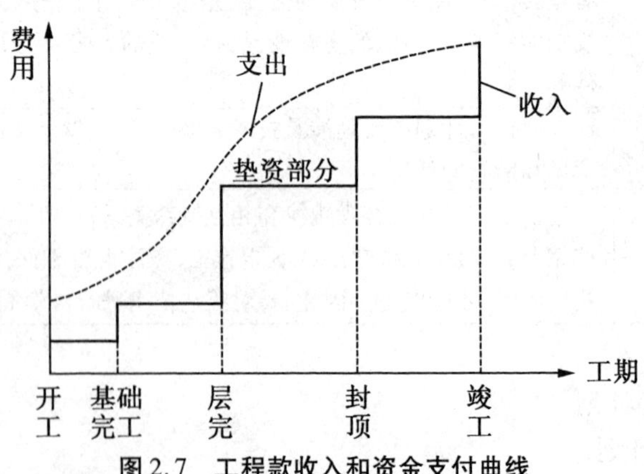

图2.7　工程款收入和资金支付曲线

Ⅳ.工程完工后收取。由于业主没有资金，事先由承包商垫资，工程款可在工程完工后收取。一般情况下，工程款是由工程本身的直接收益构成的。

c.现金流量计划。对于工程承包商来说，项目现金流量计划的作用如下：

Ⅰ.项目资金的安排,应以保证工程项目的正常施工为目标,如果需借贷,可根据工程现金流量计划,制订工程款借贷计划。

Ⅱ.计算项目资金的成本,即计算由于工程负现金流量(收入 > 收益时)带来的利息支出。

Ⅲ.与财务风险问题的考虑,资金垫付得越多,资金缺口越大,财务风险也越大,由于工程成本计划与工程收支有密切的联系,但又不是一回事。对承包商来说,按照承包合同确定的付款方式,既可,能提前取得资金,如开办费、订金、预付款;也有可能推迟收款的,如按照合同工程进度收款,通常要滞后1~2个月。

d.项目融资计划。由于工程款收入计划与工程款支付计划之间存在一定的差异,若出现正现金流量,即承包商占用他人的资金进行施工,这固然是好,但是在工程实践中却很困难,而且现在工程款的支付条件也越来越苛刻,承包商很难占用他人的资金进行施工。在现实中,工程款收入与工程款支付计划之间常出现负现金流量,为了保证项目的顺利施工,承包商必须自己首先垫付这部分资金。所以,要取得项目的成功,必须有财务支持,而现实中要解决这类问题,往往采取融资方式。

②财务用款计划。财务用款计划见表2.6。

表2.6 部门财务用款计划表

用款部门: (单位:元)

支出内容	计划金额	审批金额
合计		

项目经理签字: 用款部门负责人签字:

③年、季、月度资金管理计划。

a.年度资金管理计划。年度资金管理(收支)计划的编制,应根据施工合同工程款支付的条款和年度生产计划安排,预测年内可能达到的资金收入,参照施工方案,安排工料机费用等资金分阶段投入,做好收入与支出在时间上的平衡。编制年度资金计划,主要是摸清工程款到位情况,测算筹集资金的额度,安排资金分期支付,平衡资金,确立年度资金管理工作总体安排。

b.季度、月度资金管理计划。季度、月度资金管理(收支)计划的编制,是年度资金收支计划的落实和调整,要结合生产计划的变化,安排好季、月度资金收支。特别是月度资金收支计划,要以收定支,量入为出,根据施工月度作业计划,计算出主要工、料、机费用及分项收入,结合材料月末库存,由项目经理部各用款部门分别编制材料、人工、机械、管理费用及分包单位支出等分项用款计划,报项目财务部门汇总平衡。汇总平衡后,由项目经理主持召开计划平衡会,确定整个部门用款数,经平衡确定的资金收支计划报公司审批后,项目经理部作为执行依据,组织实施。

2.项目资源管理控制

(1)人力资源管理控制。

①人力资源的选择。

a.人力资源的优化配置。劳动力优化配置的目的是确保生产计划或施工项目进度计划的实现,在考虑相关因素变化的基础上,合理配置劳动力资源,使劳动者之间、劳动者与生产资料和生产环境之间,达到最佳的组合,使人尽其才,物尽其用,时尽其效,不断地提高劳动生产率,降低工程成本。与此相关的问题包括:人力资源配置的依据与数量,人力资源的配置方法和来源。

Ⅰ.人力资源优化配置的依据。就企业来讲,人力资源配置的依据是人力资源需求计划。企业的人力资源需求计划是根据企业的生产任务与劳动生产率水平计算的。就施工项目而言,人力资源的配置依据是施工进度计划。此外,还应考虑相关因素的变化,即要考虑生产力的发展、市场需求、技术进步、市场竞争、职工年龄结构、知识结构、技能结构等因素的变化。

Ⅱ.人力资源优化配置的要求。对人力资源进行优化配置时,应以精干高效、双向选择、治懒汰劣、竞争择优为原则,同时还需满足以下要求:

☆数量合适。根据工程量的大小和合理的劳动定额并结合施工工艺和工作面的大小确定劳动者的数量。从而做到在工作时间内能满负荷工作。

☆结构合理。所谓结构合理是指在劳动力组织中的知识结构、年龄结构、技能结构、体能结构、工种结构等方面,与所承担生产经营任务的需要相适应,能够满足施工和管理的需求。

☆素质匹配。所谓素质匹配主要是包括:劳动者的素质结构与物质形态的技术结构相匹配;劳动者的技能素质与所操作的设备、工艺技术的要求相适应;劳动者的文化程度、业务知识、劳动技能、熟练程度和身体素质等,能胜任所担负的生产和管理工作。

☆协调一致。指管理者与被管理者、劳动者之间,相互支持、相互尊重、相互协作、相互学习,成为具有很强的凝聚力的劳动群体。

☆效益提高。这是衡量劳动力组织优化的最终目标,一个优化的劳动力组织不仅在工作上实现满负荷、高效率,更重要的是要提高经济效益。

Ⅲ.人力资源优化配置的方法。一个施工企业,当已知人力资源需要数量以后,应当根据承包到的施工项目,按其施工进度计划和工种需要数量进行配置。因此劳动管理部门必须审核施工项目的施工进度计划和其劳动力需要计划,每个施工项目劳动力分配的总量,应按企业的建筑安装工人劳动生产率进行控制。

b.人力资源的优化组合。人力资源需按照分工协作的原则,合理地配备人员,其优化组合方法主要有以下几种:

Ⅰ.自愿组合。自愿组合可改善人际关系,消除因感情不和而影响生产的现象,调动班组长和生产工人的积极性。

Ⅱ.招标组合。对于某些又脏又累的工种,可实行高于其他工种(或部门)的工资福利待遇而进行公开招标组合,使劳动力的配备得以优化,职工的心情比较愉快。

Ⅲ.切块组合。对某些专业性强、人员要求相对稳定的作业班组或职能组,采取切块组合。由作业班组或职能组集体向工程处或项目经理部提出组阁方案,经有关部门审核批准后实施。

②订立劳务分包合同。

a.劳务分包合同的形式。劳务分包合同的形式通常包括以下两种:

Ⅰ.按施工预算或招标价承包。

Ⅱ.按施工预算中的清工承包。

b.劳务分包合同的内容。劳务分包合同的内容应包括:工程名称、工作内容及范围、提供劳务人员的数量、合同工期、合同价款及确定原则、合同价款的结算和支付、安全施工、重大伤亡及其他安全事故处理、工程质量、验收与保修、工期延误、文明施工、材料机具供应、文物保护、发包人和承包人的权利及义务、违约责任等。

③人力资源的培训。人力资源的培训主要是指对拟使用的人力资源进行岗前教育和业务培训。人力资源培训的内容包括:管理人员的培训和工人的培训。

a.管理人员的培训。

Ⅰ.岗位培训,是对一切从业人员,根据岗位或职务对其具备的全面素质的不同需要,按照不同的劳动规范,本着“干什么学什么,缺什么补什么”的原则进行的培训活动。旨在提高职工的本职工作能力,使其成为合格的劳动者,并根据生产发展和技术进步的需要,不断地提高其适应能力。包括对项目经理的培训,对基层管理人员和土建、装饰、水暖、电气工程的培训以及其他岗位的业务、技术干部的培训。

Ⅱ.继续教育,包括建立以“三总师(总工程师、总会计师、总经济师)”为主的技术、业务人员继续教育体系,采取按照系统、分层次、多形式的方法,对具有中专以上学历的处级以上职务的管理人员进行继续教育。

Ⅲ.学历教育,主要是有计划选派部分管理人员到高等院校深造。培养企业高层次专门管理人才和技术人才,毕业之后回本企业继续工作。

b.工人的培训。

Ⅰ.班组长培训。按照国家建设行政主管部门制定的班组长岗位规范,对班组长进行培训,通过培训最终达到班组长100%持证上岗。

Ⅱ.技术工人等级培训。按照建设部颁发的《工人技术等级标准》和劳动部颁发的有关技师评聘条例,开展中、高级工人应知会考评和工人技师的评聘。

Ⅲ.特种作业人员的培训。根据国家有关特种作业人员必须单独培训、持证上岗的规定,对于从事电工、塔式起重机驾驶员等工种的特种作业人员进行培训,保证100%持证上岗。

Ⅳ.对外埠施工队伍的培训。按照省、市有关外地务工人员必须进行岗前培训的规定,对所使用的外地务工人员进行培训,颁发省、市统一制发的外地务工经商人员就业专业训练证书。

(2)项目材料管理控制。

①供应单位的选择。在采购和加工大宗材料时,还可以通过招标、投标办法,以便择优落实供应单位。

a.选择和确定供应单位的方法。选择和确定供应单位的方法包括:

Ⅰ.经验判断法。根据专业采购人员的以往经验及以前掌握的实际情况进行分析、比较、综合判断,择优选定供应单位。

Ⅱ.采购成本比较法。当几个采购对象对所购材料在数量上、质量上、价格上均能满足,而只在个别因素上存在差异时,可分别考核计算采购成本,选择成本价格低的采购加工对象。

Ⅲ.采购招标法。由建筑施工材料采购部门提出材料需用的数量及性能、价格、规格、指标等招标条件,由各供货企业根据招标条件进行投标,材料采购部门进行综合评定比较后进行决标,与最终得标企业签订购销合同。

b.对供应单位进行评定。

Ⅰ.评定内容。对供应单位的评定内容主要包括以下几方面:

☆供货能力:批量生产能力、供货期保证能力与资质情况。

☆质量保证能力:技术保证能力、管理能力、生产工艺控制及产品质量是否能够满足设计要求。

☆付款要求:资金的垫付能力和流动资金情况。

☆质量体系运转的有效性。

☆企业履约情况及其信誉。

☆售后服务能力。

☆同等质量的产品单价竞争力。

Ⅱ.评定程序。供应单位的评定工作一般由公司物资部经理负责。

☆材料采购人员应根据企业内部员工和外界人士的推荐、参加各类展览会、查询工厂网等方式得到供应单位的资料,然后按照“供应商资格预审/评价表”上的内容进行填写。

☆各级采购人员根据所审批的“供应商资格预审/评价表”按照采购供应权限将各供应单位进行分类整理,然后进行综合评定,并填写评定意见。

☆公司物资部经理审核后在“评价结果”一栏中签署评价意见后报经公司有关领导审核。

☆经公司主管领导审批之后,将评定合格的供应单位列入公司“合格供方花名册”见表2.7,作为公司或项目各类物资采购选择供方范围。

表2.7 合格供方花名册

序号	类别	编号	供方名称	所供物资	地址	资料存放地	联系人

制表人: 审核人: 审批人:

c.对供应单位进行评估。对供应单位进行评估,就是对供应单位的全部服务过程进行鉴定,从而淘汰不符合公司要求的物资供方,以保证所供物资能够满足工程设计质量要求和业主的满意。

评估的内容应包括所供产品的质量、价格、供应过程、履约能力和售后服务等情况。评估工作一般由采购员牵头,组织项目物资部、机电部和项目有关人员对已供货的供方进行一次全面的评价,并填写“供应商评估表”。

②订立采购供应合同。

a.材料采购供应的业务谈判。

☆业务谈判的原则。材料采购业务谈判必须遵守国家及地方政府制定的物资政策、物价政策和有关法令,供需双方应本着平等互利、协商一致、等价有偿的精神进行谈判。

通常业务谈判要经过多次反复协商,在双方取得一致意见时,业务谈判才告完成。

Ⅱ.业务谈判的内容。

☆材料采购业务谈判的内容。材料采购业务谈判,首先应明确采购材料的名称、品种、型号、规格、花色和等级,进而确定材料的数量、计量单位、价格、交货地点、交货方式、交货办法和日期、材料运输方式、质量标准及验收方法等相关内容。此外还应确定采购材料的包装要求、包装物供应及回收等。

☆材料加工业务谈判的内容。材料加工业务谈判，首先应明确加工制品的名称、品种、数量和规格；其次应确定加工制品的技术性能、质量要求、技术鉴定和验收方法；再次，应确定加工制品的加工费用和自筹材料的材料费用以及结算办法；最后，应确定加工制品的交货方式、方法、地点、日期、包装要求及运输方法。

b. 材料采购供应合同的签订。

Ⅰ. 合同签订要求

☆材料采购负责人在与供应商商谈采购合同(订单)时，应根据材料申请计划在采购合同(订单)中注明采购材料的名称、规格型号、单位和数量、质量标准、进场日期、环保及职业健康安全执行标准要求等项内容、规定验收方式以及发生质量问题时双方所承担的责任、仲裁方式等。

☆材料采购负责人将合同(订单)文本按照有关规定进行评审后，按照公司权限划分，报公司主管领导批准。

☆物资部门按照批准的合同文本与供应商签署正式合同文本。

☆合同签订必须是企业的法人，不是企业法人的须有企业法人亲发的《授权委托书》作为合同附件。

Ⅱ. 材料采购合同的主要条款。

☆材料名称(牌号、商标)、规格、品种、型号、等级。

☆材料质量标准和技术标准。

☆材料数量和计量单位。

☆包装标准和包装物品的供应和使用办法。

☆材料的交货单位、运输方式、交货方法、到货地点(包括专用线、码头)。

☆接(提)货单位和接(提)货人。

☆交(提)货期限。

☆验收方法。

☆材料单价、总价及其他费用。

☆结算方式、账户名称、开户银行、账号、结算单。

☆违约责任。

☆供需双方协商同意的其他事项。

c. 材料供应合同的内容。

☆详细说明所供(需)材料名称、规格、数量、质量、供货起止日、供货方式、供货地点。

☆明确材料供应的价格，料款的支付方式及结算办法。

☆明确双方应提供的条件，承包的义务和经济责任。

☆明确执行合同的奖罚规定。

☆明确终止合同及违约的处理方法。

☆对未尽事宜注明商定办法。

d. 合同签订后的管理。

☆合同签订之后，物资主管部门应建立《合同登记台账》，随时了解合同的执行情况。

☆将合同正本交企业合同管理部门及时粘贴印花税。

☆交财务部门作为支付资金的依据。

☆合同执行过程中发生变化,应及时与供应商进行沟通,变更合同或签订补充协议。

③材料出厂或进场验收。

a.材料采购质量控制。

Ⅰ.自供材料质量控制。

☆进入施工现场的材料,要根据工程技术部门的要求主要材料做到随货同行,证随料走,且证物相符

☆项目经理部根据国家和地方的有关规定,对进入现场有关的材料按规定进行取样复检。对复检不合格的材料另行堆码,做好标识,及时清除出场,防止不合格材料用于工程之中。

☆项目物资人员负责材质证明的收集整理,并建立材质证明的收发台账。所有物资的材质证明或合格证的份数,应按照技术部的要求由项目物资部收集和发放。

☆在特殊情况下,材质证明等文件不能随货同行而项目又急需使用的材料,必须由公司或项目经理部主管质量的领导签字认可后可使用。

☆项目物资人员应具有并熟知国家和地方物资现行规范,根据物资需用计划中的质量要求标准对进入现场的物资严格把好质量关、数量关、单据关,不合格的物资拒绝验收或另行码放做好标识,防止用于工程中,并通告相关人员及时清退出场。

Ⅱ.对分包单位采购材料的质量控制。

☆对于分包单位自行采购供应的A、B类材料,在工程施工前,各分包单位应将材料的名称、规格、数量、单价、生产厂家(供应商)报项目物资部。

☆项目物资部负责向施工分包方提供有关的物资采购《合格物资供方名册》。原则上施工分包单位采购的A、B类材料,必须在总包方评定的合格材料供方中采购。

☆如提供的合格供方满足不了施工的要求,需要重新选择材料供方。重新选择的材料供方经评定合格后,项目物资部方可允许施工分包方进行采购。

☆项目施工分包方必须按照总包方的管理要求,向项目物资部报送有关计划和质量记录。例如检测记录、采购记录、材质证明接收台账、物资保管、运输期间出现问题及处理记录、企业原材料和公司核算要求的各类报表。

Ⅲ.对业主提供材料的质量控制。

☆根据招标文件和双方的约定,由业主提供的材料、设备,在进场时应随货提供产品合格证明;对进口物资,还应提供产品的报关单、发货票等资料。

☆业主代表应在所供材料设备验收24小时前将通知送达项目经理部。根据公司管理权限,公司有关人员和部门应与业主一起验收。在验收后,由项目经理部妥善保管,并收取相应保管费用。

☆对业主直接供应的材料和设备,或业主指定的供应商,经过对其资质和样品评定后,认为无法满足质量要求时,应与业主沟通,及时更换供应商或产品。如果业主不同意改变或不同意更换,双方发生异议时,可采取备忘录的形式,书面交付业主,以明确双方的责任。

b.材料进场验收,材料进场验收是划清企业内部和外部经济责任,防止进料中的差错事故和因供货单位、运输单位的责任事故造成企业不应有的损失。

Ⅰ.进场验收要求。材料进场验收是材料由流通领域向消耗领域转移的中间环节，是确保进入现场的物资满足工程达到预定的质量标准，满足用户最终使用，确保用户生命安全的重要手段和保证。其要求如下：

☆材料验收必须做到认真、及时、准确、公正、合理。

☆严格检查进场材料的有害物质含量检测报告，按照规范应复验的必须复验，无检测报告或复验不合格的应予退货。

☆严禁使用有害物质含量不符合国家规定的建筑材料。

☆使用国家明令淘汰的建筑材料，使用没有出厂检验报告的建筑材料，应按照规定对有关建筑材料有害物质含量指标进行复验。

☆对于室内环境应当进行验收，如验收不合格，则工程不得竣工。为了维护用户利益，保障人民身体健康，国家质量监督检验检疫总局在2001年颁发了有关物资有毒有害物质限量标准，可参见本书附录。

Ⅱ.进场验收方法。在材料进场时，应当予以验收，其验收的主要依据是订货合同、采购计划及所约定的标准，或经有关单位和部门确认后封存的样品或样本，还有材质证明或合格证等。其常用的验收方法包括以下几种：

☆双控把关。为确保进场材料合格，对预制构件、钢木门窗、各种制品及机电设备等大型产品，在组织送料前，由两级材料管理部门业务人员会同技术质量人员先行看货验收；在进库时，由保管员和材料业务人员再行一起组织验收方可入库。对于钢材、水泥、防水材料、各类外加剂实行检验双控，既要有出厂合格证，还要有试验室的合格试验单方可接收入库以备使用。

☆联合验收把关。对于直接送到现场的材料及构配件，收料人员可会同现场的技术质量人员联合验收；进库物资由保管员和材料业务人员一起组织验收。

☆收料员验收把关。收料员对地材、建材及有包装的材料及产品，应认真进行外观检验；查看品种、规格、型号是否与来料相符，宏观质量是否符合标准，包装、商标是否齐全完好。

☆提料验收把关。总公司、分公司两级材料管理的业务人员到外单位及材料公司各仓库提送料，要认真检查验收提料的质量、索取产品合格证和材质证明书。送到现场（或仓库）后，应与现场（仓库）的收料员（保管员）进行交接验收工作。

Ⅲ.进场验收程序。在对材料进行验收前，要保持进场道路畅通，以方便运输车辆进出；同时，还应将计量器具准备齐全，然后针对物资的类别、性能、特点、数量确定物资的存放地点及必须的防护措施，进而确定材料验收方式。如现场建有样品库，对特殊物资和贵重物资采取封样，此类进场物资严格按样品（样板）进行验收。

材料验收的程序如图2.8所示。

验收准备 → 单据验收 → 数量验收 → 质量验收 → 环保、职安验收 → 办理验收手续

图2.8 材料进场验收程序

Ⅳ.验收结果处理。

☆材料进场验收后，验收人员按照规定填写各类材料的进场检测记录。如资料齐全，可及时登入进料台账，发料使用。

☆材料经验收合格后，应及时办理入库手续，由负责采购供应的材料人员填写《验收单》,经验收人员签字后办理入库,并及时登账、立卡、标识。

验收单一般一式四份,计划员一份,采购员一份,保管员一份,财务报销一份。

☆经验收不合格,应将不合格的物资单独码放于不合格品区,并进行标识,尽快退场,避免用于工程。同时做好不合格品记录和处理情况记录。

☆已进场(进库)的材料,发现质量问题或技术资料不齐时,收料员应及时填报《材料质量验收报告单》报上一级主管部门,以便及时处理,暂不发料,不使用,原封妥善保管。

④存贮管理。材料的贮存,应根据材料的性能和仓库条件,按照材料保管规程,采用科学方法进行保管和保养,以减少材料保管损耗,保持材料原有使用价值。

a. 仓库的布置。仓库设施包括:库房、料场和有关的通道等,在布局时,应考虑以下一些问题:

Ⅰ. 接近用料点,以避免或减少搬运的次数及距离,减少搬运损耗。

Ⅱ. 临时仓库和料场需要有合理的通道,便于吞吐材料。通道要有回旋余地,要有照明及排水设施,不影响施工。

Ⅲ. 仓库及料场容量应适应该使用点最大库存量的要求。

Ⅳ. 堆料场地应符合防水、防潮、防雨、防火等要求。堆料场要平整、不积水、防塌陷。

b. 材料贮存的基本要求。仓库材料贮存的基本要求是库存材料堆放合理,质量完好,库容整洁美观。这就要求我们必须全面规划,科学管理,制定严密的管理制度,并注意防火防盗等。

Ⅰ. 全面规划。根据材料性能、搬运与装卸保管条件、吞吐量和流转情况,合理安排材料货位。同类材料应当安排在一处;性能上互相有影响或灭火方法不同的材料,严禁安排在同一处贮存。实行"四号定位",即:库内保管划定库号、架号、层号、位号,库外保管划定区号、点号、排号、位号,对号入座,合理布局。

Ⅱ. 科学管理。必须按类分库,新旧分堆,规格排列,上轻下重,上盖下垫,危险专放,定量保管,五五堆放,标记鲜明,过目知数,质量分清,定期盘点,便于收发管理。

Ⅲ. 制度严密、防火防盗。要建立健全保管、领发等管理制度,并严格执行,使各项工作井然有序;要做好防火防盗工作,根据保管材料的不同,配置不同类型的灭火器具。

Ⅳ. 勤于盘点,及时记账。要做到日清月结季盘点,在平时收发料时,随时盘点,发现问题及时解决。要健全料卡、料账制度,收发盘点及时记账,做到卡、账、物三相符。健全原始记录制度,为材料统计与成本核算提供资料。

c. 材料保养的基本要求。材料保养的实质就是根据库存材料的物理、化学性能和所处的环境条件,采取措施延缓材料质量变化。

Ⅰ. 仓库的温度、湿度管理。仓库的温度过高,一些化工材料会发生熔化、挥发,温度过低会发生凝固、硬结变化;仓库的湿度过高会使易霉物质生霉腐烂,使吸潮性化工原料潮解、溶化,使水泥结块失效等。因此在仓库内外要设置测温、测湿仪器,进行日常观察和记录,及时掌握温度、湿度的变化情况,控制和调节温、湿度。具体办法是通风、密封、吸湿、防潮。

Ⅱ. 防锈。金属及其制品,在周围介质的化学作用下,易被腐蚀。主要措施是防止和破坏其产生化学反应和腐蚀的条件。

Ⅲ. 防虫害。搞好库区的卫生,消除虫害生存和繁殖的条件,并利用机械或化学药剂进行防治。

(3)项目机械设备管理控制。

①机械设备购置管理。当实施项目需要新购机械设备时,大型机械以及特殊设备应在调研的基础上,写出经济技术可行性分析报告,经有关领导和专业管理部门审批后,方可购买。中、小型机械应在调研的基础上,选择性价比较好的产品。

由于市政工程与园林绿化工程的施工要求,施工环境及机械设备的性能并不相同,机械设备的使用效率和产出能力也各有高低,因此,在选择施工机械设备时,应本着切合需要,实际可能,经济合理的原则进行。

②机械设备租赁管理。机械设备租赁是企业利用广阔社会机械设备资源装备自己,迅速提高自身形象,增强施工能力,减小投资包袱,尽快武装的有力手段。其租赁形式包括内部租赁和社会租赁两种:

a. 内部租赁。指由施工企业所属的机械经营单位与施工单位之间的机械租赁。作为出租方的机械经营单位,承担着提供机械、保证施工生产需要的职责,并按照企业规定的租赁办法签订租赁合同,收取租赁费用。

b. 社会租赁。指社会化的租赁企业对施工企业的机械租赁。社会租赁有以下两种形式:

Ⅰ. 融资性租赁。指租赁公司为解决施工企业在发展生产中需要增添机械设备而又资金不足的困难,而融通资金、购置企业所选定的机械设备并租赁给施工企业,施工企业按照租赁合同的规定分期交纳租金,在合同期满后,施工企业留购并办理产权移交手续。

Ⅱ. 服务性租赁。指施工企业为解决企业在生产过程中对某些大、中型机械设备的短期需要而向租赁公司租赁机械设备。在租赁期间内,施工企业不负责机械设备的维修、操作,施工企业只是使用机械设备,并按台班、小时或施工实物量支付租赁费,机械设备用完后退还给租赁公司,不存在产权移交的问题。

③机械设备使用管理。

a. 对进入施工现场机械设备的要求。在施工现场使用的机械设备,主要包括施工单位自有或其租赁的设备等。对进入施工现场的机械设备应当检查其相关的技术文件,如设备安装、调试、使用、拆除及试验图标程序和详细文字说明书,各种安全保险装置及行程限位器装置调试及使用说明书,维护保养及运输说明书,安全操作规程,产品鉴定证书、合格证书,配件及配套工具目录,其他重要的注意事项等。

b. 施工现场设备管理机构。施工现场机械设备的使用管理,包括施工现场、生产加工车间和一切有机械设备作业场所的设备管理,重点是施工现场的设备管理。由于施工项目总承包企业对进入施工现场的机械设备安装、调试、验收、使用、管理、拆除退场等负有全面管理的责任,因此对无论是施工项目总承包企业自身的设备单位或租用、外借的设备单位、还是分承包单位自带的设备单位,均要负责对其执行国家有关设备管理标准、管理规定情况进行监督检查。

④机械设备操作人员管理。

a. 项目应建立健全设备安全使用岗位责任制,从选型、购置、租赁、安装、调试、验收到使用、操作、检查、维护、保养和修理直至拆除退场等各个环节,均要严格,并且有操作性能的岗位责任制。

b. 项目要建立健全设备安全检查、监督制度,要定期和不定期地进行设备安全检查,及时消除隐患,保证设备和人身安全。

c. 设备操作和维护人员，要严格遵守建筑机械使用安全技术规程，对于违章指挥，设备操作者有权拒绝执行；对违章操作，现场施工管理人员和设备管理人员应坚决制止。

d. 对于起重设备的安全管理，要认真执行当地政府的有关规定。要经过培训考核，具有相应资质的专业施工单位承担设备的拆装、施工现场移位、锚固、顶升、基础处理、轨道铺设、移场运输等工作任务。

e. 各种机械必须按照国家标准安装安全保险装置。机械设备转移施工现场，重新安装后必须对设备安全保险装置重新调试，并经试运转，确认各种安全保险装置符合标准要求，方可交付使用。任何单位和个人都不得私自拆除设备出厂时所配置的安全保险装置而操作设备。

⑤机械设备报废和出场管理。市政工程与园林绿化工程项目施工机械设备的报废应与机械设备的更新改造相结合，当设备达到报废条件，尤其对提前报废的设备，企业应组织有关人员对其进行技术鉴定，按照企业设备管理制度或程序办理手续。对于已经报废的汽车、起重机械、压力容器等，不得再继续使用，同时也不得整机出售转让。企业报废设备应有残值，其净残值率应不低于原值的3%，不高于原值的5%。

当机械设备具备下列条件之一时，应予以报废：

a. 磨损严重，基础件已经损坏，再进行大修已经不能达到使用和安全要求的。

b. 修理费用高，在经济上不如更新合算的。

c. 噪声大，废气、废物多，严重污染环境，危害人身安全和健康，进行改造又不经济的。

d. 设备老化，技术性能落后，消耗能源高，效率低下，又无改造价值的。

e. 属于国家限制使用，明令淘汰机型，又无配件来源的。

(4)项目技术管理控制。

项目技术管理控制应包括技术开发管理、新产品、新材料、新工艺的应用管理、施工组织设计管理、技术档案管理、测试仪器管理等，见表2.8。

表2.8　项目技术管理控制

序号	项目	具体内容
1	技术开发管理	根据我国国情，根据企业自身特点和工程技术发展趋势确定技术开发方向，走与科研机构、大专院校联合开发的道路，但从长远来看，企业应有自己的研发机构，强化自己的技术优势，在技术上形成一定的垄断，走技术密集型道路。应制定短、中、长期的研究投入费用及其占营业额的比例，逐步提高科技投入量，监督实施，并建立规范化的评价、审查和激励机制；加强研发力量，重视科研人才，增添先进的设备和设施，保证技术开发具有先进手段。加大科技推广和转化力度。利用软件进行招投标、工程设计和概预算工作，利用网络收集施工技术等情报信息，通过电子商务采购降低采购成本。加强科技开发信息的管理
2	新产品、新材料、新工艺的应用管理	应有权威的技术检验部门关于其技术性能的鉴定书，制定出质量标准以及操作规程后，才能在工程上使用，加大推广力度

续表 2.8

序号	项目	具体内容
3	施工组织设计管理	施工组织设计是企业实现科学管理、提高施工水平和保证工程质量的主要手段,也是贯穿设计、规范、规程等技术标准组织施工,纠正施工盲目性的有力措施。要进行充分调查研究,广泛发动技术人员、管理人员制定措施,使施工组织设计符合实际,切实可行
4	技术档案管理	技术档案是按照一定的原则、要求,经过移交、归档后整理,保管起来的技术文件材料。技术档案既记录了各建筑物、构筑物的真实历史,更是技术人员、管理人员和操作人员智慧的结晶。技术档案实行统一领导、分专业管理。资料收集做到及时、准确、完整,分类正确,传递及时,符合地方法规要求,无遗留问题
5	测试仪器管理	组织建立计量、测量工作管理制度。由项目技术负责人明确责任人,制定管理制度,经批准后实施。管理制度要明确职责范围,仪表、器具使用、运输、保管有明确要求,建立台账定期检测,确保所有仪表、器具的精度、检测周期和使用状态符合要求。记录和成果符合规定,确保成果、记录、台账、设备的安全、有效、完整

(5)项目资金管理控制。

①资金收入与支出管理。

a.资金收入与支出管理原则。项目资金的收入与支出管理原则主要涉及资金的回收和分配两个方面。资金的回收直接关系到工程项目能否顺利进行;而资金的分配则关系到能否合理使用资金,能否调动各种关系和相关单位的积极性。因此为了确保项目资金的合理使用,应遵循以下两个原则:

Ⅰ.以收定支原则,即收入确定支出。这样做虽然可能使项目的进度和质量受到影响,但可以不加大项目资金成本,对于某些工期紧迫或施工质量要求较高的部位,应视具体情况而采取区别对待的措施。

Ⅱ.制订资金使用计划原则,即根据工程项目的施工进度、业主支付能力、企业垫付能力、分包或供应商承受能力等制订相应的资金计划,按照计划进行资金的回收和支付。

b.资金收入与支出管理要求。

Ⅰ.在项目资金收入与支出的管理过程中,应以项目经理为理财中心,并划定资金的管理办法,以哪个项目的资金主要由哪个项目支配为原则。

Ⅱ.项目经理按月编制资金收支计划,由公司财务及总会计师批准,内部银行监督执行,并每月都要作出分析总结;企业内部银行可实行"有偿使用"、"存款计息"、"定额考核"等办法。当项目的资金不足时,可由内部银行协调解决,不能搞平衡。

Ⅲ.项目经理部可在企业内部银行开独立账户,由内部银行办理项目资金的收、支、划、转,并由项目经理签字确认。

Ⅳ.项目经理部可按照用款计划控制项目资金使用,以收定支,节约开支,并应按照规定设立财务台账记录资金支付情况,加强财务核算,及时盘点盈亏。

Ⅴ.项目经理部要及时向发包方收取工程款,做好分期结算,增(减)账结算,竣工结算等工作,加快资金入账的步伐,不断提高资金管理水平和效益。

Ⅵ.建设单位所提供的“三材”和设备也是项目资金的重要组成,经理部要设置台账,根据收料凭证及时入账,按照月分析使用情况,反映“三材”收入及耗用动态,定期与交料单位核对,确保资料完整、准确,为及时做好各项结算创造先决条件。

Ⅶ.项目经理部应每月定期召开请业主代表参加的分包商、供应商、生产商等单位的协调会,以便更好地处理配合关系,解决甲方提供资金、材料以及项目向分包、供应商支付工程款等事宜。

Ⅷ.项目经理部应坚持做好项目资金分析,进行计划收支与实际收支对比,找出差异,分析原因,改进资金管理。在项目竣工后,结合成本核算与分析进行资金收支情况和经济效益总分析,上报企业财务主管部门备案。

②资金使用的成本管理。

a.按用款计划控制资金使用。项目经理部各部门每次领用支票或现金,均要填写用款申请表见表2.9,申请表由项目经理部部门负责人具体控制该部门支出。但额度不大的零星采购和费用支出,也可在月度用款计划范围内由经办人申请,部门负责人审批。各项支出的有关发票和结算验收单据,由各用款部门领导签字,并经审批人签证后,方可向财务报账。

表2.9 用款申请表

用款部门　　　　年　月　日　　　　(单位:元)

申请人:
用途:
预计金额:
审批人:

b.设立财务台账,记录资金支出。鉴于市场经济条件下多数商品及劳务交易,事项发生期和资金支付期不在同一报告期,债务问题在所难免,而会计账又不便对各工程繁多的债权债务逐一开设账户,作出记录,因此,为控制资金,项目经理部需要设立财务台账见表2.10,做会计核算的补充记录,进行债权债务的明细核算。

表2.10 财务台账

年	月	日	凭证号	摘要	应付款(贷方)	已贷款(借方)	借或贷	余额

c.加强财务核算,及时盘点盈亏。项目部要随着工程进展定期进行资产和债务的清查,以考查以前的报告期结转利润的正确性和目前项目经理部利润的后劲。因为单位工程只有到竣工结算时,才能够确定最终该工程的盈利准确数字,在施工过程中的报告期的财务结算只是相对准确。所以在施工过程中要根据工程完成部位,适时地进行财产清查。对项目经理部所有资产方和所有负债方及时盘点,通过资产和负债加上级拨付资金平衡关系比较看出盈亏趋向。

③资金风险管理。

项目经理部应注意发包方资金到位情况，签好施工合同，明确工程款支付办法和发包方供料范围。在发包方资金不足的情况下，尽可能要求发包方供应部分材料，防止发包方把属于甲方供料、甲方分包范围的转给组织支付。同时，要关注发包方资金动态，在已经发生垫资施工的情况下，要适当掌握施工进度，以利回收资金，若出现工程垫资超出原计划控制幅度，要考虑调整施工方案，压缩规模，甚至暂缓施工，并积极与发包方协调，确保开发项目以利回收资金。

3. 项目资源管理考核

(1)项目人力资源管理考核。

①人力资源考核分类。

a. 试用期考核。市政工程与园林绿化工程施工企业应对试用期内或届满的员工均需进行考核，以确定是否正式录用。该项考核一般由项目经理部授权劳动力管理机构进行，对于某些技术类或较为重要的职位也可自行考核。对于试用优秀者，可提前转正或正式录用。

b. 业绩(绩效)考核。可根据员工在施工生产中的表现和其完成工作量的多少、质量等因素进行综合考核，这是劳动力考核的主体。一般是建立职工工作绩效考核卡。根据职工工作岗位的特点和要求，采取定岗定责，一人一岗一卡的方式进行考核。考核卡的内容中包括：该名职工所在岗位的工作职责、工作要求和工作标准，考核时按卡检查考评该岗位工作。

c. 后进职工考核。该项考核可由后进职工主管，会同人事部门共同考核定案。对认定为后进的职工，可对其具体工作表现随时提出考核及改进意见，对于被留职察看的后进职工，可根据其具体表现作出考核决定。

d. 个案考核。该项考核可由职工主管和人事管理部门负责，一般采用专案报告的形式。对职工日常工作中的重大事件，及时提出考核意见，决定奖励或处罚。

e. 调配考核。对职工的调配，项目人事管理部门首先应考虑调配人员的素质及其技术水平，然后向项目经理部提出考核意见。调配事项确定后，应提供调配职工在本部门工作情况的考核结论和评语，以供新主管参考。

f. 离职考核。在职工离职前，应对其在本公司的工作情况作出书面考核，并且必须在职工离职前完成。公司应为离职员工出具工作履历证明和工作绩效意见，由人事管理部门负责办理，在必要时，可由部门主管协办。

对项目成员的考核，应当公平、公开、公正，实事求是，不得徇私舞弊。应以岗位职责为主要依据，坚持上下结合、左右结合，定性与定量考核相结合的原则。

②人力资源考核评比方法。目前，对项目人力资源的考核和评比工作，多采取定期考核与不定期抽查考核相结合、年终总评的方法。定期考核每月一次，由考评小组进行；不定期抽查考核由部门负责人组织，中心领导参加，随时均可进行，抽查情况要认真记录，以备集中考核时运用，年终结合评比工作进行总评。对中层干部和管理人员的考评，由服务中心领导组织职工管理委员会中的职工成员共同参与，进行年度考评。

③人力资源考核评比工作的实施。人力资源考核评比小组(简称考评小组)在每次对各部门、各岗位的工作情况进行全面检查考核之后，要召开例会，结合平时的抽查情况、职工的考勤和日常工作表现、服务对象的满意度等综合因素，为每一名职工打分，作出综合评价。

(2)项目材料管理考核。

①材料管理评价。材料管理评价就是对企业的材料管理情况进行分析,如发现材料供应、库存、使用中存在的问题,找出原因,采取相应的措施对策,以达到改进材料管理工作的目的。

材料供应动态控制就是按照全面物资管理的原理,严格控制现场供应全过程的每一个环节,建立健全各种原始记录及相应的报表、账册、以便能及时反映动态变化情况。

对项目材料进行动态控制分析,可了解项目材料的使用情况和周转速度,搞清影响项目材料供应管理的内因和外因,发现问题,找出差距,促使其注意和改进。

②材料管理考核指标。材料管理常用的考核指标有:

a.材料管理指标考核。材料管理指标,俗称软指标,是指在材料供应管理过程中,将定性的管理工作以量化的方式对物资部门进行的考核。具体考核应包括以下几方面内容:

Ⅰ.材料供应兑现率:

$$材料供应兑现率=\frac{材料实际供应量}{材料计划量}\times 100\% \quad (2.11)$$

Ⅱ.材料验收合格率:

$$材料验收合格率=\frac{材料验收合格入库量}{材料进场验收数量}\times 100\% \quad (2.12)$$

Ⅲ.限额领料执行面:

$$限额领料执行面=\frac{实行限额领料材料品种数}{项目使用材料全部品种数}\times 100\% \quad (2.13)$$

Ⅳ.重大环境因素控制率:

$$重大环境因素控制率=\frac{实际控制的重大环境因素项}{全部所识别的重大因素}\times 100\% \quad (2.14)$$

b.材料经济指标考核。材料经济指标,俗称硬指标,它反映了材料在实际供应过程中为企业所带来的经济效益,也是管理人最关心的一种考核指标。其考核主要包括以下两个方面内容:

Ⅰ.采购成本降低率:

$$某材料采购成本降低率=\frac{该种材料采购成本降低额}{该种材料工程预算收入额}\times 100\% \quad (2.15)$$

采购成本降低额=工程材料预算收入(与业主结算)单价×采购数量-实际采购单价×采购数量 (2.16)

工程预算收入额=与业主结算单价×采购量 (2.17)

Ⅱ.工程材料成本降低率:

$$工程材料成本降低率=\frac{工程实际材料成本降低额}{工程实际材料收入成本}\times 100\% \quad (2.18)$$

工程实际材料成本降低额=工程实际材料收入成本-工程实际材料发生成本 (2.19)

工程实际材料收入成本=与业主结算材料单价×与业主结算量 (2.20)

工程实际材料发生成本=实际采购价×实际使用量 (2.21)

(3)项目机械设备管理考核。

机械设备管理考核应对项目机械设备的配置、使用、维护及技术安全措施,设备使用效率和使用成本进行分析和评价。

(4)项目技术管理考核。

项目技术管理考核应包括对技术管理工作计划的执行,技术方案的实施,技术措施的实施,技术问题的处置,技术资料收集、整理和归档以及技术开发,新技术和新工艺应用等情况进行分析及评价。

(5)项目技术管理考核。

项目资金包括两种,即固定资金和流动资金。对工程项目资金管理的考核,也就是对固定资金和流动资金的考核。

①固定资金是指以货币形式表现的可以长期地在生产过程中发挥作用的劳动资料的价值。固定资金的实物形态是固定资产。在工程项目实施过程中固定资产不改变自己的实物形态,只是根据其在使用过程中的损耗程度,将它们的价值以折旧费用的形式逐次转入产品中去,然后从产品的销售收入中收回。

②流动资金是以货币形式表现的流动基金与流通基金的总和。生产贮备资金、生产资金之和称之为流动基金,成品资金、货币资金之和称为流通基金。

2.6.2　项目信息管理

1.项目信息管理计划

(1)项目信息需求分析。

①项目决策阶段的信息需求。由于项目决策阶段,是决定建设项目是否能成功的关键,对工程的效益影响面大,该阶段主要的信息需要是外部宏观信息,需要获得与此项目有关的历史的、现代的、未来的信息,具有很高的不确定性,既有大量的外部信息,也有内部信息。

在市政工程和园林绿化工程项目决策阶段,主要有以下几个方面的信息需求:

a.项目相关市场方面的信息。如预测建设产品进入市场后的市场占有率、社会的需求情况、统计建设产品价格的变化趋势、影响市场渗透的因素、生命周期等。

b.项目资源相关方面的信息。例如资金筹措渠道、方式,原材料、辅料来源,劳动力,水电、气供应情况等。

c.新技术、新设备、新工艺、新材料,专业配套能力及设施方面的信息。

d.自然环境相关方面的信息。如城市交通、气象、运输、地质、水文、地形地貌、建筑废料处理等。

e.政治环境。社会治安状况,当地法律、政策的信息等。

②项目设计阶段的信息需求。设计阶段是工程项目建设的重要阶段,在设计阶段需要决定工程规模、形式,工程的概算技术先进性、适用性,标准化程度等一系列具体的要素。该阶段的信息需求主要包括以下几方面:

a.项目的可行性研究报告,前期相关文件资料,存在的疑点和建设单位的意图,建设单位前期准备及项目审批完成的情况。

b.设计中的设计进度计划,设计质量的保证体系,设计合同执行情况,偏差产生的原因,纠偏措施,专业间设计交接情况,执行规范、规程、技术标准,特别是强制性规范执行的情况,设计概算和施工图预算结果,了解超限额的原因,了解各设计工序对投资的控制等。

c.同类工程项目的相关信息:建筑规模,结构形式,造价构成,工艺、设备的选定,地质处理手段及实际效果,建设工期,采用新工艺、新材料、新设备、新技术的实际效果及存在问题,经济技术指标等。

d. 勘察、测量、设计单位相关信息：同类工程项目的完成情况和实际效果，完成该项目工程的人员构成，设备投入状况，质量管理体系完善情况，创新能力，收费标准，施工期间技术服务主动性及处理问题的能力，设计深度和技术文件质量，专业配套能力，设计概算和施工图预算编制能力，合同履约情况，采用设计新技术、新设备的能力等。

e. 拟建项目所在地的有关信息：地质、水文情况，地形地貌、地下埋设和人防设施情况，城市拆迁政策和拆迁户数，青苗补偿。周围环境包括：水电气、道路等的接入点，周围建筑、学校，医院、交通、商业、绿化、消防、排污等。

f. 工程所在地政府相关信息：国家和地方政策、法律、法规、规范规程、环保政策、政府服务情况和限制等。

③项目施工投标阶段的信息需求。在市政工程与园林绿化工程项目施工招投标阶段，为了编写好招标书，选择好施工单位和项目经理、项目班子，签订好施工合同，为保证实现施工阶段的目标打下良好基础，需要大量的相关信息，主要表现在以下几方面：

a. 建设单位建设前期报审文件：立项文件，建设用地、征地、拆迁文件。

b. 本工程适用的规范、规程、标准，特别是强制性规范。

c. 工程地质、水文地质勘察报告，施工图设计及施工图预算、设计概算，设计、地质勘察、测绘的审批报告等方面的信息，特别是该建设工程有别于其他同类工程的技术要求、材料、设备、工艺、质量要求有关信息。

d. 工程造价的市场变化规律及所在地区的材料、构件、设备、劳动力差异。

e. 该工程采用的新技术、新设备、新材料、新工艺，投标单位对“四新”的处理能力和了解程度、经验、措施。

f. 所在地关于招投标有关法规、规定，国际招标、国际贷款指定适用的范本，本工程适用的建筑施工合同范本及特殊条款精髓所在。

g. 当地施工单位管理水平，质量保证体系、施工质量、设备、机具能力。

h. 所在地招投标代理机构能力、特点，所在地招投标管理机构及管理程序。

④项目施工阶段的信息需求。在市政工程与园林绿化工程项目施工阶段，为了能更好地、按时地完成施工，需要获得施工进程中的动态信息，主要表现在以下几个方面：

a. 项目的施工准备期间所需：

Ⅰ. 施工图设计及施工图预算、施工合同、施工单位项目经理部组成、进场人员资质；

Ⅱ. 进场设备的规格型号、保修记录；

Ⅲ. 施工场地的准备情况；

Ⅳ. 施工单位质量保证体系及施工单位的施工组织设计，特殊工程的技术方案施工进度网络计划图表；

Ⅴ. 进场材料、构件管理制度；

Ⅵ. 安全保安措施；数据和信息管理制度；

Ⅶ. 检测和检验、试验程序和设备；

Ⅷ. 承包单位和分包单位的资质；

Ⅸ. 工程场地的地质、水文、测量、气象数据；地上、地下管线，地下洞室，地上原建筑物及周围建筑物、树木、道路；

Ⅹ. 建筑红线，标高、坐标；

Ⅺ. 水、电、气管道的引入标志；

Ⅻ. 地质勘察报告、地形测量图及标桩；

Ⅻ. 施工图的会审和交底记录；

XIII. 开工前的监理交底记录；

XIV. 对施工单位提交的施工组织设计按照项目监理部要求进行修改的情况；

XVI. 施工单位提交的开工报告及实际准备情况；

XVII. 工程相关建筑法律、法规和规范、规程，有关质量检验、控制的技术法、质量验收标准等。

b. 项目施工实施期间所需：

Ⅰ. 施工过程中随时产生的数据，如施工单位人员、设备、水、电、气等能源的动态；

Ⅱ. 施工期气象的中长期趋势及同期历史数据、气象报告；

Ⅲ. 建筑原材料的相关问题；

Ⅳ. 项目经理部管理方向技术手段；

Ⅴ. 工地文明施工及安全措施；

Ⅵ. 施工中需要执行的国家和地方规范、规程、标准；

Ⅶ. 施工合同情况；建筑材料相关事宜等。

⑤项目竣工保修阶段的信息需求。项目竣工保修期的信息需求是施工期日常信息积累基础上，真实反映施工过程，是市政工程与园林绿化工程项目建设各方最后的汇总和总结。

该阶段的信息需求主要包括以下几个方面：

a. 工程准备阶段文件。

b. 工程监理文件。

c. 施工资料。

d. 竣工验收资料。

e. 其他有关资料。

(2)工程项目信息编码系统。

项目信息的编码也称代码设计，它是为事物提供一个概念清楚的唯一标识，用以代表事物的名称、属性和状态。代码有两个作用：一是便于对数据进行存贮、加工和检索；二是可以提高数据处理的效率和精度。此外，对信息进行编码，还可以大大节省存贮空间。

在市政工程与园林绿化工程项目管理工作中，随时都可能产生大量的信息（如报表、数字、文字、声像等），用文字来描述其特征已无法满足现代化管理的要求。因此，必须赋予信息一组能反映其主要特征的代码，用以表征信息的实体或属性，建立项目信息编码系统，以便于利用计算机进行管理。

①项目信息编码原则。信息编码是信息管理的基础，进行项目信息编码时应遵循的原则如下：

a. 唯一性。每一个代码仅代表唯一的实体属性或状态。

b. 合理性。编码的方法必须是合理的，能够适合使用者和信息处理的需要，项目信息编码结构应与项目信息分类体系相适应。

c. 可扩充性和稳定性。代码设计应留出适当的扩充位置，以便在增加新的内容时，可直接利用原代码扩充，而无需更改代码系统。

d. 逻辑性与直观性。代码不但要具有一定的逻辑含义,以便数据的统计汇总;而且要简明直观,以便于识别和记忆。

e. 规范性。国家有关编码标准是代码设计的重要依据,要严格遵照国家标准及行业标准进行代码设计,以便系统的拓展。

f. 精炼性。代码的长度不仅会影响所占据的存贮空间和信息处理的速度,而且也会影响代码输入时出错的概率及输入输出的速度,因此要适当压缩代码的长度。

②项目信息编码方法。

a. 顺序编码法。顺序编码法是一种按对象出现的顺序进行编码的方法,就是从 001(或 0001、00001 等)开始依次排下去,直至最后。如目前各定额站编制的定额大多采用这种方法。该法简单,代码较短。但这种代码缺乏逻辑基础,本身不说明任何特征。此外,新数据只能追加到最后,删除数据又会产生空码。因此此法通常只用来作为其他分类编码后进行细分类的一种手段。

b. 分组编码法。这种方法也是从头开始,依次为数据编号。但在每批同类型数据之后留有一定余量,以备添加新的数据。此种方法是在顺序编码基础上的改动,也存在逻辑意义不清的问题。

c. 多面编码法。一个事物可能具有多个属性,若在编码的结构中能为这些属性各规定一个位置,就形成了多面码。该法的优点是逻辑性能好,便于扩充。但这种代码位数较长,会有较多的空码。

d. 十进制编码法。该方法是先把编码对象分成如果干大类,编以如果干位十进制代码,然后将每一大类再分成如果干小类,编以如果干位十进制代码,依次下去,直至不再分类为止。

采用十进制编码法,编码、分类比较简单,直观性强,可无限扩充下去。但代码位数较多,空码也较多。

e. 文字编码法。这种方法是用文字表明对象的属性,而文字通常用英文编写或用汉语拼音的字头。这种编码的直观性较好,记忆使用也都方便。但当数据过多时,单靠字头很容易使含义模糊,造成错误的理解。

上述几种编码方法中,各有其优缺点,在实际工作中可以针对具体情况而选用适当的方法。有时甚至可以将它们组合起来使用。

(3)工程项目信息流程。

①项目内部信息流。项目管理组织内部存在着三种信息流:一是自上而下的信息流;二是自下而上的信息流;三是各管理职能部门横向间的信息流。这三种信息流均应畅通无阻,以保证项目管理工作的顺利实施。

a. 自上而下的信息流。自上而下的信息流是指自主管单位、主管部门、业主以及项目经理开始,流向项目工程师、检查员,乃至工人班组的信息,或在分级的管理中,每一个中间层次的机构向其下级逐级流动的信息。即信息源在上,接受信息者是其下属。这些信息主要指管理目标、工作条例、命令、办法及规定、业务指导意见等。

b. 自下而上的信息流。自下而上的信息流一般是指各种实际工程的情况信息,由下逐渐向上传递,这个传递不是通常的叠合(装订)而是经过归纳整理形成的逐渐浓缩的报告。项目管理者就是做这个浓缩工作,以保证信息浓缩而不失真。一般信息太详细会造成处理量大、没有重点,且容易遗漏重要说明;而太浓缩又会存在对信息的曲解,或解释出错的问题。

c.横向间的信息流。横向流动的信息指项目监理工作中,同一层次的工作部门或工作人员之间相互提供和接受的信息。这种信息通常是由于分工不同而各自产生的,但为了共同的目标又需要相互协作、互通有无或相互补充,以及在特殊、紧急的情况下,为了节省信息流动时间而需要横向提供的信息。

②项目与外界的信息交流。项目作为一个开放系统,它与外界有大量的信息交换。这里包括两种信息流:

a.由外界输入的信息。例如环境信息、物价变动信息、市场状况信息,以及外部系统(如企业、政府机关)给项目的指令、对项目的干预等。

b.项目向外界输出的信息,如项目状况的报告、请示、要求等。

③项目信息报告系统。项目信息报告是工程项目信息交流的一种重要方式。在市政工程与园林绿化工程建设中,报告的形式和内容丰富多彩,它是人们进行信息沟通与交流的主要工具。

项目信息管理系统中必须包括项目信息的报告系统,需要解决两个方面的问题:

a.罗列项目过程中应有的各种报告,并系统化;

b.确定各种报告的形式、内容、结构、数据、采撷处理方式,并标准化。

2.项目信息过程管理

(1)项目信息的收集。

收集,就是收集原始信息,这是很重要的基础工作。信息管理工作质量的好坏,很大程度上取决于原始资料的全面性及可靠性。

市政工程与园林绿化工程参建各方对数据和信息的收集是不同的,有不同的来源,不同的角度,不同的处理方法,但要求各方相同的数据和信息应该规范。另外,工程参建各方在不同的时期对数据和信息收集上也是不同的,侧重点有不同,但也要规范信息行为。

(2)项目信息的加工、整理与贮存。

①信息的加工整理。经过优化选择的信息要进行加工整理,确定信息在社会信息流这一时空隧道中的"坐标",以便使人们在需要时可以通过各种方便的形式查寻、识别并获取该信息。

②信息的传输与检索。信息在通过对收集的数据进行分类加工处理产生信息之后,要及时提供给需要使用数据和信息的部门,信息和数据的传输要根据需要来分发,信息和数据的检索则要建立必要的分级管理制度,通常由使用软件来确保实现数据和信息的传输、检索,关键是要决定传输和检索的原则。

③项目信息的贮存。信息的贮存是将信息保留以备将来应用。对有价值的原始资料、数据及经过加工整理的信息,要长期积累以备查阅。信息的存贮通常需要建立统一的数据库,各类数据以文件的形式组织在一起,组织的方法通常由单位自定,但要考虑其规范化。

(3)项目信息的输出与反馈。

①信息的输出。信息处理的主要任务是为用户提供所需信息。因而输出信息的内容和格式是用户最关心的问题。

a.信息输出内容设计。根据数据的性质和来源,信息输出内容可分为三类:

Ⅰ.原始基础数据类,如市场环境信息等,此类数据主要用于辅助企业决策,其输出方式主要采用屏幕输出，即根据用户查询、浏览和比较的结果来输出，在必要时也可打印。

Ⅱ.过程数据类，主要指由原始基础数据推断、计算、统计、分析而得，如市场需求量的变化趋势、方案的财务指标、方案的收支预测数、方案的敏感性分析等，这类数据采用以屏幕输出为主、打印输出为辅的输出方式。

Ⅲ.文档报告类，主要包括：市场调查报告、经济评价报告、投资方案决策报告等，这类数据主要是存档、备案、送上级主管部门审查之用，因而采取打印输出的方式，而且打印的格式必须规范。

b.信息输出格式设计。信息输出格式设计、输出信息的表格设计应以满足用户需求及习惯为目标。格式形式主要由表头、表底和存放正文的“表体”三部分组成。

②信息的反馈。信息反馈就是把输出信息的作用结果再返送回来的一种过程，也就是施控系统将信息输出，输出的信息对受控系统作用的结果又返回施控系统，并对施控系统的信息再输出发生影响的这样一种过程。

在市政工程与园林绿化工程项目信息过程管理中，经常用到的反馈方法主要有以下几种：

a.跟踪反馈法。主要是指在决策实施过程中，对特定的主题内容进行全面跟踪，有计划、分步骤地组织连续反馈，形成反馈系列。跟踪反馈法具有较强的针对性和计划性，能够围绕决策实施主线，比较系统地反映决策实施的全过程，以便决策机构随时掌握相关情况，控制工作进度，及时发现问题，实行分类领导。

b.典型反馈法。主要是指通过某些典型组织机构的情况、某些典型事例、某些代表性人物的观点言行，将其实施决策的情况及对决策的反映反馈给决策者。

c.组合反馈法。主要是指在某一时期将不同阶层、不同行业和单位对决策的反映，通过一组信息分别进行反馈。由于每一反馈信息着重突出一个方面、一类问题，因此将所有反馈信息组合在一起，便可以构成一个完整的面貌。

d.综合反馈法。主要是指将不同地区、阶层和单位对某项决策的反映汇集在一起，通过分析归纳，找出其内在联系，形成一套较为完整、系统的观点与材料，并加以集中反馈。

3.项目信息安全管理

(1)项目信息安全的基本要求。

项目信息安全是一个动态发展的过程，不仅仅是纯粹的技术，而仅仅依赖于安全产品的堆积来应对迅速发展变化的各种攻击手段是无法持续有效的。项目信息安全的基本要求主要包括以下三个方面：

①信息安全风险评估的要求。项目信息安全要求应针对每一项信息资产所面临的威胁、存在的薄弱环节、产生的潜在影响及其发生的可能性等因素进行综合分析确定，这也是信息安全管理的基础。

②信息安全的原则、目标和要求。应根据已有的信息安全方针、目标、标准、要求以及信息处理原则等来确定项目信息安全要求，保证支持企业经营的信息处理活动的安全。

③相关法律法规与合同的要求。有关信息安全方面的法律法规是对项目信息安全的强制性要求，项目组织应对现有的法律法规进行识别，将其中适用的规定转化为项目信息是安全要求。另一方面，还要考虑项目合同相关各方提出的具体信息安全要求，经确认后予以落实。

总之,市政工程与园林绿化工程项目信息安全建设是一项复杂的系统工程,规划、管理、技术等多种因素相结合使之成为一个可持续的动态发展的过程。项目信息安全问题的解决只能通过一系列的规划和措施,把风险降低到可被接受的程度,同时采取适当的机制使风险保持在此程度之内。

(2)项目信息安全管理的内容。

市政工程与园林绿化工程项目信息安全管理是信息安全的核心,它包括风险管理、安全策略和安全教育。

①风险管理。信息风险管理识别企业的资产,评估威胁这些资产的风险,评估假定这些风险成为现实时企业所承受的灾难和损失。通过降低风险(如:安装防护措施)、避免风险、转嫁风险(如:买保险)、接受风险(基于投人/产出比考虑)等多种风险管理方式得到的结果协助管理部门根据企业的业务目标和业务发展特点来制定企业安全策略。

②安全策略。安全策略从宏观的角度反映企业整体的安全思想及观念,作为制定具体策略规划的基础,为所有其他安全策略标明应该遵循的指导方针。具体的策略可以通过安全标准、安全方针、安全措施来实现。安全策略是基础,安全标准、安全方针、安全措施是安全框架,在安全框架中使用必要的安全组件、安全机制等提供全面的安全规划和安全架构。

③安全教育。信息安全意识和相关技能的教育是市政工程与园林绿化工程工程信息安全管理中重要的内容,其实施力度将直接关系到项目信息安全策略被理解的程序和被执行的效果。为了保证安全的成功和有效,项目管理部门应当对项目各级管理人员、用户、技术人员进行信息安全培训。所有的项目人员必须了解并严格执行企业信息安全策略。在市政工程与园林绿化工程项目信息安全教育具体实施过程中,应该有一定的层次性:

a. 主管信息安全工作的高级负责人或各级管理人员,重点是为了了解、掌握企业信息安全的整体策略及目标、信息安全体系的构成、安全管理部门的建立和管理制度的制定等。

b. 负责信息安全运行管理及维护的技术人员,重点是充分理解信息安全管理策略,掌握安全评估的基本方法,对安全操作及维护技术的合理运用等。

c. 用户,重点是学习各种安全操作流程,了解和掌握与其相关的安全策略,包括自身应承担的安全职责等。

(3)项目信息安全管理体系。

项目信息安全建设是一个全方位的工程,必须全面考虑。安全技术和产品均应与企业的IT业务实际情况相结合,才能够建设成为完整的信息安全系统。据权威机构统计表明,信息安全大约60%以上的问题是由于管理方面的原因造成的。因此企业解决信息安全问题不应仅从技术方面着手,同时更应加强信息安全管理工作,通过建立正规的信息安全管理体系以达到系统地解决信息安全问题。

信息安全是技术、服务及管理的统一,信息安全管理体系的建立必须同时关注这三方面。安全技术是整个信息系统安全保障体系的基础,由专业安全服务厂商提供的安全服务是信息系统安全的保障手段,信息系统内部的安全管理是安全技术有效发挥作用的关键。安全技术、安全服务及安全管理构成信息安全管理。安全技术偏重于静态的部署,安全服务和安全管理则分别从信息系统外部和内部两个方面动态的支持与维护。

安全技术是指为了保障信息的完整性、保密性、可用性及可控性而采用的技术手段、安全措施和安全产品。完整性、保密性、可用性及可控性是信息安全的重要特征,也是基本要求。

安全技术方面依据信息系统的分层次模型，考虑每个层次上的安全风险分析和安全需求分析，在每个层次上部署和实施相应的安全产品和安全措施。

信息系统安全问题的解决需要专业的安全技能和丰富的安全经验，否则不但无法真正解决问题，稍有不慎或误操作都可能影响系统的正常运行，造成更大的损失。安全技术的部署和实施由专业安全服务厂商提供的安全服务来实现，保证安全技术发挥应有的效果。通过专业、可靠、持续的安全服务来解决应用系统日常运行维护中的安全问题，是降低安全风险、提高信息系统安全水平的一个重要手段。

安全服务是由专业的安全服务机构对信息系统用户进行安全咨询、安全评估、安全方案设计、安全审计、定期维护、事件响应、安全培训等服务。安全服务根据用户的情况分级分类进行，不是所有的用户都需要所有的安全服务。安全服务机构根据用户信息的价值、可接受的成本及风险等综合情况为用户定制适当的安全服务。

除了外部的安全服务，信息系统内部的安全管理也是不可或缺的。安全管理不善，可能会遇到很多安全问题，如内部人员误操作、故意泄密和破坏，以及社会工程学攻击等。整个信息安全管理体系的建设过程都离不开信息系统内部的安全管理，安全管理贯穿安全技术和安全服务的整个过程，并对维持信息系统安全生命周期起到关键的作用。安全管理是制订安全管理方针、政策，建立安全管理制度，成立安全管理机构，进行日常安全维护和检查，监督安全措施的执行。安全管理的内容非常广泛，它包括安全技术各个层次的管理，也包括对安全服务的管理，还包括安全策略、安全机构、应用系统安全管理、人员安全管理、操作安全管理、技术文档安全管理、灾难恢复计划等。

因此安全技术、安全服务和安全管理三者之间有密切的关联，它们从整体上共同作用，保证信息系统长期处于一个较高的安全水平和稳定的安全状态。

总之，市政工程与园林绿化工程项目信息安全需要从各个方面综合考虑，全面防护，形成一个安全体系。只有三个方面都做到足够的高度，才能够保障企业信息系统能够全面的、长期的处于较高的安全水平。

2.7　项目风险管理

2.7.1　项目风险识别

风险识别是指风险管理人员在收集资料和调查研究后，运用各种方法对尚未发生的潜在风险以及客观存在的各种风险进行系统归类和全面识别。风险识别的主要内容包括：识别引起风险的主要因素，识别风险的性质，识别风险可能引起的后果。

1. 风险识别方法

(1)专家调查法。

专家调查法主要包括：头脑风暴法、德尔菲法和访谈法。

(2)财务报表法。

财务报表有助于确定一个特定企业或特定的项目可能遭受哪些损失以及在何种情况下遭受这些损失。通过分析资产负债表、现金流量表、损益表及有关补充资料，可识别企业当前的所有资产、负债、责任及人身损失风险。将这些报表与财务预测、预算结合起来，可发现企业或项目未来的风险。

(3)初始风险清单法。

如果对每一个项目风险的识别都从头做起,至少有以下三方面缺陷:

①耗费时间和精力多,风险识别工作的效率低。

②由于风险识别的主观性,可能导致风险识别的随意性,其结果缺乏规范性。

③风险识别成果资料不便积累,对今后的风险识别工作缺乏指导作用。

因此,为了避免以上缺陷,有必要建立初始风险清单。

初始风险清单法是指有关人员利用他们所掌握的丰富知识设计而成的初始风险清单表,尽量详细地列举项目所有的风险类别,按照系统化、规范化的要求去识别风险。建立项目的初始风险清单有两种途径:

①参照保险公司或风险管理机构公布的潜在损失一览表,再结合某项目所面临的潜在损失,对一览表中的损失予以具体化,从而建立特定工程的风险一览表。

②通过适当的风险分解方式来识别风险。

对于大型、复杂的项目,首先将其按单项工程、单位工程分解,再对各单项工程、单位工程分别从时间维、目标维和因素维进行分解,可以比较容易地识别出项目主要的、常见的风险。项目初始风险清单参见表2.11。

表2.11　项目初始风险清单

风险因素		典型风险事件
技术风险	设计	设计内容不全,设计缺陷、错误和遗漏,应用规范不恰当,未考虑地质条件,未考虑施工可能性等
	施工	施工工艺落后,施工技术和方案不合理,施工安全措施不恰当,应用新技术、新方案失败,未考虑场地情况等
	其他	工艺设计未达到先进性指标,工艺流程不合理,未考虑操作安全等
非技术风险	自然与环境	洪水、地震、火灾、台风、雷电等不可抗拒自然力,不明的水文气象条件,复杂的工程地质条件,恶劣的气候,施工对环境的影响等
	政治法律	法律、法规的变化,战争、骚乱、罢工、经济制裁或禁运等
	经济	通货膨胀或紧缩,汇率变化,市场动荡,社会各种摊派,资金不到位,资金短缺等
	组织协调	业主、项目管理咨询方、设计方、施工方、监管方内部的不协调以及他们之间的不协调等
	合同	合同条款遗漏,表达有误,合同类型选择不当,承发包模式选择不当,索赔管理不力,合同纠纷等
	人员	业主人员、项目管理咨询人员、设计人员、监理人员、施工人员的素质不高、业务能力不强等
	材料设备	原材料、半成品、产品或设备供货不足或拖延,数量误差或质量规格问题,特殊材料和新材料的使用问题,过度损耗和浪费,施工设备供应不足、类型不配套、故障、安装失误、选型不当等

初始风险清单只是为了便于人们较全面地认识风险的存在,而不至于遗漏重要的项目风险,但并不是风险识别的最终结论。在初始风险清单建立之后,还需结合特定项目的具体情

况进一步识别风险，从而对初始风险清单作一些必要的补充和修正。为此需要参照同类项目风险的经验数据，或者针对具体项目的特点进行风险调查。

(4)流程图法。

流程图是将项目实施的全过程，按其内在的逻辑关系制成流程图，针对流程图中的关键环节和薄弱环节进行调查和分析，找出风险存在的原因，从中发现潜在的风险威胁，分析风险发生之后可能造成的损失和对项目全过程造成的影响有多大。

运用流程图分析，项目管理人员可以明确地发现项目所面临的风险。但流程图分析仅着重于流程本身，而不能显示发生问题的损失值或损失发生的概率。

(5)风险调查法。

由工程项目的特殊性可知，两个不同的项目不可能有完全一致的项目风险。因此，在项目风险识别的过程中，花费人力、物力、财力进行风险调查是必不可少的，这既是一项非常重要的工作，也是项目风险识别的重要方法。风险调查应当从分析具体项目的特点入手，一方面对通过其他方法已识别出的风险(如初始风险清单所列出的风险)进行鉴别和确认；另一方面，通过风险调查有可能发现此前尚未识别出的重要的项目风险。一般风险调查可以从组织、技术、自然及环境、经济、合同等方面，分析拟建工程项目的特点及相应的潜在风险。

2. 风险识别成果

风险识别的成果是进行风险分析与评估的重要基础。风险识别的最主要成果是风险清单。风险清单是记录和控制风险管理过程的一种方法，在作出决策时具有不可替代的作用。风险清单最简单的作用是描述存在的风险并记录可能减轻风险的行为。风险清单格式参见表2.12。

表2.12　项目风险清单

风险清单		编号：	日期：
项目名称：		审核：	批准：
序号	风险因素	可能造成的后果	可能采取的措施
1			
2			
3			
…			

2.7.2　风险分析与评价方法

风险的分析与评价往往采用定性与定量相结合的方法来进行，这二者之间并不是相互排斥的，而是相互补充的。目前，常用的项目风险分析与评价的方法主要包括调查打分法、蒙特卡洛模拟法、计划评审技术法和敏感性分析法等。这里仅介绍调查打分法。调查打分法又称综合评估法或主观评分法，是指将识别出的项目可能遇到的所有风险列成项目风险表，将项目风险表提交给有关专家，利用专家的经验对可能的风险因素进行等级和重要性评估，确定出项目的主要风险因素。这是一种最常见、最简单且易于应用的风险评估方法。

1. 调查打分法的基本步骤

(1)针对风险识别的结果，确定每个风险因素的权重，以表示其对项目的影响程度。

(2)确定每个风险因素的等级值,等级值按照经常、很可能、偶然、极小、不可能分为五个等级。当然,等级数量的划分和赋值也可以根据实际情况进行调整。

(3)将每个风险因素的权重与相应的等级值相乘,求出该项风险因素的得分,其计算式为:

$$r_i = \sum_{j=1}^{m} w_{ij} S_{ij} \tag{2.22}$$

式中 r_i——风险因素 i 的得分;

w_{ij}——j 专家对 i 赋的权重;

S_{ij}——j 专家对风险因素 i 赋的等级值;

m——参与打分的专家数。

(4)将各个风险因素的得分逐项相加得出项目风险因素的总分,总分越高,风险越大。总分计算式为:

$$R = \sum_{i=1}^{n} r_i \tag{2.23}$$

式中 R——项目风险得分;

r_i——风险因素的得分;

n——风险因素的个数。

2.风险调查打分表

表2.13给出了工程项目风险调查打分表的一种格式。在表中风险发生的概率按照高、中、低三个档次来进行划分,考虑风险因素可能对造价、工期、质量、安全、环境五个方面的影响,分别按较轻、一般和严重来加以度量。

表2.13 风险调查打分表

序号	风险因素	可能性			影响程度														
		高	中	低	成本			工期			质量			安全			环境		
					较轻	一般	严重	较轻	一般	严重	较轻	一般	严重	较轻	一般	严重	较轻	一般	严重
1	地质条件失真																		
2	设计失误																		
3	设计变更																		
4	施工工艺落后																		
5	材料质量低劣																		
6	施工水平低下																		
7	工期紧迫																		
8	材料价格上涨																		
9	合同条款有误																		
10	成本预算粗略																		
11	管理人员短缺																		
…	…																		

2.7.3 项目风险控制

1. 项目风险应对策略

(1)风险回避。

风险回避是指在完成项目风险分析与评价后,若发现项目风险发生的概率很高,而且可能的损失也很大,又没有其他有效的对策来降低风险时,应采取放弃项目、放弃原有计划或改变目标等方法,使其不发生或不再发展,从而避免可能产生的潜在损失。一般当遇到下列情形时,应考虑风险回避的策略:

①风险事件发生概率很大且后果损失也很大的项目。

②发生损失的概率并不大,但当风险事件发生后产生的损失是灾难性的、无法弥补的。

(2)风险转移。

风险转移是进行风险管理的一个十分重要的手段,当一些风险无法回避、必须直接面对,而以自身的承受能力又无法有效地承担时,风险转移就是一种十分有效的选择。必须注意的是,风险转移是通过某种方式将一些风险的后果连同对风险应对的权力和责任转移给他人。转移的本身并不能消除风险,只是将风险管理的责任和可能从该风险管理中所能获得的利益移交给了他人,项目管理者不再直接地面对被转移的风险。

风险转移的方法有很多,主要包括:非保险转移和保险转移两大类。

①非保险转移。非保险转移又称为合同转移,因为这种风险转移通常是通过签订合同的方式将项目风险转移给非保险人的对方当事人。项目风险最为常见的非保险转移有以下三种情况。

a. 业主将合同责任和风险转移给对方当事人。业主管理风险必须要从合同管理入手,分析合同管理中的风险分担。在这种情况下,被转移者多数为承包商。例如在合同条款中规定,业主对场地条件不承担责任;又如,采用固定总价合同将涨价风险转移给承包商等。

b. 承包商进行项目分包。承包商中标承接某项目后,将该项目中专业技术要求很强而自己缺乏相应技术的项目内容分包给专业分包商,从而更好地保证项目质量。

c. 第三方担保。合同当事人的一方要求另一方为其履约行为提供第三方担保。担保方所承担的风险仅限于合同责任,即由于委托方不履行或不适当履行合同以及违约所产生的责任。第三方担保的主要有业主付款担保、承包商履约担保、预付款担保、分包商付款担保、工资支付担保等。与其他的风险应对策略相比,非保险转移的优点主要体现在:

Ⅰ. 可以转移某些不可保的潜在损失,如物价上涨、法规变化、设计变更等引起的投资增加。

Ⅱ. 被转移者往往能较好地进行损失控制,如承包商相对于业主能更好地把握施工技术风险,专业分包商相对于总包商能更好地完成专业性强的工程内容。

Ⅲ. 非保险转移的媒介是合同,这就可能因为双方当事人对合同条款的理解发生分歧而导致转移失效。

Ⅳ. 在某些情况下,可能因被转移者无力承担实际发生的重大损失而导致仍然由转移者来承担损失。例如在采用固定总价合同的条件下,如果承包商报价中所考虑涨价风险费很低,而实际的通货膨胀率很高,从而导致承包商亏损破产,最终只得由业主自己来承担涨价造成的损失。

②保险转移。保险转移一般直接称为工程保险。通过购买保险,业主或承包商作为投保人将本应由自己承担的项目风险(包括第三方责任)转移给保险公司,从而使自己免受风险

损失。保险之所以能够得到越来越广泛的运用,原因在于其符合风险分担的基本原则,即保险人较投保人更适宜承担项目有关的风险。对于投保人来说,某些风险的不确定性很大,但对于保险人来说,这种风险的发生则趋近于客观概率,不确定性降低,即风险降低。在决定采用保险转移这一风险应对策略后,需要考虑与保险有关的几个具体问题:

a. 保险的安排方式。

b. 选择保险类别和保险人,一般是通过多家比选后确定,也可委托保险经纪人或保险咨询公司代为选择。

c. 可能要进行保险合同谈判,这项工作最好委托保险经纪人或保险咨询公司完成,但免赔额的数额或比例要由投保人自己确定。

需要说明的是,保险并不能转移工程项目的所有风险,一方面是因为存在不可保风险,另一方面则是因为有些风险不宜保险。因此,对于工程项目风险,应将保险转移与风险回避,损失控制和风险自留结合起来运用。

(3)风险自留。

风险自留是指项目风险保留在风险管理主体内部,通过采取内部控制措施等来化解风险。

①风险自留的类型。风险自留可分为非计划性风险自留和计划性风险自留两种。

a. 非计划性风险自留。因为风险管理人员没有意识到项目某些风险的存在,或者不曾有意识地采取有效措施,以致风险发生后只好保留在风险管理主体内部。这样的风险自留就是非计划性的和被动的。导致非计划性风险自留的主要原因有缺乏风险意识、风险识别失误、风险分析与评价失误、风险决策延误、风险决策实施延误等。

b. 计划性风险自留。计划性风险自留是主动的、有意识的、有计划的选择,是风险管理人员在经过正确的风险识别及风险评价后制定的风险应对策略。风险自留绝不可能单独运用,而应与其他风险对策结合使用。在实行风险自留时,应确保重大和较大的项目风险已经进行了工程保险或实施了损失控制计划。

②风险控制措施。风险控制是一种主动、积极的风险对策。风险控制工作可分为预防损失和减少损失两个方面。预防损失措施的主要作用在于降低或消除(一般只能做到降低)损失发生的概率,而减少损失措施的作用在于降低损失的严重性或遏制损失的进一步发展,使损失最小化。通常来说,风险控制方案都应当是预防损失措施和减少损失措施的有机结合。当采用风险控制对策时,所制定的风险控制措施应当形成一个周密的、完整的损失控制计划系统。该计划系统通常应由预防计划、灾难计划和应急计划三部分组成。

a. 预防计划。预防计划的目的在于有针对性地预防损失的发生,其主要作用是降低损失发生概率,在许多情况下也能在一定程度上降低损失的严重性。在损失控制计划系统中,预防计划的内容最广泛、具体措施最多,包括组织措施、经济措施、合同措施、技术措施。

b. 灾难计划。灾难计划是一组事先编制好的、目的明确的工作程序和具体措施,为现场人员提供明确的行动指南,使其在灾难性的风险事件发生后,不至于惊慌失措,也不需要临时讨论研究应对措施,可以做到从容不迫、及时妥善地处理风险事故,进而减少人员伤亡以及财产和经济损失。灾难计划的内容应满足以下要求:

Ⅰ. 安全撤离现场人员。

Ⅱ. 援救及处理伤亡人员。

Ⅲ.控制事故的进一步发展,最大限度地减少资产和环境损害。

Ⅳ.保证受影响区域的安全尽快恢复正常。灾难计划在灾难性风险事件发生或即将发生时付诸实施。

c.应急计划。应急计划就是事先准备好几种替代计划方案,当遇到某种风险事件时,能够根据应急预案对项目原有计划的范围及内容作出及时的调整,使中断的项目能够尽快全面恢复,并减少进一步的损失,使其影响程度减至最小。应急计划不仅要制定所要采取的相应措施,并且要规定不同工作部门相应的职责。应急计划应包括的内容有:

Ⅰ.调整整个项目的实施进度计划、材料与设备的采购计划、供应计划。

Ⅱ.全面审查可使用的资金情况。

Ⅲ.准备保险索赔依据。

Ⅳ.确定保险索赔的额度。

Ⅴ.起草保险索赔报告。

Ⅵ.必要时需调整筹资计划等。

2.项目风险监控

(1)风险监控的主要内容。

风险监控是指跟踪已识别的风险和识别新的风险,确保风险计划的执行,并评估风险对策与措施的有效性。其目的是考察各种风险控制措施产生的实际效果、确定风险减少的程度、监视风险的变化情况,进而考虑是否需要调整风险管理计划以及是否启动相应的应急措施等。风险管理计划实施之后,风险控制措施必然会对风险的发展产生相应的效果,控制风险管理计划实施过程的主要内容包括:

①评估风险控制措施产生的效果。

②及时发现和度量新的风险因素。

③跟踪、评估风险的变化程度。

④控制潜在风险的发展、监测项目风险发生的征兆。

⑤提供启动风险应急计划的时机和依据。

(2)风险跟踪检查与报告。

①风险跟踪检查。跟踪风险控制措施的效果是风险控制的主要内容,在实际工作中,一般采用风险跟踪表格来记录跟踪的结果,然后定期地将跟踪的结果制成风险跟踪报告,使决策者及时掌握风险发展趋势的相关信息,以便及时作出反应。

②风险的重新估计。无论什么时候,只要在风险控制的过程中发现新的风险因素,就要对其进行重新的估计。除此之外,在风险管理的进程中,即使没有出现新的风险,也需要在项目的关键时段对风险进行重新估计。

③风险跟踪报告。风险跟踪的结果需要及时地进行报告,报告一般供高层次的决策者使用。因此,风险报告应及时、准确并简明扼要,向决策者传达有用的风险信息,报告内容的详细程度应按照决策者的需要而定。编制和提交风险跟踪报告是风险管理的一项日常工作,报告的格式和频率应视需要和成本而定。

3 项目成本核算与分析

3.1 市政工程项目成本核算与分析

3.1.1 市政工程项目成本计划

1.市政工程项目成本计划的组成

(1)直接成本计划。

直接成本计划的具体内容包括：

①编制说明。是指对工程的范围、投标竞争过程及合同条件、承包人对项目经理提出的责任成本目标、项目成本计划编制的指导思想和依据等的具体说明。

②项目成本计划的指标。项目成本计划的指标应经过科学地分析预测确定,可采用对比法、因素分析法等进行测定。

③按工程量清单列出的单位工程成本计划汇总表,见表3.1。

表3.1 单位工程成本计划汇总表

序号	清单项目编码	清单项目名称	合同价格	计划成本
1				
2				
…				

④按成本性质划分的单位工程成本汇总表,根据清单项目的造价分析,分别对人工费、材料费、措施费、机械费、企业管理费和税费进行汇总,形成单位工程成本计划表。

⑤项目成本计划应在项目实施方案确定和不断优化的前提下进行编制,因为不同的实施方案将导致直接工程费、措施费和企业管理费的差异。成本计划的编制是项目成本预控的重要手段。因此,应在工程开工之前编制完成,以便于将成本计划目标分解落实,为各项成本的执行提供明确的目标、控制手段和管理措施。

(2)间接成本计划。

间接成本计划主要反映施工现场管理费用的计划数、预算收入数及降低额。间接成本计划应当根据工程项目的核算期,以项目总收入费的管理费为基础,制订各部门费用的收支计划,汇总后作为工程项目的管理费用的计划。在间接成本的计划中,收入应与取费口径一致,支出应与会计核算中管理费用的二级科目一致。间接成本的计划的收支总额,应与项目成本计划中管理费一栏的数额相符。各部门应当按照节约开支、压缩费用的原则,制订“管理费用归口包干指标落实办法”,以保证该计划的实施。

2.市政工程项目成本计划的编制

(1)项目成本计划编制的依据。

市政工程项目成本计划的编制依据包括:

①承包合同。合同文件除了包括合同文本外,还包括招标文件、投标文件及设计文件等,合同中的工程内容、数量、质量、规格、工期和支付条款都将对工程的成本计划产生重要的影响,因此承包方在签订合同前应进行认真的研究与分析,在正确履约的前提下降低工程成本。

②项目管理实施规划。其中工程项目施工组织设计文件为核心的项目实施技术方案与管理方案,是在充分调查和研究现场条件及有关法规条件的基础上进行制订的,不同实施条件下的技术方案和管理方案,将导致工程成本的不同。

③可行性研究报告和相关设计文件。

④生产要素的价格信息。

⑤反映企业管理水平的消耗定额(企业施工定额)以及类似工程的成本资料等。

(2)项目成本计划编制的要求。

市政工程项目成本计划的编制应满足如下要求:

①由项目经理部负责编制,报组织管理层批准。

②自下而上分级编制并逐层汇总。

③反映各成本项目指标和降低成本指标。

(3)市政工程项目成本计划编制的程序。

编制成本计划的程序,因项目的规模大小、管理要求不同而不相同。大、中型项目通常采用分级编制的方式,即先由各部门提出部门成本计划,再由项目经理部汇总编制全项目工程的成本计划;小型项目通常采用集中编制的方式,即由项目经理部先编制各部门成本计划,再汇总编制全项目的成本计划。编制程序如图3.1所示。

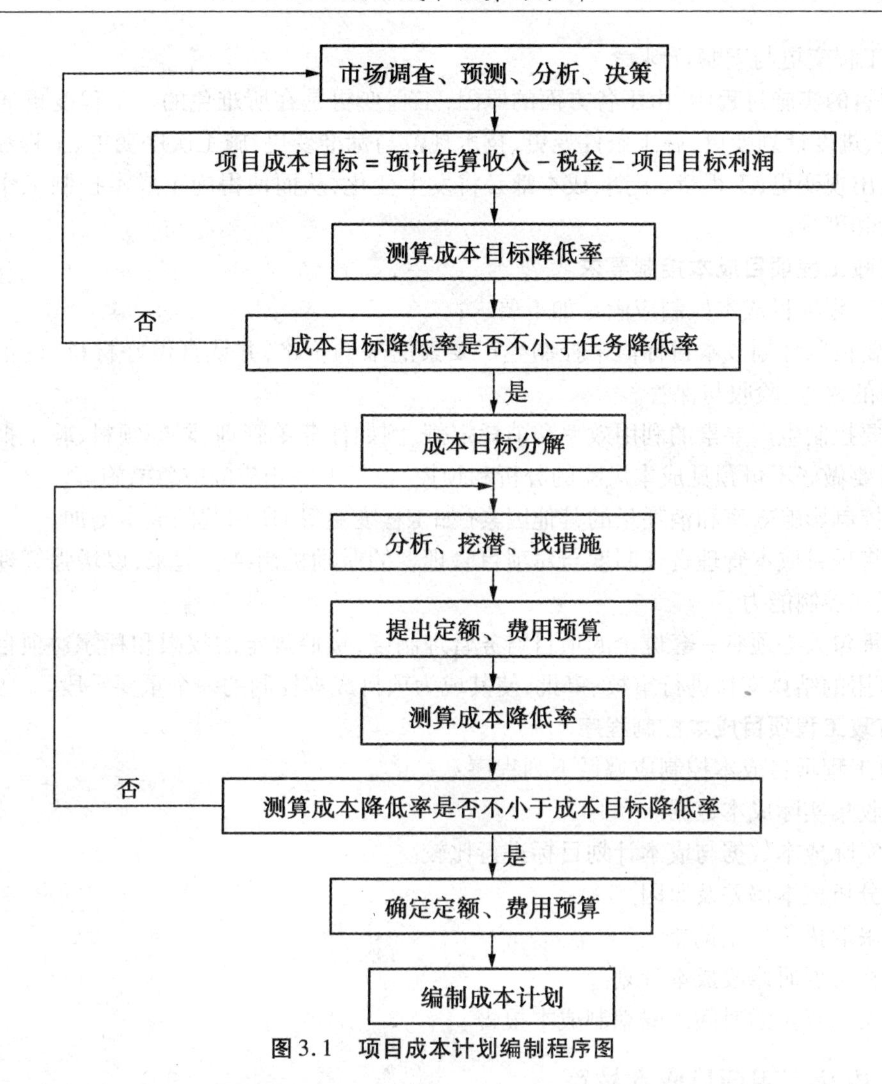

图3.1　项目成本计划编制程序图

3.1.2　市政工程项目成本控制

1. 市政工程项目成本控制的依据

(1)项目承包合同文件。

项目成本控制要以市政工程承包合同为依据,围绕降低市政工程成本这个目标,从预算收入和实际成本两方面,努力挖掘增收节支潜力,以求获得最大的经济效益。

(2)项目成本计划。

项目成本计划是根据市政工程项目的具体情况制定的施工成本控制方案,既包括预定的具体成本控制目标,又包括实现控制目标的措施和规划,是项目成本控制的指导文件。

(3)进度报告。

进度报告提供了每一时刻工程实际完成量,市政工程施工成本实际支付情况等重要信息。施工成本控制工作正是通过实际情况与施工成本计划相比较,找出两者之间的差别,分析偏差产生的原因,从而采取措施改进以后的工作。此外,进度报告还有助于管理者及时发现工程实施中存在的隐患,并在事态还未造成重大损失之前采取有效措施,尽可能避免损失。

(4)工程变更与索赔资料。

在项目的实施过程中,由于各方面的原因,工程变更是在所难免的。工程变更通常包括设计变更、进度计划变更、施工条件变更、技术规范与标准变更、施工次序变更、工程数量变更等。一旦出现变更,工程量、工期、成本都必将发生变化,从而使得施工成本控制工作变得更加的复杂和困难。

2. 市政工程项目成本控制要求

市政工程项目成本控制应满足如下要求:

(1)要按照计划成本目标值来控制生产要素的采购价格,并认真做好材料、设备进场数量和质量的检查、验收与保管。

(2)要控制生产要素的利用效率和消耗定额,例如任务单管理、限额领料、验工报告审核等。同时要做好不可预见成本风险的分析和预控,包括编制相应的应急措施等。

(3)控制影响效率和消耗量的其他因素(如工程变更等)所引起的成本增加。

(4)将项目成本管理责任制度与对项目管理者的激励机制结合起来,以增强管理人员的成本意识和控制能力。

(5)承包人必须有一套健全的项目财务管理制度,按照规定的权限和程序对项目资金的使用和费用的结算支付进行审核、审批,使其成为项目成本控制的一个重要手段。

3. 市政工程项目成本控制程序

市政工程项目成本控制应遵循下列程序:

(1)收集实际成本数据。

(2)实际成本数据与成本计划目标进行比较。

(3)分析成本偏差及原因。

(4)采取措施纠正偏差。

(5)在必要时修改成本计划。

(6)按照规定的时间间隔编制成本报告。

3.1.3 市政工程项目成本核算

1. 市政工程项目成本核算的原则

(1)确认原则。

在项目成本管理中对各项经济业务中发生的成本,都必须按照一定的标准和范围加以认定和记录。只要是为了经营目的所发生的或预期要发生的,并要求得以补偿的一切支出,都应作为成本来加以确认。正确的成本确认往往与一定的成本核算对象、范围和时期相联系,并必须按照一定的确认标准来进行。这种确认标准具有相对的稳定性,主要侧重定量,但也会随着经济条件和管理要求的发展而变化。在成本核算过程中,一般要进行再确认,甚至是多次确认。如确认是否属于成本,是否属于特定核算对象的成本(如临时设施先算搭建成本,使用后算摊销费)以及是否属于核算当期成本等。

(2)相关性原则。

成本核算要为项目成本管理目标服务,成本核算不只是简单的计算问题,同时要与管理融于一体,算为管用。因此在具体成本核算方法、程度和标准的选择上,在成本核算对象和范围的确定上,应与施工生产经营特点和成本管理要求特性结合,并与项目一定时期的成本管理水平相适应。正确核算出符合项目管理目标的成本数据和指标,真正使项目成本核算成为领导的参谋和助手。无管理目标,成本核算是盲目和无益的,无决策作用的成本信息是没有价值的。

(3)及时性原则。

及时性原则是指项目成本的核算、结转和成本信息的提供应当在所要求的时期内完成。要指出的是,成本核算及时性原则,并不是越快越好,而是要求成本核算和成本信息的提供,以确保真实为前提,在规定的时期内核算完成,在成本信息尚未失去时效的情况下适时提供,确保不影响项目其他环节核算工作的顺利进行。

(4)重要性原则。

重要性原则是指对于成本有重大影响的业务内容,应作为核算的重点,力求精确,而对于那些不太重要的琐碎的经济业务内容,可相对从简处理,不要事无巨细,均作详细核算。坚持重要性原则能够使成本核算在全面的基础上保证重点,有助于加强对经济活动和经营决策有重大影响和有重要意义的关键性问题的核算,达到事半功倍,简化核算,节约人力、物力,财力、提高工作效率的目的。

(5)分期核算原则。

施工生产是连续不断的,项目为了取得一定时期的项目成本,就必须将施工生产活动划分若干时期,并分期计算各期项目成本。成本核算的分期应与会计核算的分期相一致,以便财务成果的确定。但要指出,成本的分期核算,与项目成本计算期不能混为一谈。不论生产情况如何,成本核算工作,包括费用的归集和分配等都必须按月进行。至于已完项目成本的结算,可以是定期的,按月结转;也可以是不定期的,等到工程竣工之后一次结转。

(6)明晰性原则。

明晰性原则是指项目成本记录必须直观、清晰、简明、可控、便于理解和利用,使项目经理和项目管理人员了解成本信息的内涵,弄懂成本信息的内容,以便信息利用,有效地控制本项目的成本费用。

(7)权责发生制原则。

凡是当期已经实现的收入和已经发生或应当负担的费用,无论款项是否收付,均应作为当期的收入或费用处理;凡是不属于当期的收入和费用,即使款项已经在当期收付,均不应作为当期的收入和费用。权责发生制原则主要从时间选择上确定成本会计确认的基础,其核心是根据权责关系的实际发生和影响期间来确认企业的支出和收益。

(8)一贯性原则。

项目成本核算所采用的方法一经确定,不得随意变动。只有这样,才能够使企业各期成本核算资料口径统一、前后连贯、相互可比。成本核算办法的一贯性原则体现在各个方面,如耗用材料的计价方法,折旧的计提方法,施工间接费的分配方法,未施工的计价方法等。坚持一贯性原则,并不是一成不变,如确实有必要变更,要有充分的理由对原成本核算方法进行改变的必要性作出解释,并说明这种改变对成本信息的影响。若随意变动成本核算方法,并不加以说明,则有对成本、利润指标、盈亏状况弄虚作假的嫌疑。

(9)谨慎原则。

谨慎原则是指在市场经济条件下,在成本、会计核算当中应对项目可能发生的损失和费用,作出合理预计,以增强抵御风险的能力。

(10)配比原则。

配比原则是指营业收入与其对应的成本、费用应当相互配合。为了取得本期收入而发生的成本和费用,应与本期实现的收入在同一时期内确认入账,不得脱节,也不得提前或延后。便于正确计算和考核项目经营成果。

(11)实际成本核算原则。

要采用实际成本计价。采用定额成本或者计划成本方法的,应合理计算成本差异,月终编制会计报表时,调整为实际成本。即必须根据计算期内实际产量(已完工程量)以及实际消耗和实际价格计算实际成本。

(12)划分收益性支出与资本性支出原则。

划分收益性支出与资本性支出是指成本、会计核算应当严格区分收益性支出与资本性支出界限,以正确地计算当期损益。所谓收益性支出是指该项目支出发生是为了取得本期收益,即仅仅与本期收益的取得有关,例如支付工资、水电费支出等。所谓资本性支出是指不仅为取得本期收益而发生的支出,同时该项支出的发生有助于以后会计期间的支出,如构建固定资产支出。

2. 市政工程项目成本核算的程序

市政工程项目成本核算的通常程序为:

(1)确定成本核算对象。

(2)确定成本项目。

(3)确定成本计算期。

(4)根据成本对象和项目开设成本明细账。

(5)汇总各成本对象单独受益的直接费用。

(6)按照一定方法和标准分配两个以上成本对象共同受益的直接费用。

(7)归集、分配辅助生产费用。

(8)归集、分配间接费用。

(9)确定产品成本。

(10)结转完工产品成本。

3. 市政工程项目成本核算的对象

市政工程项目成本核算通常以每一独立编制施工图预算的单位工程为对象,但也可按照承包工程项目的规模、工期、结构类型、施工组织和施工现场等情况,结合成本控制的要求,灵活划分成本核算对象。通常包括以下几种划分核算对象的方法。

(1)一个单位工程由几个施工单位共同施工时,各施工单位都应以同一单位工程为成本核算对象,各自核算自行完成的部分。

(2)规模大、工期长的单位工程,可将工程划分为如果干部位,以分部位的工程作为成本核算对象。

(3)同一建设项目,由同一施工单位施工,并在同一施工地点,属于同一建设项目的各个单位工程合并作为一个成本核算对象。

(4)改建、扩建的零星工程,可根据实际情况和管理需要,以一个单项工程为成本核算对象,或将同一施工地点的若干个工程量较少的单项工程合并作为一个成本核算对象。

4. 市政工程项目成本核算的过程

市政工程成本的核算程序,实际上也是各成本项目的归集和分配的过程。成本的归集是指通过一定的会计制度,以有序的方式进行成本数据的搜集和汇总;而成本的分配是指将归集的间接成本分配给成本对象的过程,也称间接成本的分摊或分派。因此对于不同性质的成本项目,分配的方法也不尽相同。

通常来说,根据市政工程费用产生的原因,工程直接费在计算工程造价时可按照定额和单位估价表直接列入,但是在项目多的单位工程施工情况下,实际发生时却有相当部分费用也需要通过分配方法计入。间接成本通常按照一定标准分配计入成本核算对象——单位工程。实行项目管理进行项目成本核算的单位,发生间接成本可以直接计入项目,但需分配计入单位工程。

(1)人工费的归集和分配。

①内包人工费。指两层分开后企业所属的劳务分公司(内部劳务市场自有劳务)与项目经理签订的劳务合同结算的全部工程价款。适用于类似外包工式的合同定额结算支付办法,按月结算计入项目单位工程成本。当月结算,隔月不予结算。

②外包人工费。按照项目经理部与劳务基地(内部劳务市场外来劳务)或直接与外单位施工队伍签订的包清工合同,以当月验收完成的工程实物量,计算出定额工日数,然后乘以合同人工单价确定人工费。并按月凭项目经济员提供的"包清工工程款月度成本汇总表"(分外包单位和单位工程)预提计入项目单位工程成本。当月结算,隔月不予结算。

(2)材料费的归集和分配。

①工程耗用的材料,根据限额领料单、退料单、报损报耗单、大堆材料耗用计算单等,由项目料具员按照单位工程编制"材料耗用汇总表",据以计入项目成本。

②钢材、水泥、木材高进高出价差核算。

a. 标内代办。指"三材"差价列入工程预算账单内作为造价组成部分。一般由项目经理部委托材料分公司代办,由材料分公司向项目经理部收取价差费。由项目成本员按照价差发生额,一次或分次提供给项目负责统计的经济员报出产值,以便及时回收资金。月度结算成本时,为谨慎起见可不作降低,而作持平处理,使预算与实际同步。单位工程竣工结算,按照实际消耗量调整实际成本。

b. 标外代办。指由建设单位直接委托材料分公司代办三材,其发生的"三材"差价,由材料分公司与建设单位按照代办合同口径结算。项目经理部不发生差价,亦不列入工程预算账单内,不作为造价组成部分,可作类似于交料平价处理。项目经理部只核算实际耗用,超过设计预算用量的那部分量差及应负担市场高进高出的差价,并计入相应的项目单位工程成本。

③通常价差核算。

a. 提高项目材料核算的透明度,简化核算,做到明码标价。通常可按照一定时间内部材料市场挂牌价作为材料记账,材料、财务账相符的"计划价",两者对比产生的差异,计入项目单位工程成本,即所谓的实际消耗量调整后的实际价格。如市场价格发生较大变化,可适时调整材料记账的"计划价",以便缩小材料成本差异。

b. 钢材、水泥、木材、玻璃、沥青按照实际价格核算,高于预算取费的差价,高进高出,谁用谁负担。

c. 装饰材料按照实际采购价作为计划价核算,计入该项目成本。

d. 项目对外自行采购或按照定额承包供应材料，如砖、瓦、砂、石、小五金等，应按照实际采购价或按照议定供应价格结算，由此产生的材料、成本差异节超，相应增减项目成本。同时重视转嫁压价让利风险，获取材料采购经营利益，使供应商让利受益于项目。

（3）周转材料的归集和分配。

①周转材料实行内部租赁制，以租费的形式反映其消耗情况，按照“谁租用谁负担”的原则，核算其项目成本。

②按照周转材料租赁办法和租赁合同，由出租方与项目经理部按月结算租赁费。租赁费按照租用的数量、时间和内部租赁单价计算计入项目成本。

③周转材料在调入移出时，项目经理部都必须加强计量验收制度，如有短缺、损坏，一律按照原价赔偿，计入项目成本（缺损数＝进场数－退场数）。

④租用周转材料的进退场运费，按照其实际发生数，由调入项目负担。

⑤对U形卡、脚手扣件等零件除执行项目租赁制外，考虑到其比较容易散失的因素，故按照规定实行定额预提摊耗，摊耗数计入项目成本，相应减少次月租赁基数及租赁费。单位工程竣工，必须进行盘点，盘点后的实物数与前期逐月按照控制订额摊耗后的数量差，按照实调整清算计入成本。

⑥实行租赁制的周转材料，通常不再分配负担周转材料差价。退场后发生的修复整理费用，应由出租单位做出租成本核算，不再向项目另行收费。

（4）结构件的归集和分配。

①项目结构件的使用，必须要有领发手续，并根据这些手续，按照单位工程使用对象编制“结构件耗用月报表”。

②项目结构件的单价，以项目经理部与外加工单位签订的合同为准，计算耗用金额进入成本。

③根据实际施工形象进度、已完施工产值的统计、各类实际成本报耗三者在月度时点上的三同步原则（配比原则的引申与应用），结构件耗用的品种及数量应与施工产值相对应。结构件数量金额账的结存数，应与项目成本员的账面余额相符。

④结构件的高进高出价差核算同材料费的高进高出价差核算一致。结构件内三材数量、单价、金额均按照报价书核定，或按照竣工结算单的数量按实结算。报价内的节约或超支由项目自负盈亏。

⑤如发生结构件的通常价差，可计入当月项目成本。

⑥部位分项分包，如铝合金门窗、卷帘门、轻钢龙骨石膏板、平顶、屋面防水等，按照企业一般采用的类似结构件管理和核算方法，项目经济员必须做好月度已完工程部分验收记录，正确计报部位分项分包产值，并书面通知项目成本员及时、正确、足额计入成本。预算成本的折算、归类可与实际成本的出账保持同口径。分包合同价可包括制作费和安装费等有关费用，工程竣工按照部位分包合同结算书，据以按实调整成本。

⑦在结构件外加工和部位分包施工过程中，项目经理部通过自身努力获取的经营利益或转嫁压价让利风险所产生的利益，均应受益于工程项目。

（5）机械使用费的归集和分配。

①机械设备实行内部租赁制，以租赁费形式反映其消耗情况，按照“谁租用谁负担”的原则，核算其项目成本。

②按照机械设备租赁办法和租赁合同,由企业内部机械设备租赁市场与项目经理部按月结算租赁费。租赁费根据机械使用台班,停置台班和内部租赁单价计算,计入项目成本。

③机械进出场费,按照规定由承租项目负担。

④项目经理部租赁的各类大、中、小型机械,其租赁费全额计入项目机械费成本。

⑤根据内部机械设备租赁市场运行规则要求,结算原始凭证由项目指定专人签证开班和停班数,据以结算费用。现场机、电、修等操作工奖金由项目考核支付,计入项目机械费成本并分配到有关单位工程。

⑥向外单位租赁机械,按照当月租赁费用全额计入项目机械费成本。

上述机械租赁费结算,尤其是大型机械租赁费及进出场费应与产值对应,防止只有收入无成本的不正常现象,或反之,形成收入与支出不配比状况。

(6)施工措施费的归集和分配。

①施工过程中的材料二次搬运费,按照项目经理部向劳务分公司汽车队托运汽车包天或包月租费结算,或以运输公司的汽车运费计算。

②临时设施摊销费按照项目经理部搭建的临时设施总价(包括活动房)除项目合同工期求出每月应摊销额,临时设施使用一个月摊销一个月,摊完为止,项目竣工搭拆差额(盈亏)按照实调整实际成本。

③生产工具用具使用费。大型机动工具、用具等可以套用类似内部机械租赁办法以租费形式计入成本,也可按照购置费用一次摊销法计入项目成本,并作好在用工具实物借用记录,以便反复利用。生产工具用具的修理费按照实际发生数计入成本。

④除上述以外的措施费内容,均应按照实际发生的有效结算凭证计入项目成本。

(7)施工间接费的归集和分配。

①要求以项目经理部为单位编制工资单和奖金单列人工作人员薪金。项目经理部工资总额每月必须正确核算,以此计入职工福利费、工会经费、教育经费、劳保统筹费等。

②劳务分公司所提供的炊事人员代办食堂承包、服务,警卫人员提供区域岗点承包服务以及其他代办服务费用计入施工间接费。

③内部银行的存贷款利息,计入"内部利息"(新增明细子目)。

④施工间接费,先在项目"施工间接费"总账归集,再按照一定的分配标准计入受益成本核算对象(单位工程)"工程施工—间接成本"。

(8)分包工程成本的归集和分配。

项目经理部将所管辖的个别单位工程双包或以其他分包形式发包给外单位承包,其核算要求如下:

①包清工工程,如前所述纳入人工费——外包人工费内核算。

②部位分项分包工程,如前所述纳入结构件费内核算。

③双包工程,是指将整幢建筑物以包工包料的形式分包给外单位施工的工程。可根据承包合同取费情况和发包(双包)合同支付情况,即上下合同差,测定目标盈利率。在月度结算时,以双包工程已完工程价款作收入,应付双包单位工程款作支出,适当负担施工间接费预结降低额。为稳妥起见,拟控制在目标盈利率的50%以内,也可月结成本时作收支持平,在竣工结算时,再据实调整实际成本,反映利润。

④机械作业分包工程,是指利用分包单位专业化施工优势,将打桩、吊装、大型土方、深基

础等工程项目分包给专业单位施工的形式。对机械作业分包产值统计的范围是,只统计分包费用,而不包括物耗价值。即打桩只计打桩费而不计桩材费,吊装只计吊装费而不包括构件费。机械作业分包实际成本与此对应,包括分包结账单内除工期奖之外的全部工程费用,总体反映其全貌成本。

同双包工程一样,总分包企业合同差,包括总包单位管理费,分包单位让利收益等在月结成本时,可先预结一部分,或在月结时作收支持平处理,到竣工结算时,再作为项目效益反映。

⑤上述双包工程和机械作业分包工程由于收入和支出比较容易辨认(计算),因此项目经理部也可以对这两项分包工程,采用竣工点交办法,即月度不结盈亏。

⑥项目经理部应增设“分建成本”成本项目,核算反映双包工程,机械作业分包工程的成本状况。

⑦各类分包形式(特别是双包),对分包单位领用、租用、借用本企业物资、工具、设备、人工等费用,必须根据项目经管人员开具的、且经分包单位指定专人签字认可的专用结算单据,如“分包单位领用物资结算单”或“分包单位租用工、用具设备结算单”等结算依据入账,抵作已付分包工程款。同时注意对分包资金的控制,分包付款、供料控制,主要应依据合同及用料计划实施制约,单据应及时流转结算,账上支付额(包括抵作额)不得突破合同。要注意阶段控制,防止资金失控,引起成本亏损。

5. 市政工程项目成本核算的方法

(1)项目成本会计核算法。

会计核算法是指建立在会计核算基础上,利用会计核算所独有的借贷记账法和收支全面核算的综合特点,按照项目成本内容和收支范围,组织项目成本核算的方法。

会计核算法主要是以传统的会计方法为主要手段,组织进行核算。有核算严密、逻辑性强、人为调节的可能因素较小、核算范围较大的特点。会计核算法之所以严密,是因为它建立在借贷记账法基础上的。收和支、进和出,均有另一方做备抵。如购进的材料进入成本少,那这该进而未进成本的部分,就会一直挂在项目库存的账上。会计核算不仅核算项目施工直接成本,而且还要核算项目的施工生产过程中出现的债权债务、项目为施工生产而自购的料具、机具摊销、向业主的结算,责任成本的计算和形成过程、收款、分包完成及分包付款等。不足的一面是对专业人员的专业水平要求较高,要求成本会计的专业水平和职业经验较丰富。

在使用会计法核算项目成本时,项目成本直接在项目上进行核算称为直接核算,不直接在项目上进行核算的称为间接核算,介于直接核算与间接核算之间的是列账核算。

①项目成本的直接核算。项目除及时上报规定的工程成本核算资料外,还要直接进行项目施工的成本核算,编制会计报表,落实项目成本的盈亏。项目不仅是基层财务核算单位,而且是项目成本核算的主要承担者。还有一种是不进行完整的会计核算,通过内部列账单的形式,利用项目成本的台账,进行项目成本列账核算。

直接核算是将核算放在项目上,以便项目及时了解项目各项成本情况,也可以减少一些扯皮。不足的一面是每个项目都要配有专业水平和工作能力较高的会计核算人员。目前一些单位还不具备直接核算的条件。此种核算方式,通常适用于大型项目。

②项目成本的间接核算。项目经理部不设置专职的会计核算部门,由项目有关人员按期、按规定的程序和质量向财务部门提供成本核算资料,委托企业在本项目成本责任范围内进行项目成本核算,落实当期项目成本盈亏。企业在外地设立分公司的,通常由分公司组织

会计核算。

间接核算是将核算放在企业的财务部门，项目经理部不配专职的会计核算部门，由项目有关人员按期与相应部门共同确定当期的项目成本收入。项目按照规定的时间、程序和质量向财务部门提供成本核算资料，委托企业的财务部门在项目成本收支范围内，进行项目成本支出的核算，落实当期项目成本的盈亏。这样可以使会计专业人员相对集中，一个成本会计可以完成两个或两个以上的项目成本核算。不足之处，一是项目了解成本情况不方便，项目对核算结论信任度不高；二是由于核算不在项目上进行，项目开展管理岗位成本责任核算，就会失去人力支持和平台支持。

③项目成本列账核算。项目成本列账核算是介于直接核算和间接核算之间的一种方法。项目经理部组织相对直接的核算，正规的核算资料留在企业的财务部门。项目每发生一笔业务，其正规资料由财务部门审核存档后，与项目成本员办理确认和签认手续。项目凭此列账通知作为核算凭证和项目成本收支的依据，对项目成本范围的各项收支，登记台账会计核算，编制项目成本及相关的报表。企业财务部门按期确认资料，对其审核。这里的列账通知单，一式两联，一联给项目据以核算，另一联留财务审核之用。项目所编制的报表，企业财务不汇总，只作为考核之用，通常式样见表3.2。内部列账单，项目主要使用台账进行核算和分析。

表3.2　列账通知单

项目名称　　　　　　　　年　　月　　日　　　　　　(单位:元)

借/贷	摘要			百	十	万	千	百	十	元	角	分
	____级科目	____级科目	岗位职责									
注:	第一联;列账单位使用											
	第二联:接受单位使用											

列账核算法的正规资料在企业财务部门，方便档案保管，项目凭相关资料进行核算，也有利于项目开展项目成本核算和项目岗位成本责任考核。但企业和项目要核算两次，相互之间往返较多，比较烦琐。因此它适用于较大工程。

(2)项目成本表格核算法。

表格核算法是建立在内部各项成本核算基础上、各要素部门和核算单位定期采集信息，填制相应的表格，并通过一系列的表格，形成项目成本核算体系，作为支撑项目成本核算平台的方法。

表格核算法需要依靠众多部门和单位支持，专业性要求不高。一系列表格，由有关部门和相关要素提供单位，按照有关规定填写、完成数据比较、考核和简单的核算。它的优点是比较简洁明了，直观易懂，易于操作，实时性较好。缺点，一是覆盖范围较窄，如核算债权债务等比较困难，二是较难实现科学、严密的审核制度，有可能造成数据失实，精度较差。

表格核算法通常有以下几个过程：

①确定项目责任成本总额。首先根据确定“项目成本责任总额”分析项目成本收入的构

成。

②项目编制内控成本和落实岗位成本责任。在控制项目成本开支的基础上;在落实岗位成本考核指标的基础上,制订"项目内控成本"。

③项目责任成本和岗位收入调整。岗位收入变更表:因在工程施工过程中的收入调整和签证而引起的工程报价变化或项目成本收入的变化,而且后者更为重要。

④确定当期责任成本收入。在已确认的工程收入的基础上,按月确定本项目的成本收入。这项工作通常由项目统计员或合约预算人员与公司合约部门或统计部门,依据项目成本责任合同中有关项目成本收入确认方法和标准,进行计算。

⑤确定当月的分包成本支出。项目依据当月分部分项的完成情况,结合分包合同和分包商提出的当月完成产值,确定当月的项目分包成本支出,编制"分包成本支出预估表",这项工作通常是:由施工员提出,预算合约人员初审,项目经理确认,公司合约部门批准的程序。

⑥材料消耗的核算。以经审核的项目报表为准,由项目材料员和成本核算员计算后,确认其主要材料消耗值和其他材料的消耗值。在分清岗位成本责任的基础上,编制材料耗用汇总表。由材料员依据各施工员开具的领料单,而汇总计算的材料费支出,经项目经理确认之后,报公司物资部门批准。

⑦周转材料租用支出的核算。以施工员提供的或财务转入项目的租费确认单为基础,由项目材料员汇总计算,在分清岗位成本责任的前提下,经公司财务部门审核后,落实周转材料租用成本支出,项目经理批准后,编制其费用预估成本支出。若是租用外单位的周转材料,还要经过公司有关部门审批。

⑧水、电费支出的核算。以机械管理员或财务转入项目的租费确认单为基础,由项目成本核算员汇总计算,在分清岗位成本责任的前提下,经公司财务部门审核之后,落实周转材料租用成本支出,项目经理批准后,编制其费用成本支出。

⑨项目外租机械设备的核算。所谓项目外租机械设备,是指项目从公司或公司从外部租入用于项目的机械设备,从项目讲,不管此机械设备是公司的产权还是公司从外部临时租入用于项目施工的,对于项目而言都是从外部获得,周转材料也是这个性质,真正属于项目拥有的机械设备,一般只有部分小型机械设备或部分大型工器具。

⑩项目自有机械设备、大小型工器具摊销、CI 费用分摊、临时设施摊销等费用开支的核算。由项目成本核算员按照公司规定的摊销年限,在分清岗位成本责任的基础上,计算按期进入成本的金额。经公司财务部门审核并经项目经理批准后,按月计算成本支出金额。

⑪现场实际发生的措施费开支的核算。由项目成本核算员按照公司规定的核算类别,在分清岗位成本责任的基础上,按照当期实际发生的金额,计算进入成本的相关明细。经公司财务部门审核并经项目经理批准后,按月计算成本支出金额。

⑫项目成本收支核算。按照已确认的当月项目成本收入和各项成本支出,由项目会计编制,经项目经理同意,公司财务部门审核之后,及时编制项目成本收支计算表,完成当月的项目成本收支确认。

⑬项目成本总收支的核算。首先由项目预算合约人员与公司相关部门,根据项目成本责任总额和工程施工过程中的设计变更,以及工程签证等变化因素,落实项目成本总收入。由项目成本核算员与公司财务部门,根据每月的项目成本收支确认表中所反映的支出与耗费,经有关部门确认和依据相关条件调整之后,汇总计算并落实项目成本总支出。在以上基础上

由成本核算员落实项目成本总的收入、总的支出和项目成本降低水平。

3.1.4　市政工程项目成本分析

项目成本分析，就是根据统计核算、业务核算和会计核算提供的资料，对项目成本的形成过程及影响成本升降的因素进行分析，以寻求进一步降低成本的途径（包括：项目成本中的有利偏差的挖潜和不利偏差的纠正）；另一方面，通过成本分析，可从账簿、报表反映的成本现象看清成本的实质，从而增强项目成本的透明度和可控性，为加强成本控制，实现项目成本目标创造条件。由此可见，项目成本分析，也是降低成本、提高项目经济效益的重要手段之一。

影响市政项目成本变动的因素包括两个方面，一是外部的属于市场经济的因素，二是内部的属于经营管理的因素。这两方面因素在一定的条件下，又是相互制约和相互促进的。影响项目成本变动的市场经济因素主要包括施工企业的规模和技术装备水平、施工企业专业化和协作的水平以及企业员工的技术水平和操作的熟练程度等几个方面，这些因素不是在短期内所能改变的。因此作为项目经理，应该了解这些因素，但应将项目成本分析的重点放在影响项目成本升降的内部因素上。影响项目成本升降的内部因素包括人工费用水平的标准，材料、能源利用的效果，机械设备的利用效果，施工质量水平的高低及组织管理施工的管理因素等。

1. 项目成本分析的原则

（1）实事求是的原则。

在成本分析过程中，必然会涉及一些人和事，因此要注意人为因素的干扰。成本分析一定要有充分的事实依据，对事物进行实事求是的评价。

（2）用数据说话的原则。

成本分析要充分利用统计核算和有关台账的数据进行定量分析，尽可能避免抽象的定性分析。

（3）注重时效的原则。

项目成本分析贯穿于项目成本管理的整个过程。这就要求要及时进行成本分析，及时发现问题，及时予以纠正，否则，就有可能贻误解决问题的最好时机，造成成本失控、效益流失。

（4）为生产经营服务的原则。

成本分析不仅要揭露其矛盾，而且要分析产生矛盾的原因，提出积极有效的解决矛盾的合理化建议。这样的成本分析，必然会深得人心，从而受到项目经理部有关部门和人员的积极支持与配合，使项目的成本分析更健康地开展下去。

2. 项目成本分析的主要内容

项目成本分析的内容就是对项目成本变动因素的分析。影响项目成本变动的因素包括两个方面：一是外部的属于市场经济的因素；二是内部的属于企业经营管理的因素。这两方面的因素在一定条件下，又是相互制约和相互促进的。影响项目成本变动的市场经济因素主要包括施工企业的规模及技术装备水平，施工企业专业化和协作的水平以及企业员工的技术水平和操作的熟练程度等几个方面，这些因素不是在短期内所能改变的。因此，应将项目成本分析的重点放在影响项目成本升降的内部因素上。通常来说，建设工程项目成本分析的内容主要包括以下几个方面：

(1)人工费用水平的合理性。

在实行管理层和作业层两层分离的情况下,项目施工需要的人工和人工费,由项目经理部与施工队签订劳务承包合同,明确承包范围、承包金额和双方的权利、义务。对项目经理部来说,除了按照合同规定支付劳务费以外,还可能发生一些其他人工费支出,这些费用支出主要有:

①因实物工程量增减而调整的人工和人工费。

②定额人工以外的估点工工资(已按定额人工的一定比例由施工队包干,并已列入承包合同的,不再另行支付)。

③对在进度、质量、节约、文明施工等方面作出贡献的班组和个人进行奖励的费用。

项目经理部应当分析上述人工费的合理性。人工费用合理性是指人工费既不过高,也不过低。若人工费过高,就会增加工程项目的成本,而人工费过低,工人的积极性不高,工程项目的质量就有可能得不到保证。

(2)材料、能源利用效果。

在其他条件不变的情况下,材料、能源消耗定额的高低,直接影响材料、燃料成本的升降。材料、燃料价格的变动,也直接影响着产品成本的升降。可见,材料、能源利用的效果及其价格水平是影响产品成本升降的重要因素。

(3)机械设备的利用效果。

施工企业的机械设备有自有和租用两种。在机械设备的租用过程中,存在着两种情况:一是按照产量进行承包,并按照完成产量计算费用的,如土方工程,项目经理部只要按照实际挖掘的土方工程量结算挖土费用,而不必过问挖土机械的完好程度和利用程度;另一种是按照使用时间(台班)计算机械费用的。如塔吊、搅拌机、砂浆机等,若机械完好率差或在使用中调度不当,必然会影响机械的利用率,从而延长使用时间,增加使用费用。自有机械也要提高机械完好率和利用率,因为自有机械停用,仍要负担固定费用。因此,项目经理部应该给予一定的重视。

(4)施工质量水平的高低。

对于施工企业,提高工程项目质量水平就可以降低施工中的故障成本,减少未达到质量标准而发生的一切损失费用,但这也意味着为保证和提高项目质量而支出的费用就会增加。可见施工质量水平的高低也是影响项目成本的主要因素之一。

(5)其他影响项目成本变动的因素。

其他影响项目成本变动的因素,包括除了上述四项以外的措施费用以及为施工准备、组织施工和管理所需要的费用。

2.项目成本分析的方法

(1)比较法。

比较法又称为“指标对比分析法”,即通过技术经济指标的对比,检查目标的完成情况,分析产生差异的原因,进而挖掘内部潜力的方法。这种方法,具有通俗易懂、简单易行、便于掌握的特点,因而得到了广泛的应用,但在应用时必须注意各技术经济指标的可比性。

比较法的应用,一般有下列形式:

①将实际指标与目标指标对比。以此检查目标完成情况,分析影响目标完成的积极因素和消极因素,以便及时采取措施,保证成本目标的实现;在进行实际指标与目标指标对比时,

还应注意目标本身有无问题。若目标本身出现问题,则应调整目标,重新正确评价实际工作的成绩。

②本期实际指标与上期实际指标对比。通过这种对比,可看出各项技术经济指标的变动情况,反映施工管理水平的提高程度。

③与本行业平均水平、先进水平对比。通过这种对比,可反映本项目的技术管理和经济管理与行业的平均水平和先进水平的差距,进而采取措施赶超先进水平。

(2)因素分析法。

因素分析法可用来分析各种因素对成本的影响程度。在分析时,首先要假定众多因素中的一个因素发生了变化,而其他因素则不变,然后逐个替换,分别比较其狡算结果,以确定各个因素的变化对成本的影响程度。

因素分析法的计算步骤如下:

①确定分析对象,并计算出实际数与目标数的差异。

②确定该指标是由哪几个因素组成的,并按照其相互关系进行排序。

③以目标数为基础,将各因素的目标数相乘,作为分析替代的基数。

④将各个因素的实际数按照上面的排列顺序进行替换计算,并将替换后的实际数保留。

⑤将每次替换计算所得的结果,与前一次的计算结果相比较,两者的差异即为该因素对成本的影响程度。

⑥各个因素的影响程度之和,应与分析对象的总差异相等。

因素分析法是将项目施工成本综合指标分解为各个项目联系的原始因素,以确定引起指标变动的各个因素的影响程度的一种成本费用分析方法,它可以衡量各项因素影响程度的大小,便于查明原因,明确主要问题所在,提出改进措施,达到降低成本的目的。

在运用因素分析法分析各项因素影响程度大小时,常采用连环代替法。采用连环代替法分析因素分析的基本过程包括:

①以各个因素的计划数为基础,计算出一个总数。

②逐项以各个因素的实际数替换计划数。

③每次替换之后,实际数就保留下来,直到所有计划数都被替换成实际数为止。

④每次替换之后,都应求出新的计算结果。

⑤最后将每次替换所得结果,与其相邻的前一个计算结果比较,其差额即为替换的那个因素对总差异的影响程度。

(3)差额计算法。

差额计算法是因素分析法的一种简化形式,其利用各个因素的目标与实际的差额来计算其对成本的影响程度。

(4)比率法。

比率法是指用两个以上的指标的比例进行分析的方法。其基本特点为:先将对比分析的数值变成相对数,再观察其相互之间的关系。

(5)"两算对比"法。

"两算对比",是指施工预算和施工图预算对比。施工图预算确定的是工程预算成本,施工预算确定的是工程计划成本,它们是从不同角度计算的两本经济账。"两算"的核心是工程量对比。尽管"两算"采用的定额不同、工序不同,工程量有一定区别,但二者的主要工程量应当是一致的。若“两算”的工程量不一致,必然有一份出现了问题,应当认真检查并解决问题。

【例3.1】 某项目本年节约“三材”的目标为120万元,实际节约40万元;上年节约95万元;本企业先进水平节约为120万元。根据上述资料编制分析表。

解 项目成本分析表见表3.3。

表3.3 项目成本分析表

(单位:万元)

指标	本年计划数	上年实际数	企业先进水平	本年实际数	差异数		
					与计划比	与上年比	与先进比
“三材”节约额	120	95	120	140	20	55	20

【例3.2】 某条市政道路浇筑商品混凝土,目标成本为249 600元,比目标成本增加69 576元。根据表3.4的资料,用因素分析法分析成本增加的原因。

表3.4 商品混凝土目标成本与实际成本对比表

项目	计划	实际	差额
产量/m^3	400	485	+85
单价/元	600	650	+50
损耗率/%	3	2.3	-0.7
成本/元	249 600	322 500.75	+72 900.75

解 (1)分析对象是浇筑商品混凝土的成本,实际成本与目标成本的差额为72 900.75元。

(2)该指标是由产量、单价、损耗率三因素组成的。

(3)以目标数249 600 = 400 × 600 × 1.03为分析替代的基础。

(4)替代:

第一次替代:(产量因素)以485替代400,得485 × 600 × 1.03 = 299 730元。

第二次替代:(单价因素)以650替代600,并保留上次替换后的值,得321 360元。

即:485 × 650 × 1.03 = 324 707.5元

第三次替代:(损耗率因素)以1.023替代1.03,并保留上两次替换后的值,得322 500.75元。

(5)计算差额:

第一次替代与目标数的差额 = 299 730 - 249 600 = 50 130元。

第二次替代与第一次替代的差额 = 324 707.5 - 299 730 = 24 977.5元。

第三次替代与第二次替代的差额 = 322 500.75 - 324 707.5 = -2 206.75元。

产量增加使成本增加了50 130元,单价提高使成本增加了24 977.5元,而损耗率下降使成本减少了2 206.75元。

(6)各因素的影响程度之和 = 50 130 + 24 977.5 - 2 206.75 = 72 900.75元。与实际成本

和目标成本的总差额相等。

为了使用方便,企业也可以通过运用因素分析表来求出各因素的变动对实际成本的影响程度,其具体形式见表3.5。

表3.5 商品混凝土成本变动因素分析

(单位:元)

顺序	连环替换计算	差异	因素分析
计划数	400×600×1.03=249 600		
第一次替代	485×600×1.03=299 730	50 130	
第二次替代	485×650×1.03=324 707.5	24 977.5	由于产量增加80 m^3,成本增加50 130元
第三次替代	485×650×1.023=322 500.75	-2 206.75	由于单价提高50元,成本增加24 977.5元
合计	50 130+24 977.5-2 206.75=72 900.75	72 900.75	由于损耗率下降1.7%,成本减少2 206.75元

3.1.5 市政工程项目成本考核

1.市政工程项目成本考核的目的

市政工程项目成本考核的目的,在于贯彻落实责权利相结合的原则,促进成本管理工作的健康发展,更好地完成工程项目的成本目标。在市政工程工程项目的成本管理中,项目经理和所属部门、施工队直到生产班组,均有明确的成本管理责任,而且有定量的责任成本目标。通过定期和不定期的成本考核,既可对他们加强督促,又可调动他们对成本管理的积极性。

2.市政工程项目成本考核的要求

市政工程项目成本考核是项目落实成本控制目标的关键。是将市政工程项目施工成本总计划支出,在结合项目施工方案、施工手段和施工工艺、讲究技术进步和成本控制的基础上提出的,针对项目不同的管理岗位人员,而作出的成本耗费目标要求。具体要求如下:

(1)组织应建立和健全项目成本考核制度,对考核的对象、目的、时间、范围、方式、依据、指标、组织领导、评价与奖惩原则等作出规定。

(2)组织应以项目成本降低额和项目成本降低率作为成本考核主要指标。项目经理部应设置成本降低额和成本降低率等考核指标。在发现偏离目标时,应及时采取改进措施。

(3)组织应对项目经理部的成本和效益进行全面审核、审计、评价、考核和奖惩。

3.市政工程项目成本考核的原则

(1)按照项目经理部人员分工,进行成本内容确定。

每个项目因有大有小,管理人员投入量也有不同,项目大的,管理人员就多一些,当项目有几个栋号施工时,还可能设立相应的栋号长,分别对每个单体工程或几个单体工程进行协调管理。工程体量小时,项目管理人员就相应减少,一个人可能兼几份工作,因此成本考核,以人和岗位为主,没有岗位就计算不出管理目标,同样没有人,就会失去考核的责任主体。

(2)简单易行、便于操作。

项目的施工生产,每时每刻都在发生变化,考核项目的成本,必须让项目相关管理人员明白,因为管理人员的专业特点,对一些相关概念不可能很清楚,所以我们确定的考核内容,必须简单明了,要让考核者一看就能明白。

(3)及时性原则。

岗位成本是项目成本要考核的实时成本,若以传统的会计核算对项目成本进行考核,就偏离了考核的目的。所以时效性是项目成本考核的生命。

4. 市政工程项目成本考核的内容

市政工程项目成本考核,可以分为两个层次:一是企业对项目经理的考核;二是项目经理对所属部门、各作业队和班组的考核。通过层层考核,督促项目经理、责任部门和责任者更好地完成自己的责任成本,从而形成实现项目成本目标的层层保证体系。

(1)企业对项目经理考核的内容。

①项目成本目标和阶段成本目标的完成情况。

②成本计划的编制和落实情况。

③建立以项目经理为核心的成本管理责任制的落实情况。

④对各部门、各作业队和班组责任成本的检查和考核情况。

⑤在成本管理中贯彻责权利相结合原则的执行情况。

(2)项目经理对所属各部门、各作业队和班组考核的内容

①对各部门的考核内容包括:

a. 本部门、本岗位责任成本的完成情况。

b. 本部门、本岗位成本管理责任的执行情况。

②对各作业队的考核内容包括:

a. 劳务合同以外的补充收费情况。

b. 对劳务合同规定的承包范围和承包内容的执行情况。

c. 对班组施工任务单的管理情况,以及班组完成施工任务后的考核情况。

③对生产班组的考核内容(平时由作业队考核)。

以分部分项工程成本作为班组的责任成本。以施工任务单和限额领料单的结算资料做为依据,与施工预算进行对比,考核班组责任成本的完成情况。

5. 市政工程项目成本考核的方法

(1)项目成本考核采取评分制。

市政工程项目成本考核是市政工程项目根据责任成本完成情况和成本管理工作业绩确定权重后,按照考核的内容评分。

具体方法为:先按照考核内容评分,然后按照7与3的比例加权平均,即责任成本完成情况的评分为7,成本管理工作业绩的评分为3。这是一个假设的比例,工程项目可以根据自己的具体情况进行调整。

(2)项目的成本考核要与相关指标的完成情况相结合。

市政工程项目成本的考核评分要考虑相关指标的完成情况,予以嘉奖或扣罚。与成本考核相结合的相关指标,通常有进度、质量、安全和现场标准化管理。

(3)强调项目成本的中间考核。

市政工程项目成本的中间考核,通常有月度成本考核和阶段成本考核。成本的中间考核,能更好地带动今后成本的管理工作,保证项目成本目标的实现。

①月度成本考核:通常是在月度成本报表编制以后,根据月度成本报表的内容进行考核。在进行月度成本考核的时候,不能单凭报表数据,还要结合成本分析资料和施工生产、成本管

理的实际情况,然后才能作出正确的评价,带动今后的成本管理工作,保证项目成本目标的实现。

②阶段成本考核。项目的施工阶段,通常可分为基础、结构、装饰、总体四个阶段。若是高层建筑,可对结构阶段的成本进行分层考核。

阶段成本考核能对施工告一段落后的成本进行考核,可与施工阶段其他指标(如进度、质量等)的考核结合得更好,也更能反映工程项目的管理水平。

(4)正确考核项目的竣工成本。

项目的竣工成本,是在市政工程工程竣工和市政工程工程款结算的基础上编制的,它是竣工成本考核的依据,也是项目成本管理水平和项目经济效益的最终反映,也是考核承包经营情况、实施奖罚的依据。必须做到核算无误,考核正确。

(5)项目成本的奖罚。

市政工程工程项目的成本考核,可分为月度考核、阶段考核和竣工考核三种。为贯彻责权利相结合原则,应在项目成本考核的基础上,确定成本奖罚标准,并通过经济合同的形式明确规定,及时兑现。

由于月度成本考核和阶段成本考核均是假设性的,因而实施奖罚应留有余地,待项目竣工成本考核后再进行调整。

项目成本奖罚的标准,应当通过经济合同的形式明确规定。经济合同规定的奖罚标准具有法律效力,任何人都无权中途变更,或者拒不执行。此外通过经济合同明确奖罚标准以后,职工群众就有了“奋斗目标”,因而也会在实现项目成本目标中发挥更积极的作用。

在确定项目成本奖罚标准时,必须从本项目的客观情况出发,既要考虑职工的利益,又要考虑项目成本的承受能力。在通常情况下,造价低的项目,奖金水平要定得低一些;造价高的项目,奖金水平可以适当提高。具体的奖罚标准,应该经过认真测算再行确定。

此外企业领导和项目经理还可对完成项目成本目标有突出贡献的部门、作业队、班组和个人进行随机奖励。这是项目成本奖励的另一种形式,显然不属于上述成本奖罚的范围,但往往能起到较好的效果。

3.2　园林绿化工程项目成本核算与分析

3.2.1　园林绿化工程成本预测

1. 园林绿化工程成本预测的概念及作用

成本预测,就是依据成本的历史资料和有关信息,在认真分析当前各种技术经济条件、外界环境变化及可能采取的管理措施的基础上,对未来的成本与费用及其发展趋势所作的定量描述和逻辑推断。

园林绿化施工成本预测是通过成本信息和施工的具体情况,对未来的成本水平及其发展趋势作出科学的估计。其实质就是园林工程在施工以前对成本进行核算。通过园林绿化施工成本预测,项目经理部在满足业主和企业要求的前提下,确定园林施工降低成本的目标,克服盲目性,提高预见性,为园林施工降低成本提供决策与计划的依据。

(1)投标决策的依据。

建筑施工企业在选择投标项目过程中,一般需要根据项目是否盈利、利润大小等诸因素确定是否对园林工程投标。这样在投标决策时就要估计园林绿化施工成本的情况,通过与施工图概预算的比较才能分析出项目是否盈利、利润大小等。

(2)编制成本计划的基础。

计划是管理的第一步,因此编制可靠的计划具有十分重要的意义。但要编制出正确可靠的成本计划,必须遵循客观经济规律,从实际出发,对成本作出科学的预测。这样才能够保证成本计划不脱离实际,切实起到控制成本的作用。

(3)成本管理的重要环节。

成本预测是在分析各种经济、技术要素对成本升降影响的基础上,推算其成本水平变化的趋势及其规律性,预测实际成本。它是预测和分析的有机结合,是事后反馈与事前控制的结合。成本预测有利于及时发现问题,找出成本管理中的薄弱环节,从而采取措施、控制成本。

2.园林绿化工程成本预测的过程

(1)制定预测计划。

制定预测计划是预测工作顺利进行的保证。预测计划的内容主要包括:组织领导及工作布置、配合的部门、时间进度、搜集材料范围等。

(2)搜集和整理预测资料。

根据预测计划,搜集预测资料是进行预测的重要条件。预测资料通常有纵向和横向两方面的数据。纵向资料是企业成本费用的历史数据,据此分析其发展趋势;横向资料是指同类园林施工项目、同类施工企业的成本资料,据此分析所预测项目与同类项目的差异,并作出估计。

(3)选择预测方法。

成本的预测方法可分为定性预测法和定量预测法。

①定性预测法。它是根据经验和专业知识进行判断的一种预测方法。常用的定性预测法包括:管理人员判断法、专业人员意见法、专家意见法及市场调查法几种形式。

②定量预测法。它是利用历史成本费用资料以及成本与影响因素之间的数量关系,通过一定的数学模型推测、计算未来成本的可能结果。

(4)成本初步预测。

成本初步预测即根据定性预测的方法及一些横向成本资料的定量预测,对成本进行初步估计。这一步的结果一般比较粗糙,需要结合现在的成本水平进行修正才能保证预测结果的质量。

(5)影响成本水平的因素预测。

影响成本水平因素主要包括:物价变化、劳动生产率、物料消耗指标、项目管理费开支、企业管理层次等。建设单位可根据近期内工程实施情况、本企业及分包企业情况、市场行情等,推测未来哪些因素会对成本费用水平产生影响,其结果如何。

(6)成本预测。

成本预测即根据成本初步预测以及对成本水平变化因素预测结果确定成本情况。

(7)分析预测误差。

成本预测一般与实施过程中及其后的实际成本有出入而产生预测误差。预测误差大小反映预测的准确程度。若误差较大,应分析产生误差的原因,并积累经验。

科学、准确的预测必须遵循合理的预测程序。园林绿化施工成本预测过程如图3.2所示。

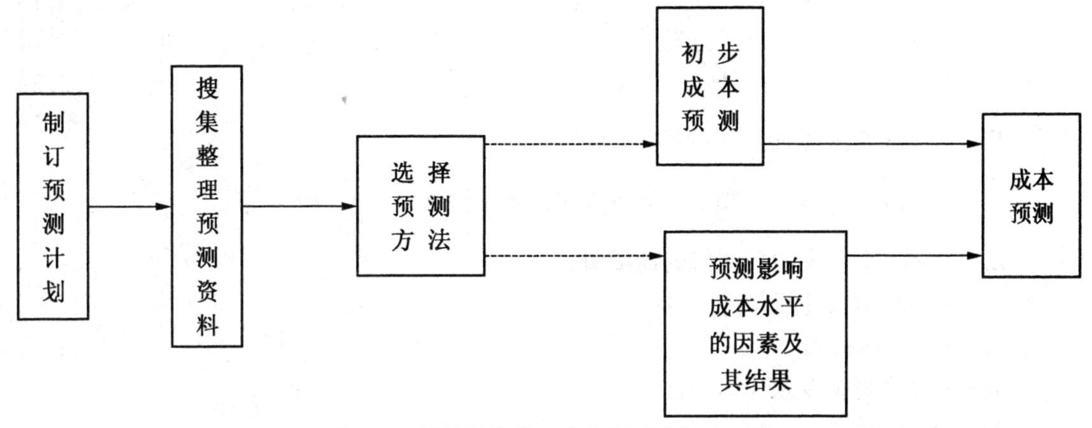

图3.2　园林绿化施工成本预测过程示意图

3.园林绿化工程成本预测的方法

(1)定性预测方法。

园林绿化施工成本的定性预测指成本管理人员根据专业知识和实践经验,通过调查研究,利用已有资料,对成本的发展趋势及可能达到的水平所做的分析和推断。

定性预测方法主要有:经验判断法(包括经验评判法、专家会议法和函询调查法)、主观概率法、调查访问法等。

①经验判断法。

a.经验评判法。经验评判法是通过分析过去类似园林工程的有关数据,结合现有的园林工程项目技术资料,经综合分析而预测其成本。

b.专家会议法。专家会议法是目前国内普遍采用的一种定性预测方法,其优点是简便易行、信息量大、考虑的因素比较全面、参加会议的专家可以相互启发。这种方式的不足之处在于:参加会议的人数总是有限的,所以代表性不够充分;会上容易受权威人士或大多数人的意见的影响,而忽视少数人的正确意见,即所谓的"从众现象"——个人由于真实的或臆想的群体心理压力,在认知或行动上不由自主地趋向于与多数人一致的现象。

使用该方法预测值经常出现较大的差异,在这种情况下通常可采用预测值的平均数。

c.函询调查法。函询调查法也称为德尔菲法。该法是采用函询调查的方式,向有关专家提出所要预测的问题,请他们在互不商量的情况下,背对背地各自作出书面答复,然后将收集的意见进行综合、整理和归类,并匿名反馈给各个专家,再次征求其意见,如此经过多次反复之后,就能对所需预测的问题取得较为一致的意见,从而得出预测结果。为了能体现各种预测结果的权威程度,可针对不同专家预测结果分别给予重要性权数,再将他们对各种情况的评估作加权平均计算,从而得到期望平均值,作出较为可靠的判断。这种方法的优点:能够最大限度地利用各个专家的能力,相互不受影响,意见易于集中且真实;缺点:受专家的业务水平、工作经验和成本信息的限制,有一定的局限性。这是一种广泛应用的专家预测方法。

②主观概率预测法。主观概率是与专家会议法和专家调查法相结合的方法,即允许专家

在预测时可提出几个估计值,并评定各值出现的可能性(概率),然后计算各个专家预测值的期望值,最后对所有专家预测期望值求平均值即为预测结果。

计算公式如下,即:

$$E_i = \sum_{j=1}^{m} F_{ij}P_{ij} \qquad i=1,2,\cdots,n;j=1,2,\cdots,m \tag{3.1}$$

$$E = \sum_{i=1}^{m} E_i/n \tag{3.2}$$

式中　F_{ij}——第 i 个专家所作出的第 j 个估计值;

P_{ij}——第 i 个专家对其第 j 个估计值评定的主观概率, $\sum_{j=1}^{m} P_{ij}=1$;

E_i——第 i 个专家的预测值的期望值;

E——预测结果,即所有专家预测期望值的平均值;

n——专家数;

m——允许每个专家作出的估计值的个数。

(2)定量预测方法。

定量预测也称统计预测,是根据已掌握的比较完备的历史统计数据,运用一定的数学方法进行科学地加工整理,借以揭示有关变量之间的规律性联系,用于推测未来发展变化情况的预测方法。

定量预测基本上可分为两类:一类是时间序列预测法。它是以一个指标本身的历史数据的变化趋势去寻找市场的演变规律,作为预测的依据,即把未来作为过去历史的延伸。另一类是回归预测法。它是从一个指标与其他指标的历史和现实变化的相互关系中探索它们之间的规律性联系,作为预测未来的依据。)定量预测的具体方法主要包括:简单平均法、回归分析法、指数平滑法、高低点法、量本利分析法和因素分解法等。

①简单平均法。

a. 算术平均法:该法简单易行,如预测对象变化不大且无明显的上升或下降趋势时应用较为合理,不过它只能应用于近期预测。

b. 加权平均法:当一组统计资料中每一个数据的重要性不完全相同时,求平均数的最理想方法是将每个数的重要性用权数进行表示。

c. 几何平均法:将一组观测值相乘再开 n 次方,所得 n 次方根称为几何平均数。几何平均数通常小于算术平均数,而且数据越分散几何平均数越小。

d. 移动平均法:它是在算术平均法的基础上发展起来,以近期资料为依据,并考虑事物发展趋势的方法,包括简单移动平均法和加权移动平均法两种。

②一元线性回归预测法。前面的预测方法仅限于一个变量或一种经济现象,我们所遇到的实际问题则一般涉及几个变量或几种经济现象,并且要探索它们之间的相互关系,例如成本与价格及劳动生产率等都存在着数量上的一定相互关系。对客观存在的现象之间相互依存关系进行分析研究,测定两个或两个以上变量之间的关系,寻求其发展变化的规律性,从而进行推算和预测,称之为回归分析。在进行回归分析时,不论变量的个数多少,必须选择其中的一个变量为因变量,而把其他变量作为自变量,然后根据已知的历史统计数据资料研究测定因变量和自变量之间的关系。

在回归预测中,所选定的因变量是指需要求得预测值的那个变量,即预测对象,自变量则是影响预测对象变化的、与因变量有密切关系的那个或那些变量。回归分析有一元回归分析、多元线性回归和非线性回归等。

③指数平滑法。指数平滑法,又称指数修正法,是一种简便易行的时间序列预测方法。它是在移动平均法基础上发展起来的一种预测方法,是移动平均法的改进形式。使用移动平均法有两个明显的缺点:

a.需要有大量的历史观察值的储备;

b.要用时间序列中近期观察值的加权方法来解决。

由于最近的观察中包含着最多的未来情况的信息,因此必须相对比前期观察值赋予更大的权数,即对最近的观察值应给予最大的权数,而对较远的观察值就给予递减的权数。指数平滑法就是既能够满足这样一种加权法,又不需要大量历史观察值的一种新的移动平均预测法。指数平滑法又分为一次指数平滑法、二次指数平滑法和三次指数平滑法。

④高低点法。高低点法是成本预测的一种常用方法,它是以统计资料中完成业务量(产量或产值)最高和最低两个时期的成本数据,通过计算总成本中的固定成本、变动成本和变动成本率来预测成本的。

⑤量本利分析法。量本利分析,全称是产量成本利润分析,用于研究价格、单位变动成本和固定成本总额等因素之间的关系。这是一项简单而适用的管理技术,用于施工项目成本管理中,可以分析项目的合同价格、工程量、单位成本及总成本相互关系,为工程决策阶段提供依据。

⑥因素分解法。因为进行项目施工成本管理活动的前提是工程项目已经确定,在这个阶段,施工图纸已经设计完毕,采用工程量做基数,利用企业施工定额或参照国家定额进行成本预测的条件已经成熟,所以采用因素分解法(即消耗量×单价)确定项目施工责任成本就比较合适。

3.2.2　园林绿化工程成本计划

1.园林绿化工程成本计划的特征

(1)园林绿化施工成本计划是积极主动的。

成本计划不再仅仅是被动地按照已确定的技术设计、工期、实施方案和施工环境来预算园林工程的成本,更应该包括进行技术经济分析,从总体上考虑项目工期、成本、质量和实施方案之间的相互影响和平衡,以寻求最优的解决途径。

(2)园林绿化施工成本计划是全过程的管理。

项目不仅在计划阶段进行周密的成本计划,而且要在实施过程中将成本计划和成本控制合为一体,不断根据新情况,如园林工程设计的变更、施工环境的变化等,随时调整和修改计划,预测园林施工结束时的成本状况以及项目的经济效益,形成一个动态控制过程。

(3)采用全寿命周期理论进行园林绿化施工成本计划。

成本计划不仅针对建设成本,还要考虑运营成本的高低。在一般情况下,对园林施工的功能要求高、建筑标准高,则园林施工过程中的工程成本增加,但今后使用期内的运营费用会降低;反之,若园林工程成本低,则运营费用会提高。这就在确定成本计划时产生了争执,于是一般通过对项目全寿命期作总经济性比较和费用优化来确定项目的成本计划。

(4)成本计划的目标不仅是园林建设成本的最小化,同时必须与项目盈利的最大化相统一。

盈利的最大化经常是从整个项目的角度分析的。如经过对项目的工期和成本的优化选择一个最佳的工期,以降低成本,但是,若通过加班加点适当压缩工期,使得项目提前竣工投产,根据合同获得的奖金高于工程成本的增加额,这时成本的最小化与盈利的最大化并不一致,但从项目的整体经济效益出发,提前完工是值得的。

2. 园林绿化工程成本计划的组成与编制

园林绿化工程成本计划的组成与编制与市政工程成本计划的组成与编制基本相同,读者可参考本章3.1.1节的相关内容,此处不再赘述。

3. 园林绿化施工月度成本计划的编制

(1)园林施工月度成本计划编制依据。

①园林施工责任成本指标和目标成本指标。

②劳务分包合同、机具租赁合同及材料采购、加工订货合同等。

③施工进度计划及计划完成工程量。

④施工组织设计或施工方案。

⑤成本降低计划及成本降低措施。

(2)园林施工月度成本计划的分解与确定。

①园林施工月度成本计划的分解。在具体的成本管理过程中,因为各单位的岗位设置有所不同,园林绿化施工成本计划的分解也可能有所不同,但无论怎样,均应遵守以下原则:

a. 指标明确,责任到人。人员的职责分工要明确,指标要明确,目的是为了便于核算和管理。

b. 量价分离,费用为标。在成本过程中是通过节约量、降低价来达到控制成本费用目的的,因此分解时要根据人员分工,凡能够量价分离的,要进行分离,成本费用作为一项综合指标来控制。

园林施工月度成本计划分解见表3.6。

表3.6　园林施工月度成本计划分解

按构成要素编制	按岗位责任分解	
人工费	预算员、施工员	对人工费中的定额工日或工程量负责
	项目经理、预算员	对定额单价及总价负责
材料费(不包括周转工具费)	项目经理、预算员	对定额单价及总价负责
	主管材料员	对采购价和材料费总价负责
周转工具费	设专职或兼职管理人员负责周转工具的管理并对周转工具租赁费负责	
机械费	机械管理员	对大型机械的使用时间、数量负责
	其他人员	工长对大型机械的使用时间、数量负责,材料运输人员对汽车台班数量负责
项目管理成本	项目经理	对管理人员工资、办公费、交通费、业务费负责
	成本会计、劳资员	对临建费、代清、代扫费负责、协助项目经理进行控制
安全设施费	项目经理	对方案进行审定,确定应该投入的安全费
	安全员	对安全设施费负责
分包工程费用(包工包料)	工长	对分包工程量负责
	预算员	对分包工程费用负责

②园林施工月度成本支出的确定。

a. 人工费计划支出的确定。人工费的计划支出，根据计划完成的工程量，按照施工图预算定额计算定额用工量，然后根据分包合同的规定计算人工费。

b. 材料费计划支出的确定。根据计划完成的工程量计算出预算材料费（不包括周转材料费），然后乘以相应的计划降低率，降低率可根据经验预估，通常为 5% ~7%。

c. 周转工具支出计划的确定。周转工具应按月初现场实际使用和月中计划进货量或退货量乘以租赁单价确定，即：

$$周转工具支出 = 本月平均租量 \times 天数 \times 日租赁单价 \tag{3.3}$$

d. 机械费支出计划的确定。中型、大型机械根据现场实际拥有数量和进出场数量乘以租赁单价确定。小型机械则根据预算和计划购置的数量或预计修理费综合考虑后确定。

e. 安全措施费用支出的确定。根据当月施工部位的防护方案和措施确定。

f. 其他费用的确定。根据承包合同和计划支出综合考虑后确定。

③园林施工月度成本收入的确定。

a. 工程量分摊法。

$$月度项目施工成本收入 = \frac{项目施工责任成本总额}{报价收入或调整后的报价} \times 本月计划完成工作量 \tag{3.4}$$

该方法的优点：成本收入的多少随工程量完成的多少而变动，可以比较合理地反映收入，使用于人工费、机械费、材料费。其缺点：在基础、结构阶段工程量较大，可能盈余较多，而在装饰阶段，则由于工程量较小，造成成本收入较低，容易出现亏损，尤其是机械费较容易出现波动较大的情况。

因此，如果采用此方法确定月成本收入，则应按照下列公式预留部分机械费放在装修阶段，以调节成本的盈亏平衡。通常预留 10% ~15% 补贴在装修阶段。

$$结构阶段机械费成本收入 = 机械费总收入 \times \frac{本月计划完成工程量}{总工程量} \times (0.85 \sim 0.9) \tag{3.5}$$

中小型机械按当月完成工程量预算收入计提。

b. 时间分摊法。对周转工具、机械费都可采用此方法。此方法的优点是简单明了，缺点是如果出现工程延期，则延期时间内没有收入只有支出，成本盈亏相差较大。采用此方法的前提是工期要有可靠的保证。

方法是根据排好的工期，按照分部园林工程分阶段分别确定配置的机械（主要指大型机械费），然后按时间分别确定每月的成本收入，而不是简单地用机械费成本总收入除以总工期（月数）确定月度机械费成本收入。

各项费用的成本收入都可以选择其中一种或两种方法相结合确定成本收入。

(3)园林施工月度成本计划的编制。

在执行过程中，要保证月度成本计划的严肃性。一旦确定就要严格地执行，不得随意调整、变动。但由于成本的形成是一个动态的过程，在实施过程中，由于客观条件的变化，可能要导致成本的变化。因此，在这种情况下，如果对月度成本计划不及时进行调整，则影响到成本核算的准确性。为保证月度成本计划的准确性，就要对月度成本计划进行调整：

通常情况下，出现下列三种情况要对成本计划进行调整。

①公司针对该项目的责任成本确定办法进行更改时进行调整。因为核定办法的改变，必然导致项目目标成本的改变，所以根据目标成本和月度施工计划编制的月度成本计划就必然要进

行调整。这种情况主要是市场波动、材料价格变化较大、对成本影响较严重时才会出现。

②月度施工计划调整时进行调整。由于园林工程进度的需要,增加施工内容,或由于材料、机械、图纸变更等的影响,原定施工内容不能进行而对施工内容进行调整时,在这种情况下,就需要对新增加或更换的施工项目按照成本计划的编制原则和方法重新进行计算,并下发月度成本计划变更通知单。

③月度施工计划超额或未完成时进行调整。因为施工条件的复杂性和可变性,月度施工计划工程量与实际完成工作量是不同的,所以每到月底要对实际完成工作量进行统计,根据统计结果将根据计划完成工作量编制的月度成本计划调整为实际完成工作量的月度成本计划。

4. 园林绿化施工目标成本计划的编制

(1)编制依据。

①园林施工项目与公司签订的项目经理责任合同,其中包括:园林施工责任成本指标及各项管理目标。

②根据施工图计算的工程量及参考定额。

③施工组织设计及分部分项施工方案。

④劳务分包合同及其他分包合同。

⑤项目岗位成本责任控制指标。

(2)编制程序。

编制成本计划的程序,因园林项目的规模大小、管理要求不同而不同。大中型项目通常采用分级编制的方式,即先由各部门提出部门成本计划,再由项目经理部汇总编制全项目工程的成本计划;小型项目通常采用集中编制方式,即由项目经理部先编制各部门成本计划,再汇总编制全项目的成本计划。无论采用哪种方式,其编制的基本程序如图 3.3 所示。

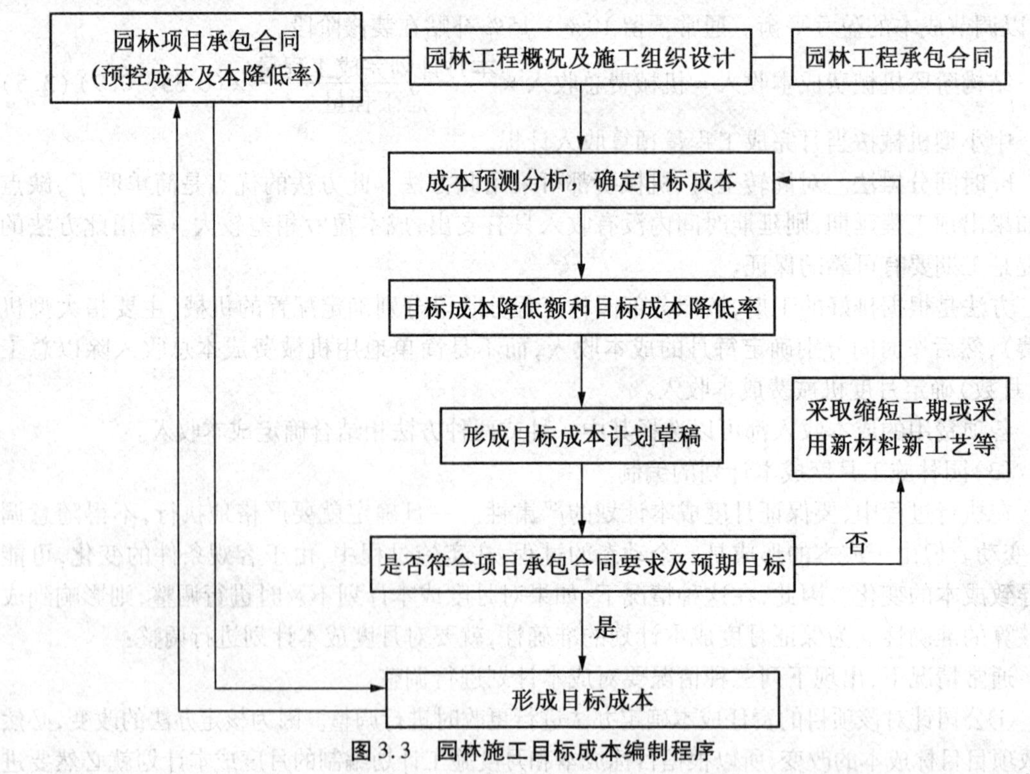

图 3.3　园林施工目标成本编制程序

(3)编制方法。

①定性分析法。常用的定性分析方法是用目标利润百分比表示的成本控制标准,即:

目标成本 = 工程投标价 ×[1 - 目标利润率(%)]　(3.6)

在此方法中,目标利润率的取定主要是通过主观判断和对历史资料分析而得出。在计划经济条件下,由于园林工程造价按国家预算编制,其中的法定利润和计划利润是固定不变的,按照此两项之和或略高一点制定工程的目标利润是完全可行的,也是被普遍认同的,但在市场竞争条件下,这种方法就明显表现出不足:

a. 目标利润率指标与成本指标之间尽管可互相换算,但在具体操作上有本质区别。利用目标利润率确定目标成本是先有利润率,然后计算出目标成本,也就是企业下达的成本指标是相对指标而不是以后将讨论的绝对成本指标。

b. 目标利润率指标的取定一般依据历史资料,如财务年度报告等,或根据行业的平均利润率而定,缺乏对企业本身深层次以及潜在优势的研究,不能挖掘出企业降低成本的潜力。

c. 目标利润率指标易产生平均主义思想,不能充分调动管理者的管理积极性。不同时期、不同地点、不同的项目其投标价格的高低有较大的差异,其降低成本的潜力也各不相同。在同一企业内,不同的项目若制定出相同的目标利润率,会使部分项目的利润流失;而制定出不同的目标利润率,又会导致项目间相互攀比的现象,并会造成心理上的抵触。

d. 目标利润率指标无法充分反映各种外部环境对园林项目成本构成要素的影响。如市场供求关系的变化会影响到人工、材料、机械价格的高低,施工所投入的各种企业资源受经济环境和市场供求关系的影响较大,因此对成本的影响也比较明显。

e. 定性的目标成本确定方法不便于企业管理层了解项目的实际情况,也不便于项目成本的分解,更不利于成本的控制,成本目标往往流于形式。

f. 利润率的考核一般只能依据财务报表数据,由于园林工程的变更和工程结算的不及时,容易导致财务成本失真。

②定量分析法。定量分析法就是在投标价格的基础上,充分考虑企业的外部环境对各成本要素的影响,通过对各工序中人工、材料、机械消耗的考察和定量分析计算,进而得出项目目标成本的方法。定量分析得出的目标成本比经营者提出的指标更为具体、更为现实,以便管理者抓住成本管理中的关键环节,有利于对成本的分解细化。

5. 园林绿化施工责任成本计划的编制

(1)园林施工责任成本计划编制的依据。

①项目经理与企业本部签订的内部承包合同及有关材料,包括企业下达给项目的降低成本指标、目标利润值等其他要求。

②与业主单位签订的园林工程承包合同。

③园林施工的实施性施工组织设计,如进度计划、施工方案、技术组织措施计划、施工机械的生产能力及利用情况等。

④项目所需材料的消耗及价格等,机械台班价格及租赁价格等。

⑤项目的劳动效率情况,如各工种的技术等级、劳动条件等。

⑥历史上同类项目的成本计划执行情况及有关技术经济指标完成情况的分析资料等。

⑦项目的设计概算或施工图预算。

⑧其他有关的资料。

(2)园林施工责任成本计划表。

园林施工责任成本计划表综合反映整个园林工程在计划期内施工工程的预算成本、计划成本、计划成本降低额和计划成本降低率。责任成本计划表的格式见表3.7。

表3.7 某园林项目责任成本计划

工程名称： 编制日期： (单位:元)

成本费用项目	预算成本	计划成本	计划成本降低额	计划成本降低率
直接费用： 人工费 材料费 机械使用费 措施费				
间接费用： 规费 企业管理费 利润税金				
合计				

(3)园林施工责任成本计划的分解。

项目成本计划可以认为是在完成项目合同任务前提下的全面费用预算。为了确保成本计划的实现,必须按照经济责任制的要求,将成本计划或全面预算的内容在项目组织系统内部的各个责任层次进行分解,形成所谓的责任预算。然后对责任预算的执行情况进行计量与记录,定期作出业绩报告,以便进行评价和考核,同时也有利于对整个项目的各种活动进行控制。

这些在管理会计中被称之为责任会计制度。虽然在项目管理中并不需要去套用企业的责任会计制度(这是由项目管理的特点决定的)但是划清项目中各种经济责任,对于项目管理来说却是非常有必要的。

园林项目责任成本在分解时可按年度进行,也可按照整个项目完成期来进行。项目内可按照各个责任层次进行分解,项目组织系统各职能部可按照年度或整个项目完成期进行分解,施工队级可按照承担项目的任务按年、季度分解,班组级按照承担任务按月分解等。

①园林项目责任成本计划垂直分解。垂直分解,主要是指直接费用中可控成本按照园林项目垂直组织系统进行分解。由于材料采购成本对工程队而言为不可控成本,故不能进行垂直分解。措施费的分解则视具体情况而定。

考虑到园林项目的特点,在分解时应将按照园林工程实体结构和按照责任中心分解结合起来。表3.8作为示例表现了园林项目成本计划的垂直分解的大体思路。

表 3.8　某园林项目成本计划的垂直分解

编制日期：　　　　费用单位：

编号	工程名称	实物单位	数量	直接费用								责任单位
				人工费		材料费		机械费		措施费		
				预算	计划	预算	计划	预算	计划	预算	计划	
	单位工程 1 分部分项工程 1 分部分项工程 2 ⋮ 单位工程 2 ⋮											
	临时设施											
	合计											

②园林项目责任成本计划横向分解。横向分解，主要是把成本中的部分间接费用（如管理费等）和材料采购成本等在园林项目的有关职能部门中进行分解，横向分解表见表 3.9。

表 3.9　部分间接费及材料采购成本分解

费用单位：

编号	费用项目	办公室	施工技术	安全质量	预算计划统计	财务会计	材料供应	机械设备	…
	工资 奖金 ⋮								
	合计								
	材料采购成本								

（4）园林施工年度责任成本计划的编制。

由于施工队年度责任成本计划中完成任务项目多，因此要求按照成本费用分类编制。完成的园林工程项目名称可根据园林工程概预算章节名称列出计算直接工程费。措施费及间接费按照确定措施费及间接费率计算。直接费的计算按照责任预算中确定的定额标准及工、料、机责任单价及工程量计算，见表 3.10。

表3.10　某施工队年度责任成本计划

编制日期：　　　　　　　　　　　　　　　　　　　　费用单位：

编号	工程名称	实物单位	工程数量	直接工程费									措施费	间接费
				人工费			材料费			机械费				
				定额	定额数量	责任单价	定额	定额数量	责任单价	台班定额	台班定额数量	台班责任单价	费率/%	费率/%
1栏	2栏	3栏	4栏	5栏	6栏	7栏	8栏	9栏	10栏	11栏	12栏	13栏	14栏	15栏
	单位工程1													
	单位工程2													
	⋮													
	单位工程n													
	合计													

(5)园林施工季度责任成本计划的编制。

季度责任成本计划根据项目部所下达的季度施工计划安排，完成的投资、工程量及施工进度要求和形象进度，设计图纸及要求编制季度责任成本计划。季度责任成本计划不计算间接费，只计算措施费，根据具体情况重新测定费率，见表3.11。

表3.11　某施工队季度责任成本计划

编制日期：　　　　　　　　　　　　　　　　　　　　费用单位：

编号	工程名称	实物单位	工程数量	直接工程费									措施费
				人工费			材料费			机械费			
				定额	定额数量	责任单价	定额	定额数量	责任单价	台班定额	台班定额数量	台班责任单价	费率/%
1栏	2栏	3栏	4栏	5栏	6栏	7栏	8栏	9栏	10栏	11栏	12栏	13栏	14栏
	单位工程1												
	分部工程1												
	⋮												
	分部分项工程1												
	⋮												
	单位工程2												
	分部工程2												
	⋮												
	合计												

(6)园林施工责任成本计划的调整。

因为园林施工责任成本在确定时条件的局限性，同时，由于客观条件的变化可能造成确定依据的变化，所以园林施工责任成本在执行过程中有可能要进行调整。但是，施工过程中发生的园林施工责任成本的调整应以收入实现为原则。

①设计变更、政策性调整、施工方案修改或公司与业主施工合同、劳务合同变更，按照变更的规定计算。

②由于测算人员的失误而造成的少项、漏算应按实调整。

以上变更发生时或工程竣工后，由园林工程项目根据实际情况申报，经公司有关部门审核后，经合议组评议，按照上述原则和方法如实调整园林施工责任成本。

(7)园林施工队月责任成本计划的编制。

施工队月责任成本计划只编制直接工程费，不考虑措施费。施工队月责任成本计划要求园林工程划分要细，通常细到分部工程或分部分项工程。

月责任成本计划根据月施工计划安排的园林施工项目及形象进度进行编制，见表3.12。

表3.12　某施工队月责任成本计划

编制日期：　　　　费用单位：

编号	工程名称	实物单位	工程数量	直接工程费								
				人工费			材料费			机械费		
				定额	定额数量	责任单价	定额	定额数量	责任单价	台班定额	台班定额数量	台班责任单价
1栏	2栏	3栏	4栏	5栏	6栏	7栏	8栏	9栏	10栏	11栏	12栏	13栏
	分部工程1 分部分项工程1 ⋮ 分部工程2 分部分项工程2 ⋮											
	合计											

3.2.3　园林绿化工程成本控制

1.园林绿化工程成本控制的作用与依据

(1)园林绿化工程成本控制的作用。

①监督工程收支、实现计划利润。在投标阶段分析的利润仅仅是理论计算而已，只有在实施过程中采取各种措施监督工程的收支，才能够保证理论计算的利润变为现实的利润。

②做好盈亏预测，指导工程实施。根据单位成本增高和降低的情况，对各分部项目的成本增降情况进行计算，不断对园林工程的最终盈亏做出预测，指导园林工程实施。

③分析收支情况，调整资金流动。根据园林工程实施过程中情况和成本增降的预测，对于流动资金需要的数量和时间进行调整，使流动资金更符合实际，从而可供筹集资金和偿还借贷资金参考。

④积累资料，指导今后投标。为实施过程中的成本统计资料进行积累并分析单项工程的实际成本，用来验证原来投标计算的正确性。所有这些资料都是十分宝贵的，特别是对该地

区继续投标承包新的工程,有着十分重要的参考价值。

(2)园林绿化工程成本控制的依据。

园林绿化工程成本控制的依据与市政工程成本控制的依据基本相同,读者可参考本章第3.1.2节第1点的相关内容,此处不再赘述。

2. 园林绿化工程成本控制的对象

以园林绿化施工成本形成的过程作为控制对象。根据对园林成本实行全面、全过程控制的要求,具体的控制内容包括:

①在园林绿化工程投标阶段,应当根据园林绿化工程概况和招标文件进行项目成本的预测,提出投标决策意见。

②园林绿化施工准备阶段,应当结合设计图纸的自审、会审和其他资料(如地质勘探资料等),编制实施性施工组织设计,通过多方案的技术经济比较,从中选择经济合理、先进可行的施工方案,编制明细而具体的成本计划,对园林绿化施工成本进行事前控制。

③园林绿化施工阶段,以施工图预算、施工预算、劳动定额、材料消耗定额和费用开支标准等对实际发生的成本费用进行控制。

④竣工交付使用及保修期阶段,应当对竣工验收过程发生的费用和保修费用进行控制。

3. 园林绿化工程成本控制的步骤与程序

(1)园林绿化工程成本控制的步骤。

①比较。按照某种确定的方式将园林绿化施工成本计划值与实际值逐项进行比较,以发现施工成本是否已超支。

②分析。在比较的基础上,对比较的结果进行分析,以确定偏差的严重性及偏差产生的原因。这一步是园林绿化施工成本控制工作的核心,其主要目的在于找出产生偏差的原因,从而采取有针对性的措施,减少或避免相同原因的再次发生或减少由此造成的损失。

③预测。根据园林施工实施情况估算整个园林项目完成时的施工成本。预测的目的在于为决策提供支持。

④纠偏。当园林工程项目的实际施工成本出现了偏差,应当根据园林工程的具体情况、偏差分析和预测的结果采取适当的措施,以期达到使施工成本偏差尽量小的目的。纠偏是施工成本控制中最具实质性的一步。只有通过纠偏,才能最终达到有效控制园林绿化施工成本的目的。

⑤检查。它是指对园林工程的进展进行跟踪和检查,及时了解园林工程进展状况以及纠偏措施的执行情况和效果,为今后的工作积累经验。

(2)园林绿化工程成本控制的程序。

因为成本发生和形成过程的动态性,决定了成本的过程控制必然是一个动态的过程。根据成本过程控制的原则和内容,重点控制的是进行成本控制的管理行为是否符合要求,作为成本管理业绩体现的成本指标是否在预期范围之内,所以要搞好成本的过程控制,就必须有标准化、规范化的过程控制程序。通常,园林绿化施工成本控制程序如图3.4所示。

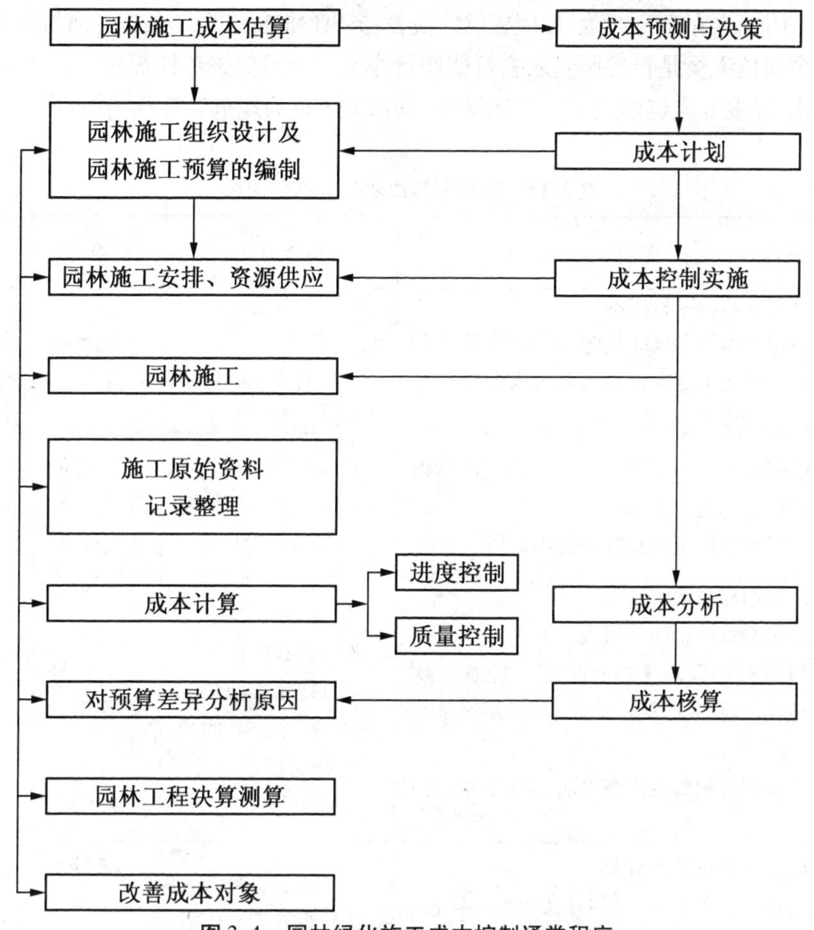

图3.4　园林绿化施工成本控制通常程序

①管理控制程序。管理的目的是确保每个岗位人员在成本管理过程中的管理行为是按照事先确定的程序和方法进行的。从这个意义上讲,首先要明白企业建立的成本管理体系是否能对成本形成的过程进行有效地控制,其次是体系是否处在有效的运行状态。管理控制程序就是为规范园林绿化施工成本的管理行为而制定的约束和激励机制,其内容如下:

a.建立园林绿化施工成本管理体系的评审组织和评审程序。成本管理体系的建立不同于质量管理体系,质量管理体系反映的是企业的质量保证能力,由社会有关组织进行评审和认证;成本管理体系的建立是企业自身生存发展的需要,没有社会组织来评审和认证。因此,企业必须建立园林绿化施工成本管理体系的评审组织和评审程序,定期进行评审和总结,持续改进。

b.建立园林绿化施工成本管理体系的运行机制。园林绿化施工成本管理体系的运行具有"变法"的性质,一般会遇到习惯势力的阻力和管理人员素质跟不上的影响,有一个逐步推行的渐进过程。一个企业的各分公司、项目部的运行质量往往是不平衡的。通常采用点面结合的做法,面上强制运行,点上总结经验,再指导面上的运行。因此,必须建立专门的常设组织,依照程序不间断地进行检查和评审。发现问题,总结经验,促进成本管理体系的保持和持续改进。

c.目标考核,定期检查。管理程序文件应明确每个岗位人员在园林绿化施工成本管理中的职责,确定每个岗位人员的管理行为,如应提供的报表、提供的时间和原始数据的质量要求等。

要把每个岗位人员是否按照要求去行使职责作为一个目标来考核。为了方便检查,应将考核指标具体化,并设专人定期或不定期地检查。表3.13是为规范管理行为而设计的检查内容。

表3.13 园林项目成本岗位责任考核

岗位名称	职责	检查方法	检查人	检查时间
项目经理	(1)建立园林项目成本管理组织 (2)组织编制园林绿化施工成本管理手册 (3)定期或不定期地检查有关人员管理行为是否符合岗位职责要求	(1)查看有无组织结构图 (2)查看《项目施工成本管理手册》	上级或自查	开工初期检查一次,以后每月检查1次
项目工程师	(1)制定采用"四新技术"降低成本的措施 (2)编制总进度计划 (3)编制总的工具及设备使用计划	(1)查看资料 (2)现场实际情况与计划进行对比	项目经理或其委托人	开工初期检查1次,以后每月检查1~2次
主管材料员	(1)编制材料采购计划 (2)编制材料采购月报表 (3)对材料管理工作每周组织检查一次(包括收发料手续、材料堆放、材料使用及废旧料情况等) (4)编制月材料盘点表及材料收发结存报表	(1)查看资料 (2)现场实际情况与管理制度中的要求进行对比	项目经理或其委托人	每月或不定期抽查
成本会计	(1)编制月度成本计划 (2)进行成本核算,编制月度成本核算表 (3)每月编制一次材料复核报告	(1)查看资料 (2)审核编制依据	项目经理或其委托人	每月检查1次
施工员	(1)编制月度用工计划 (2)编制月材料需求计划 (3)编制月度工具及设备计划 (4)开具限额领料单	(1)查看资料 (2)计划与实际对比,考核其准确性及实用性	项目经理或其委托人	每月检查或不定期抽查

应根据检查的内容编制相应的检查表,由项目经理或其委托人检查后填写检查表。检查表要由专人负责整理归档。表3.14是检查施工员工作情况的检查表(供参考)。

表3.14 岗位工作检查(施工员)

序号	检查内容	资料	完成情况	备注
1	月度用工计划			
2	月度材料需求计划			
3	月度工具及设备计划			
4	限额领料单			
5	其他			

检查人(签字): 日期:

d.制定对策,纠正偏差。对管理工作进行检查的目的是为保证管理工作按照预定的程序和标准进行，从而保证园林绿化施工成本管理能够达到预期的目的。因此，对检查中发现的问题，要及时进行分析，然后根据不同的情况及时采取对策。管理控制程序如图3.5所示。

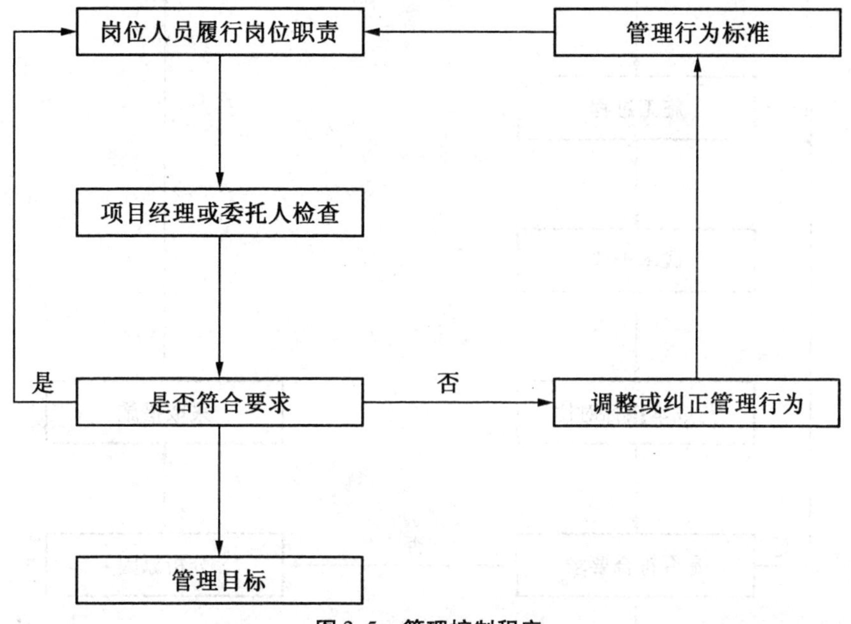

图3.5　管理控制程序

②指标控制程序。园林施工的成本目标是进行园林绿化施工成本管理的目的，能否达到预期的成本目标是园林绿化施工成本管理是否成功的关键。在成本管理过程中，对各岗位人员的成本管理行为进行控制，就是为了保证成本目标的实现。可见，园林绿化施工成本目标是衡量园林绿化施工成本管理业绩的主要标志。园林绿化施工成本目标控制程序如下：

a.确定园林绿化施工成本目标及月度成本目标。在园林工程开工之初，项目经理部应根据公司与园林工程项目签订的《项目承包合同》确定园林施工项目的成本管理目标，并根据园林工程进度计划确定月度成本计划目标。

b.搜集成本数据，监测成本形成过程。过程控制的目的就在于不断纠正成本形成过程中的偏差，保证成本项目的发生是在预定范围之内。所以在园林施工过程中要定时搜集反映施工成本支出情况的数据，并将实际发生情况与目标计划进行对比，从而保证成本整个形成过程在有效的控制之下。

c.分析偏差原因，制定对策。园林施工过程是一个多工种、多方位立体交叉作业的复杂活动，成本的发生和形成是很难按照预定的理想、目标进行的，因此需要对产生的偏差及时分析原因，分清是客观因素（如市场调价）还是人为因素（如管理行为失控），及时制定对策并予以纠正。

d.用成本指标考核管理行为，用管理行为来保证成本指标。管理行为的控制程序和成本指标的控制程序是对园林绿化施工成本进行过程控制的主要内容，这两个程序在实施过程中是相互交叉、相互制约又相互联系的。在对成本指标的控制过程中，一定要有标准规范的管理行为和管理业绩，要把成本指标是否能够达到作为一个主要的标准。只有将成本指标的控制程序和管理行为的控制程序结合起来，才能保证成本管理工作有序、富有成效地进行下去。图3.6是成本指标控制程序图。

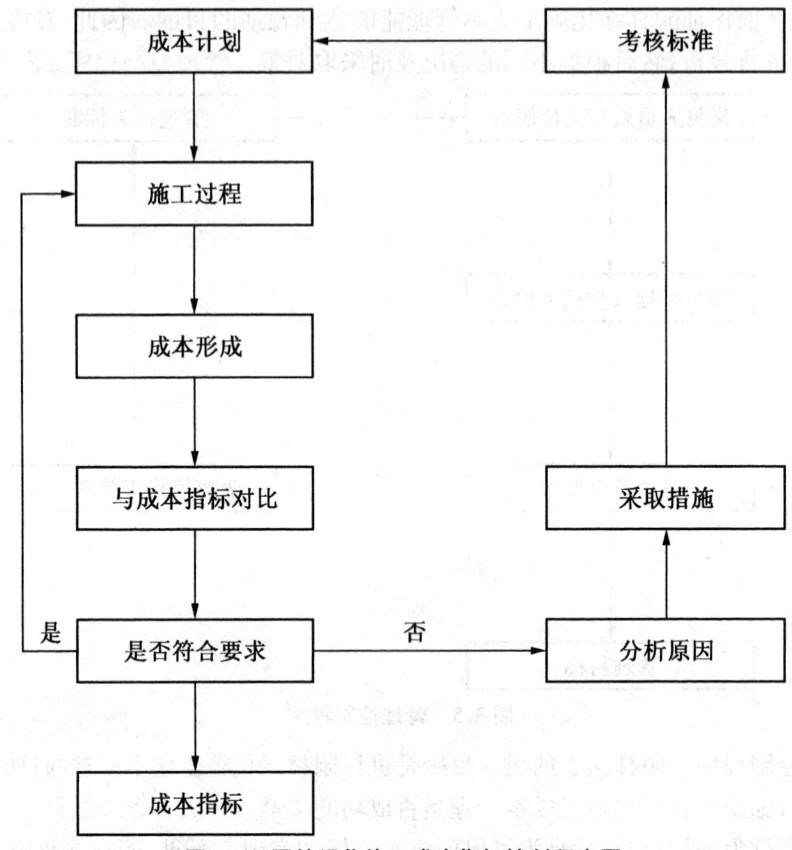

图 3.6　园林绿化施工成本指标控制程序图

4. 园林绿化工程成本控制的内容

(1)园林工程投标阶段。

①根据园林工程概况和招标文件,联系建筑市场和竞争对手的情况进行成本预测,提出投标决策意见。

②在中标之后,应根据园林工程的建设规模组建与之相适应的项目经理部,同时以标书为依据确定项目的成本目标,并下达给项目经理部。

(2)园林施工准备阶段。

a. 根据设计图纸和有关技术资料,对施工顺序、施工方法、作业组织形式、机械设备选型、技术组织措施等进行认真地研究分析,并运用价值工程原理制定出科学先进、经济合理的施工方案。

b. 根据企业下达的成本目标,以分部分项工程实物工程量为基础,联系劳动定额、材料消耗定额和技术组织措施的节约计划,在优化的施工方案的指导下,编制明细而具体的成本计划,并按部门、施工队和班组的分工进行分解,作为部门、施工队和班组的责任成本落实下去,为今后的成本控制做好准备。

c. 间接费用预算的编制及落实。根据园林工程建设时间的长短和参加建设人数的多少编制间接费用预算,并对上述预算进行明细分解,以项目经理部有关部门(或业务人员)责任成本的形式落实下去,为今后的成本控制及绩效考评提供依据。

(3)园林施工阶段。

①加强施工任务单和限额领料单的管理,特别要做好每一个分部分项工程完成后的验收(包括:实际工程量的验收和工作内容、工程质量、文明施工的验收)以及实耗人工、实耗材料的数量核对,以确保施工任务单和限额领料单的结算资料绝对正确,为成本控制提供真实可靠的数据。

②将施工任务单和限额领料单的结算资料与施工预算进行核对,计算分部分项工程的成本差异,分析差异产生的原因,并采取有效的纠偏措施。

③做好月度成本原始资料的收集和整理,正确计算月度成本,分析月度预算成本与实际成本的差异。对于通常的成本差异,要在充分注意不利差异的基础上认真分析有利差异产生的原因,以防对后续作业成本产生不利影响或因质量低劣而造成返工损失;对于盈亏比例异常的现象,要特别重视,并在查明原因的基础上采取果断措施,尽快加以纠正。

④在月度成本核算的基础上实行责任成本核算,也就是利用原有会计核算的资料,重新按照责任部门或责任者归集成本费用,每月结算一次,并与责任成本进行对比,由责任部门或责任者自行分析成本差异和产生差异的原因,自行采取措施纠正差异,为全面实现责任成本创造有利条件。

⑤经常检查对外经济合同的履约情况,为顺利施工提供物质保证。如遇拖期或质量不符合要求时,应当根据合同规定向对方索赔。对缺乏履约能力的单位,要采取断然措施,立即中止合同,并另找可靠的合作单位,以免影响施工,造成经济损失。

⑥定期检查各责任部门和责任者的成本控制情况,检查成本控制责、权、利的落实情况(通常为每月一次)。发现成本差异偏高或偏低的情况,应会同责任部门或责任者分析产生差异的原因,并督促他们采取相应的对策来纠正差异。如果有因责、权、利不到位而影响成本控制工作的情况,应针对责、权、利不到位的原因调整有关各方的关系,落实责、权、利相结合的原则,使成本控制工作得以顺利进行。

(4)园林施工验收阶段。

①精心安排,干净利落地完成园林工程竣工扫尾工作,把竣工扫尾时间缩短到最低限度。

②重视竣工验收工作,顺利交付使用。在验收之前,要准备好验收所需要的各种书面资料(包括竣工图)送甲方备查。对验收中甲方提出的意见,应根据设计要求和合同内容认真处理,若涉及费用,应请甲方签证,列入工程结算。

③及时办理工程结算。通常来说,工程结算造价=原施工图预算±增减账。在工程结算时为防止遗漏,在办理工程结算以前,要求项目预算员和成本员进行一次认真全面的核对。

④在园林工程保修期间,应由项目经理指定保修工作的责任者,并责成保修责任者根据实际情况提出保修计划(其中包括费用计划),以此作为控制保修费用的依据。

5. 降低园林绿化工程施工成本的途径与措施

(1)认真审核图纸,积极提出修改意见。

在园林项目实施过程中,施工单位必须按图施工。但是,图纸是由设计单位按照用户要求和项目所在地的自然地理条件(如水文地质情况等)设计的,其中起决定作用的是设计人员的主观意图。因此施工单位应该在满足用户要求和保证工程质量的前提下,联系项目施工的主客观条件,对设计图纸进行认真的会审,并提出积极修改意见,在取得用户和设计单位的同意后修改设计图纸,同时办理增减账。

在会审图纸时，对于结构复杂、施工难度高的项目更要加倍认真，并且要从方便施工、利于加快工程进度和保证工程质量，又能降低资源消耗、增加工程收入等方面综合考虑，提出科学根据的合理化建议，争取建设单位的认同。

(2)加强合同预算管理，增创工程预算收入。

①深入研究招标文件、合同内容，正确编制施工图预算。在编制施工图预算的时候，要充分考虑有可能发生的基本成本费用，包括合同规定的属于包干(闭口)性质的各项定额外补贴，并将其全部列入施工图预算，然后通过工程款结算向建设单位取得补偿，也就是：凡是政策允许的，要做到该收的点滴不漏，以确保项目的预算收入。我们称这种方法为“以支定收”。但是有一个政策界限，即不能将项目管理不善造成的损失也列入施工图预算，更不允许违反政策向建设单位高估冒算或乱收费。

②把合同规定的“开口”项目作为增加预算收入的重要方面。通常来说，按照施工图和预算定额编制的施工图预算必须受预定额的制约，很少有灵活伸缩的余地，“开口”项目的费用则有比较大的潜力，是项目创收的关键。

例如合同规定，待图纸出齐后，由甲乙双方共同商定加快工程进度、确保工程质量的技术措施，费用按实结算。按照这一规定，项目经理和工程技术人员应该联系工程特点，充分利用自己的技术优势，采用新技术、新工艺和新材料，经甲方签证后实施。这些措施应符合如下要求：既能为施工提供方便、有利于加快施工进度，又能提高工程质量，还能增加预算收入。

③根据工程变更资料及时办理增减账。由于设计、施工和建设单位使用要求等种种原因，工程变更是项目施工过程中经常发生的事情，是不以人们的意志为转移的。随着工程的变更，必然会带来工程内容的增减和施工工序的改变，从而也必然会影响成本费用的支出。因此项目承包方应就工程变更对既定施工方法、机械设备使用、材料供应、劳动力调配和工期目标等的影响程度以及为实施变更内容需要的各种资源进行合理估价，及时办理增减手续，并通过工程款结算从建设单位取得补偿。

(3)制订先进的、经济合理的施工方案。

施工方案主要包括四项内容：施工方法的确定、施工机具的选择、施工顺序的安排和流水施工的组织。施工方案的不同，工期就会不同，所需机具也不同，因而发生的费用也会不同。因此，正确选择施工方案是降低成本的关键所在。

(4)落实技术组织措施。

落实技术组织措施，走技术与经济相结合的道路，以技术优势来取得经济效、益，是降低项目成本的又一个关键。通常情况下，项目应在开工以前根据工程情况制订技术组织措施计划，作为降低成本计划的内容之一列入施工组织设计，在编制月度施工作业计划的同时也可能按照作业计划的内容编制月度技术组织措施计划。

为了确保技术组织措施计划的落实，并取得预期的效果，应在项目经理的领导下明确分工：由工程技术人员制订措施，材料人员供材料，现场管理人员和班组负责人执行，财务成本员结算节约效果，最后由项目经理根据措施执行情况节约效果对有关人员进行奖励，形成落实技术组织措施一条龙。必须强调，在结算组织措施执行效果时，除了要按照定额数据等进行理论计算，还要做好节约实物的验收，防止“理论上节约，实际上超用”的情况发生。

(5)加强质量管理，控制返工率。

在施工的过程中，要严把工程质量关，始终贯彻“百年大计，质量第一”的质量方针，各级质量自检人员定点、定岗、定责加强施工工序的质量自检和管理工作，真正将质量管理贯彻到整个过程中，采取一切可能的防范措施，消除质量隐患，做到工程一次成型，一次合格，杜绝返工现象的发生，避免由于不必要的人力、物力、财力的投入而加大工程成本。尤其对园林绿化工程中苗木及苗木栽植、养护管理等的质量把关要更加严格，否则可能会导致苗木死亡，不仅增加了工程成本，还有可能损害公司形象甚至公司的信誉。

(6)组织均衡施工，加快施工进度。

凡是按照时间计算的成本费用，如项目管理人员的工资和办公费，现场临时设施费和水电费以及施工机械和周转设备的租赁费等，在加快施工进度、缩短施工周期的情况下，都会有明显的节约。除此之外，还可从用户那里得到一笔相当可观的提前竣工奖。因此，加快施工也是降低项目成本的有效途径之一。

(7)降低材料成本。

材料成本在整个项目成本中的比重最大，通常可达70%左右，而且有较大的节约潜力，一般在其他成本项目(如人工费、机械费等)出现亏损时，要靠材料成本的节约来弥补。因此，材料成本的节约也是降低项目成本的关键。

节约材料费用和途径十分广阔，大体包括以下几方面：

①节约采购成本。选择运费少、质量好、价格低的供应单位。

②认真计量验收。如遇数量不足、质量差的情况，要进行索赔。

③减少资金占用。根据施工需要合理储备。

④加强现场管理。合理堆放、减少搬运、减少过夜苗和苗木损耗。

⑤改进施工技术。推广新技术、新工艺、新材料。

(8)提高机械利用率。

机械使用费占项目预算成本的比重并不大，通常在5%左右。但是预算成本中的机械使用费是按照机械购建时的历史成本计算的，而且折旧率也偏低，以致实际支出超过预算的亏损现象相当普遍。对项目管理来说，则应联系实际，从合理组织机械施工、提高机械利用率着手，努力节约机械使用费。

节约机械使用费要做好以下三方面的工作：

①尽可能减少施工中所消耗的机械台班用量，通过合理施工组织、机械调配提高机械设备的利用率和完好率。

②加强现场设备的维修、保修工作，降低大修、经常性修理等各项费用的开支，避免不正当使用造成机械设备的闲置。

③加强租赁设备计划的管理，充分利用社会闲置机械资源，从不同角度降低机械台班价格。

3.2.4 园林绿化工程成本核算

1. 园林绿化工程成本核算的意义及特点

(1)园林绿化施工成本核算的意义。

园林绿化施工成本核算是园林施工企业成本管理的一个极其重要的环节。认真做好成本核算工作，对于加强成本管理、促进增产节约、发展企业生产均有重要的意义。

①通过园林绿化施工成本核算，将各项生产费用按照它的用途和一定程序直接计入或分

别计入各项工程,正确计算出各项工程的实际成本,将它与预算成本进行比较,可以检查预算成本的执行情况。

②通过园林绿化施工成本核算,可以及时反映施工过程中人力、物力、财力的耗费,检查人工费、材料费、机械使用费、措施费用的耗用情况和间接费用定额的执行情况,挖掘降低园林工程成本的潜力,节约活劳动和物化劳动。

③通过园林绿化施工成本核算,可以计算施工企业各个施工单位的经济效益和各项承包工程合同的盈亏,分清各个单位的成本责任,在企业内部实行经济责任制,并便于学先进、找差距,开展社会主义竞赛。

④通过园林绿化施工成本核算,可以为各种不同类型的园林工程积累经济技术资料,为修订预算定额、施工定额提供依据。

为了搞好施工企业的工程成本核算,必须从管理要求出发,贯彻“算管结合、算为管用”的原则。管理企业离不开成本核算,但成本核算不是目的,而是管好企业的一个经济手段。离开管理去讲成本核算,成本核算也就失去它应有的意义。

园林安装工程施工成本核算是管理施工企业的一个重要工具。计算园林绿化施工成本绝不是对企业生产耗费进行消极的记录和计算,而是对生产耗费的积极管理。这就要求我们在生产费用发生以前,根据有关规定做好事前的审核工作,认真审核企业各项生产费用的支出是否合理合法,是否符合多快好省的要求。

为了搞好施工企业管理,发挥园林绿化施工成本核算的作用,园林工程成本的计算必须正确及时。计算不正确,就不能据以考核分析各项消耗定额的执行情况,就不能保证企业再生产资金的合理补偿。计算不及时,就不能及时反映园林施工活动的经济效益,不能及时发现施工和管理中存在的问题。因为园林安装工程生产属于单件生产,采用定单成本计算法,且同一工地上各个工程耗用大堆材料而难以严格划分计算等原因,对大堆材料、周转材料等往往就要采用一定标准分配计入各项工程成本,这就使各项工程的成本带有一定的假定性。所以对待园林工程成本计算的正确性,也必须从管理的要求出发,看它提供的成本资料能不能及时满足企业管理的需要。在计算园林工程施工成本时,必须防止简单化。如对施工期较长的建筑群工地,不能将工地上各项工程合并作为一个成本计算对象,而必须以单位工程或开竣工时期相近的各项单位工程作为一个成本计算对象。否则,就会形成“一锅煮”,无法满足成本管理的要求。当然,也要防止为算而算,脱离管理要求的倾向。繁琐的计算,不仅会使会计人员陷于埋头计算,不能深入工地、深入班组,掌握施工生产动态,而且会影响园林工程成本计算的及时性,使提供的核算资料不能及时反映园林施工管理中存在的矛盾,不能为施工管理服务。因此,工程成本的计算必须从管理要求出发,在满足管理需要的前提下分清主次,按照主要从细、次要从简、细而有用、简而有理的原则,采取既合理又简便的方法,正确及时地计算企业生产耗费,计算园林工程成本,发挥园林工程成本核算在施工企业管理中的作用。

(2)园林绿化施工成本核算的特点。

园林绿化施工成本核算是园林绿化施工成本管理的重要环节,应贯穿于园林绿化施工成本管理的全过程。

由于建筑产品具有多样性、固定性、形体庞大、价值巨大等不同于其他工业产品的特点,所以建筑产品的成本核算也具有以下特点:

①园林绿化施工成本核算内容繁杂、周期长。

②成本核算需要全体成员的分工与协作，共同完成。

③成本核算满足三同步要求难度大。

④在项目总分包制条件下，对分包商的实际成本很难把握。

⑤成本核算过程中，数据处理工作量巨大，应充分利用计算机，使核算工作程序化、标准化。

2.园林绿化工程成本核算的对象与环境

(1)园林绿化工程成本核算的对象。

园林绿化工程成本核算的对象与市政工程成本核算的对象基本相同，通常应根据工程承包合同的内容、施工生产的特点、生产成本发生情况和管理上的要求来确定，要与施工图预算相适应，不能划分得过粗或过细，既要便于反映工程的实际成本，又要考虑适当减少成本核算的工作量。具体来说，园林绿化工程通常应以每一独立编制施工图预算的单位工程为成本核算对象，对大型园林工程(如主题公园施工)应尽量以分部工程作为成本核算对象；规模大、工期长的单位工程可以将工程划分为若干部位，以分部位的工程作为成本核算对象；同一工程项目，由同一单位施工、同一施工地点、同一结构类型、开工竣工时间相近、工程量较小的若干个单位工程，可以合并作为一个成本核算对象；一个单位园林工程会由几家施工企业共同施工时，各个园林施工企业应都以此单位工程为成本核算对象，各自核算本企业完成部分的成本；喷泉、大树移植等若干较小的单位工程，可以将竣工时间相近、属于同一园林项目的各个单位工程合并作为一个成本计算对象。这样也可以减少间接费用分摊，减少核算工作量。

成本核算对象确立后，所有的原始记录都必须按照确定的成本核算对象填制。为集中反映各个成本核算对象应负担的生产费用，应按照每一成本核算对象设置工程成本明细账，并按照成本项目分设专栏，以便计算各成本核算对象的实际成本。

(2)园林绿化工程成本核算的环境。

园林项目管理的开展客观上要求企业内部具有反应灵敏、综合协调的管理体制相适应。在系统矩阵式管理体制中，各职能部门机构按照“强相关、满负荷、少而精、高效率”原则设置，形成具有自我计划、实施、协调能力的新型机构。企业领导层不再以分管若干部门为分工形式，而代之以每人主管一个系统的新形式，每名成员在一定范围内具有较高的权威性、决策权与指挥权。企业领导成员分别主管的五大系统为：经营管理系统，生产监控系统，经济核算系统，技术管理系统，人事保障系统。公司经理负责各系统的总体协调。根据园林项目是园林工程施工合同的履约实体的特点，企业按照“充分、适度、到位”原则对项目经理授权，保证其履行项目管理责任，并对最终产品和建设单位负责，并产出一定的经济效益。在实施对园林施工管理时，不干预、不妨碍项目经理部的具体管理活动和管理过程，即“参与不干预，管理不代理”，同时发挥好组织、协调、监督、指导、服务的职责。

管理层与作业层的分离，从根本上讲，是去除两者相互之间的行政性隶属关系，通过“外科手术”式的改革措施，形成两个相互独立、具备各自运行体系的利益主体。为此两层分离的标志应界定在管理层与作业层各自建立和形成完整的经济核算体系，以核算分开来保证建制分开、经济分开、业务分开。这种分离可以防止实践中的形式主义。

两层分离后，管理层将以组织、实施项目为主要工作内容并建立起针对园林绿化施工成本核算和以效益承包核算为主体的核算体系。作业层将以组织指挥生产班组的施工作业为主要工作内容并建立起针对劳务核算为主体的核算体系。

实行园林项目管理与作业队伍管理分开核算、分别运行，从根本上保证了企业管理重心下沉到项目、管理责任下项目、管理职权到项目、核算单位在项目、实绩考核看项目，因而也有助于把项目经理部建成责、权、利、能全面到位配套，真正名副其实代表企业直接对建设单位负责的履约主体和管理实体。

3. 园林绿化工程成本核算的原则与注意事项

(1) 园林绿化工程成本核算的原则。

园林绿化工程成本核算的原则与市政工程成本核算的原则基本相同，读者可参考本章第 3.1.3 节第 1 点的相关内容，此处不再赘述。

(2) 园林绿化工程成本核算的注意事项。

①一定要以“谁受益、谁负担”为基准，计入受益成本核算对象，杜绝“少计”、“漏计”或“乱计”、“摊派”等现象的发生，达到园林施工项目成本核算“一本账”的要求。

②改革成本核算制度，将原来的完全成本法改为制造成本法，有助于考核项目经理部的成本管理责任履行水平，有助于园林成本的预测和决策。

③实行“一本账”核算，可使项目经理部在合理承担由企业与项目双方共同协商约定的有关费用后，可以通过优化施工方案加强过程管理和控制，降低单位工程成本，真实地反映园林施工项目效益。

④直接以园林施工项目成本效益资料为主体，反映企业工程成本状况，其他核算层次不再作数据的业务加工处理。

4. 园林绿化工程成本核算的任务及其要求

(1) 园林绿化施工成本核算的任务。

①执行国家有关成本开支范围，费用开支标准，园林工程预算定额和企业施工预算，成本计划的有关规定。控制费用，促使项目合理、节约使用人力、物力和财力。这是园林绿化施工成本核算的先决前提和首要任务。

②正确及时地核算园林施工过程中发生的各项费用、计算施工项目的实际成本。这是项目成本核算的主体和中心任务。

③反映和监督园林绿化施工成本计划的完成情况，为项目成本预测和参与项目施工生产、技术和经营决策提供可靠的成本报告和有关资料，促进项目改善经营管理、降低成本、提高经济效益。这是园林绿化施工成本核算的根本目的。

(2) 园林绿化施工成本核算的要求。

①划清成本费用支出和非成本费用支出界限。它是指划清不同性质的支出，即划清资本性支出和收益性支出与其他支出、营业支出与营业外支出的界限。这个界限也就是成本开支范围的界限。

②正确划分各种成本、费用的界限。

a. 划清园林施工工程成本和期间费用的界限。在制造成本法下，期间费用不是园林绿化施工成本的一部分，所以正确划清两者的界限是确保园林绿化施工成本核算正确的重要条件。

b. 划清本期工程成本与下期工程成本的界限。划清两者的界限，对于正确计算本期工程成本是十分重要的。实际上就是权责发生制原则的具体化，因此要正确核算各期的待摊费用和预提费用。

c. 划清不同成本核算对象之间的成本界限,指要求各个成本核算对象的成本不得张冠李戴,互相混淆,否则就会失去成本核算和管理的意义,造成成本不实,歪曲成本信息,引起决策上的重大失误。

d. 划清未完工程成本与已完工程成本的界限。园林绿化施工成本的真实程度取决于未完施工和已完工程成本界限的正确划分以及未完施工和已完施工成本计算方法的正确度,按月结算方式下的期末未完施工,要求项目在期末应对未完施工进行盘点,按照预算定额规定的工序,折合成已完分部分项工程量,再按照未完施工成本计算公式计算未完分部分项工程成本。

③加强成本核算的基础工作。

a. 建立各种财产物资的收发、领退、转移、报废,清查、盘点、索赔制度。

b. 建立、健全与成本核算有关的各项原始记录及工程量统计制度。

c. 制定或修订工时、材料、费用等各项内部消耗定额以及材料、结构件、作业、劳务的内部结算指导价。

d. 完善各种计量检测设施,严格计量检验制度,使项目成本核算具有可靠的基础。

④园林绿化施工成本核算必须有账有据。成本核算过程中要运用大量数据资料,这些数据资料的来源必须真实可靠、准确、完整、及时。一定要以审核无误、手续齐备的原始凭证为依据。同时,还要设置必要的生产费用账册(正式成本账)进行登记,并增设必要的成本辅助台账。

5. 园林绿化工程成本核算流程

园林绿化施工成本核算和管理的流程如图 3.7 所示。

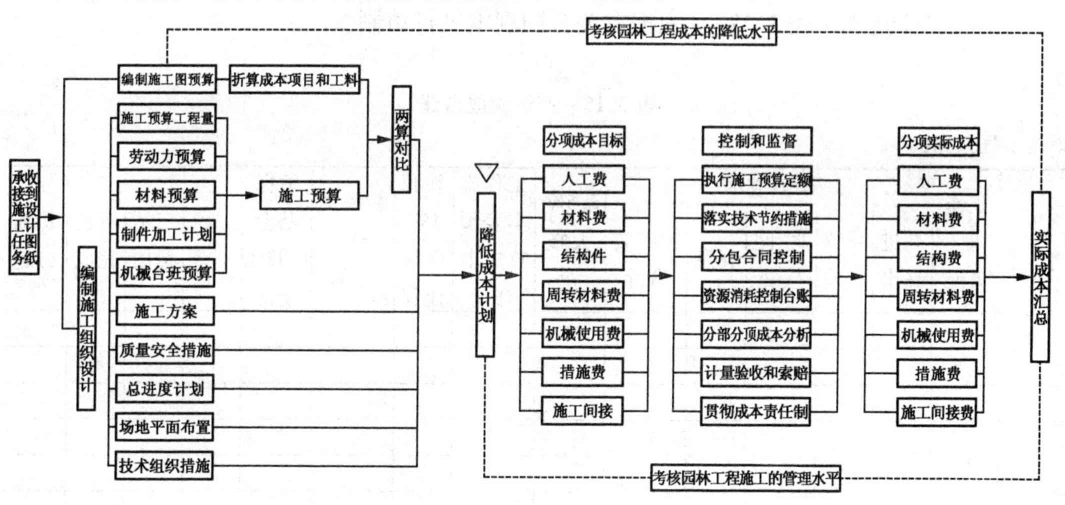

图 3.7 园林绿化施工成本核算和管理的工作流程

▽—信息储存 —— —控制程序 ------ —信息反馈程序

6. 园林绿化工程成本核算的过程与方法

园林绿化工程成本核算的过程与方法,与市政工程成本核算的过程与方法基本相同,读者可参考本章第 3.1.3 节的第 4 点和第 3.1.3 节的第 5 点的相关内容,此处不再赘述。

7. 园林绿化工程成本核算的台账

(1)为园林绿化施工成本核算积累资料的台账。

①产值构成台账(表3.15)。按照单位工程设置,根据“已完工程验工月报”填制。

②预算成本构成台账(表3.16)。按照单位工程设置,根据“已完工程验工月报”及“竣工结算账单”进行折算。

③单位工程增减账台账(表3.17)。

(2)为园林施工资源消耗进行控制的台账。

①人工费用台账(表3.18)。依项目经济员提供的内包和外包用工统计进行填制。

②材料耗用台账(表3.19)。依项目材料员提供的材料耗用日报进行填制。

③结构件耗用台账(表3.20)。依项目构件员提供的结构件耗用月报进行填制。

④周转材料使用台账(表3.21)。依项目料具员提供的周转材料租用报表进行填制。

⑤机械使用台账(表3.22)。依项目料具员提供的机械使用月报进行填制。

⑥临时设施台账(表3.23)。依项目料具员或经济员提供的搭拆临时设施耗工、耗量资料进行填制。

(3)为园林绿化施工成本分析积累资料的台账。

①技术措施执行情况台账(表3.24)。根据措施项目内容、工程量和措施内容,由项目成本员计算。

②质量成本台账(表3.25)。由涉及施工、技术、经济各岗位通力合作形成制度所支出的费用组成。

(4)为园林施工管理服务的台账。

①甲供料台账(表3.26)。

②分包合同台账(表3.27)。根据有关合同副本进行填制。

表3.15 产值构成台账

单位工程名称: 年 月

日期		工作量/万元	预算成本					2.5%大修费	工程成本表预算成本合计	利润4%已减让利	装备费3%全部	劳保基金1.92%全部	二税一费	二站费用	双包完成	机械分包
年	月		高进高出	系数材差	直、间接费	利息	记账数合计									

制表人:

表 3.16 预算成本构成台账

单位工程名称： 结构 面积/m^2 预算造价 竣工决算造价

		人工费	材料费	周转材料费	结构件	机械使用费	措施费	间接费	分建成本	合计	备注
原合同数											
增减账											
竣工决算数											
逐月发生数											
年	月										

制表人：

表 3.17 单位工程增减账台账

单位工程名称：

编号	日期		内容	金额	其中:直接费部分							签证状况		
	年	月			合计	人工费	材料费	结构件	周转材料费	机械费	措施费	已送审	已签证	已报工作记录
1														
2														
3														
4														
5														
6														
7														
8														
9														
10														

制表人：

表 3.18 人工费用台账

单位工程名称：

日期		内包工		外包工		其他		合计		备注
年	月	工日数	金额	工日数	金额	工日数	金额	工日数	金额	

制表人：

表 3.19　主要材料耗用台账

单位工程名称：

日期		材料名称	水泥	水泥	水泥	黄砂	石子	统一砖	20孔砖	水灰	纸筋灰	商品混凝土	沥青	玻璃	油毛毡	瓷砖	地砖	马赛克
年	月	规格	32.5 级	32.5 级	42.5 级		统											
		单位	t	t	t	t	t	万块	万块	t	t	m^3	t	m^2	卷	块	块	m^2
		合同预算数																
		增减账																
		实际耗用数																

制表人：

表 3.20　结构件耗用台账

单位工程名称：

年		构件名称	钢窗	钢门	钢框	木门	木窗	其他木制品	多孔板	槽形板	阳台板	扶梯梁	扶梯板	过梁	小构件	成型钢筋	金属制品	铁制品
年	月	规格																
		单位	m^2	m^2	m^2	m^2	m^2	元	m^3	m^3	m^3	m^3	m^3	m^3	m^3	t	t	t
		计划单价																
		预算用量																
		增减账																
		实际耗用量																

制表人：

表 3.21　周转材料使用台账

单位工程名称：

年		名称	组合钢模		钢管脚手		脚手扣件		回形销		山字夹		毛竹		海底笆		钢木脚手板		木模		组合钢模赔损		金额合计
		单位	m^2		套		只		只		只		支		块		块		m^2		m^2		
月	日	单价																					
		摘要	数量	金额	数量	金额	数量	金额	数量	金额	数量	金额	数量	金额	数量	金额	数量	金额	数量	金额	数量	金额	
		施工预算用量																					

制表人：

表 3.22　机械使用台账

单位工程名称：

机械名称																							金额合计
型号规格																							
年	月	台班	单价	金额	台班	单价	金额	台班	单价	金额	台班	单价	金额	台班	单价	金额	台班	单价	金额	台班	单价	金额	

制表人：

表 3.23　临时设施(专项工程)台账

单位工程名称：

日期		人工		水泥	钢材	木材	黄砂	石子	砖	门窗	屋架	石棉瓦	水电料	其他	活动房	机械费	金额合计
年	月	工日	金额	t	t	m^3	t	t	万块	m^2	榀	张	元	元	元	元	
逐月消耗																	
日期		作业棚		机具棚	材料库	办公室	休息室	厕所	宿舍	食堂	浴室	化灰池	储水池	道路	围墙	水电料	金额合计
年	月	m^2	m^2	m^2	m^2	m^2	m^2	m^2	m^2	m^2	m^2	m^3	m^3				
化制建成		元	元	元	元	元	元	元	元	元	元	元	元	元	元		
拆除记录																	

制表人：

表 3.24　技术措施执行情况台账

工程项目名称：

年		分部分项工程名称	单位	工程量	掺用原状粉煤灰代黄砂		掺用石屑代黄砂		掺用磨细粉煤灰节约水泥		掺用木质素节约水泥		使用碎砖三合土代道渣		使用散装水泥				金额合计
月	日				数量	金额	数量	金额	数量	金额	数量	金额	数量	金额	数量	金额	数量	金额	
1	30	钢筋混凝土带基 C20	m^3																
		基础墙 MU10	m^3																
		本月合计																	
		自开工起累计																	

制表人：

表 3.25　质量成本台账

项目工程名称：

质量成本科目	日期												
预防成本	质量工作费												
	质量培训费												
	质量奖励费												
	在建产品保护费												
	工资及福利基金												
	小计												
鉴别成本	材料检验费												
	构件检验费												
	计量用具检验费												
	工资及福利基金												
	小计												
内部故障成本	操作返修损失												
	施工方案失误损失												
	停工损失												
	事故分析处理费												
	质量罚款												
	质量对剩支出												
	外单位损坏返修损失												
	小计												
外部故障成本	保护期修补												
	回访管理费												
	诉讼费												
	索赔费用												
	经营损失												
	小计												
外部保证成本	评审费用												
	证实管理费												
	质量成本总计												
	(质量成本/实际成本)×100%												

制表人：

表 3.26　甲供料台账

年		凭证		摘要	供料情况				计算情况			经办人	备注
月	日	种类	编号		名称	规格	单位	数量	结算方式	单价	金额		

制表人：

表3.27 分包合同台账

工程项目名称：

序号	合同名称	合同编号	签约日期	签约人	对方单位及联系人	合同标的	履行标的	结算日期	违约情况	索赔记录

制表人：

8. 园林绿化工程成本核算的账表

(1)园林绿化施工成本表。

本表按“园林绿化工程施工”，参照“园林绿化工程结算收入”、“园林绿化工程结算成本”、“园林绿化工程结算税金及附加账发生额”填列，要求预算成本按照规定折算，与实际成本账表相符，按月填报，见表3.28。

表3.28 园林绿化施工成本表

会施地月、表03—1

编报单位： 年 月 (单位：元)

项目	行次	本期数				累计数			
		预算成本	实际成本	降低额	降低率	预算成本	实际成本	降低额	降低率
		1	2	3	4	5	6	7	8
人工费	1								
外清包人工费	2								
材料费	3								
结构件	4								
周转材料费	5								
机械使用费	6								
措施费	7								
间接成本	8								
工程成本合计	9								
分建成本	10								
工程结算成本合计	11								
工程结算其他收入	12								
工程结算成本总计	13								

企业负责人： 财务负责人： 制表人：

(2)在建园林绿化工程成本明细表。

要求分单位工程列示，账表相符，按月填报，其编制方法同园林绿化施工成本表，见表3.29。

表 3.29　在建园林绿化工程成本明细表

编报单位:　　　　　　　　　　年　　月

单位名称	本月数							
	预算成本	人工费	外包费用	材料费	周转材料费	结构件	机械费	措施费

单位名称	本月数						本年度累计	
	施工间接费	分包成本	实际成本合计	降低额	降低率	工程其他收入	预算成本	实际成本

单位名称	本年度累计			跨年度累计				
	降低额	降低率	工程其他收入	预算成本	实际成本	降低额	降低率	工程其他收入

单位负责人:　　　　　　成本员:　　　　　　编报日期:　　　　年　　月　　日

(3)竣工园林绿化工程成本明细表。

要求分单位工程填列,竣工工程全貌预算成本完整折算,竣工点应当调整与已结数之差实际成本账表相符,按月填报(有竣工点交工程后),方法同上,见表 3.30。

表 3.30　竣工园林绿化工程成本明细表

编报单位:　　　　　　　　　　年　　月

单位名称	人工费			材料费		周转材料费		结构件	
	预算	实际	外包费用	预算	实际	预算	实际	预算	实际

单位名称	机械费		措施费		施工间接费		分建成本	
	预算	实际	预算	实际	预算	实际	预算	实际

单位名称	合计					合计数中属于本年度的				
	预算成本	实际成本	降低额	降低率	工程其他收入	预算成本	实际成本	降低额	降低率	工程其他收入

单位负责人:　　　　　　　　　　成本员:　　　　　　　　　　制表人:

(4)园林绿化工程施工间接费表。

此表系复合表,又称费用表,包括企业和项目均可通用。根据“园林绿化工程施工间接费账户发生额”填列,要求账表相符,按季填报,见表 3.31。

表 3.31 费用表

编报单位: 年 月 (单位:元)

行次	项目	管理费用	财务费用	施工间接费	小计	备注
1	工作人员薪金					
2	职工福利费					
3	工会经费					
4	职工教育经费					
5	差旅交通费					
6	办公费					
7	固定资产使用费					
8	低值易耗品摊销					
9	劳动保护费					
10	技术开发费					
11	业务活动经费					
12	各种税金					
13	上级管理费					
14	劳保统筹费					
15	离退休人员医疗费					
16	其他劳保费用					
17	利息支出					
17—1	其中:利息收入					
18	银行手续费					
19	其他财务费用					
20	内部利息					
21	资金占用费					
22	房改支出					
23	坏账损失					
24	保险费					
25	其他					
26						
27	合计					
28						

行政领导人: 财务主管人员: 制表人:

3.2.5 园林绿化工程成本分析

1. 园林绿化工程成本分析的目的

(1)根据统计核算、业务核算和会计核算提供的资料,对园林绿化施工成本的形成过程和影响成本升降的因素进行分析,以寻求进一步降低成本的途径(包括项目成本中的有利偏差的挖潜和不利偏差的纠正)。

(2)通过成本分析,可从账簿、报表反映的成本现象看清成本的实质,从而增强园林绿化施工成本的透明度和可控性,为加强成本控制、实现园林绿化施工成本目标创造条件。

2. 园林绿化工程成本分析的的原则与种类

(1)园林绿化工程成本分析的原则。

园林绿化工程成本分析的的原则与市政工程成本分析的原则基本相同,读者可参考本章第 3.1.4 节第 1 点的相关内容,此处不再赘述。

(2)园林绿化工程成本分析的的种类。

①随着园林绿化施工的进展而进行的成本分析。

a. 分部分项工程成本分析。

b. 月(季)度成本分析。

c. 年度成本分析。

d. 竣工成本分析。

②按照成本项目进行的成本分析。

a. 人工费分析。

b. 材料费分析。

c. 机具使用费分析。

d. 措施费分析。

e. 间接成本分析。

③针对特定问题和成本有关事项的分析。

a. 成本盈亏异常分析。

b. 工期成本分析。

c. 资金成本分析。

d. 质量成本分析。

e. 技术组织措施、节约效果分析。

f. 其他有利因素和不利因素对成本影响的分析。

3. 园林绿化工程成本分析的内容与作用

(1)园林绿化工程成本分析的内容。

园林绿化工程成本分析的内容与市政工程成本分析的内容基本相同,读者可参考本章第 3.1.4 节第 2 点的相关内容,此处不再赘述。

(2)园林绿化工程成本分析的作用。

①有助于恰当评价成本计划的执行结果。园林绿化施工的经济活动错综复杂,在实施成本管理时制订的成本计划,其执行结果一般存在一定偏差,若简单地根据成本核算资料直接作出结论,则势必影响结论的正确性。反之,如果在核算资料的基础上进行深入的分析,则可能作出比较正确的评价。

②揭示成本节约和超支的原因,进一步提高企业管理水平。如前所述,成本是反映园林绿化施工经济活动的综合性指标,它直接影响着项目经理部和施工企业生产经营活动的成果。若园林绿化施工降低了原材料的消耗,减少了其他费用的支出,提高了劳动生产率和设备利用率,这必定会在成本上综合反映出来。借助成本分析,运用科学方法,从指标、数学着手,在各项经济指标相互联系中系统地对比分析,揭示矛盾,找出差距,就能正确地查明影响

成本高低的各种因素，了解生产经营活动中哪一部门、哪一环节工作做出了成绩或产生了问题，从而可以采取措施，不断提高项目经理部和施工企业经营管理的水平。

③寻求进一步降低园林绿化施工成本的途径和方法，不断提高企业的经济效益。对园林绿化施工成本执行情况进行评价，找出成本升降的原因，归根到底是为了挖掘潜力、寻求进一步降低成本的途径和方法。只有把企业的潜力充分挖掘出来，才会使企业的经济效益越来越好。

4. 园林绿化工程成本分析的方法

(1)园林绿化工程施工成本分析的基本方法。

园林绿化工程施工成本分析的基本方法，与市政工程成本分析方法基本相同，包括比较法、因素分析法、差额计算法、比率法、“两算对比”法等。其中，比较法、因素分析法、差额计算法可参考市政工程成本分析的相关内容，下面我们仅对比率法和“两算对比”法进行详细介绍。

①比率法。比率法是指用两个以上指标的比例进行分析的方法。其基本特点是：先把对比分析的数值变成相对数，再观察其相互之间的关系。常用的比率法有以下几种。

a. 相关比率法。因为项目经济活动的各个方面是相互联系、相互依存又相互影响的，所以可以将两个性质不同而又相关的指标加以对比，求出比率，并以此来考察经营成果的好坏。例如，产值和工资是两个不同的概念，但它们的关系又是投入与产出的关系。在通常情况下，都希望以最少的工资支出完成最大的产值，因此用产值工资率指标来考核人工费的支出水平就很能说明问题。

b. 构成比率法。又称比重分析法或结构对比分析法。通过构成比率可以考察成本总量的构成情况及各成本项目占成本总量的比重，同时也可看出量、本、利的比例关系(即预算成本、实际成本与降低成本的比例关系)，从而为寻求降低成本的途径指明方向，见表3.32。

表3.32　成本构成比例分析

(单位:万元)

成本项目	预算成本		实际成本		降低成本		
	金额	比重	金额	比重	金额	占本项/%	占总量/%
一、直接成本	1 263.79	93.20	1 200.31	92.38	63.48	5.02	4.68
1. 人工费	113.36	8.36	119.28	9.18	-5.92	-1.09	-0.44
2. 材料费	1 006.56	74.23	939.67	72.32	66.89	6.65	4.93
3. 机械使用费	87.60	6.46	89.65	6.90	-2.05	-2.34	-0.15
4. 措施费	56.27	4.15	51.71	3.98	4.56	8.10	0.34
二、间接成本	92.21	6.80	99.01	7.62	-6.80	-7.37	0.50
成本总量	1 356.00	100.00	1 299.32	100.00	56.68	4.18	4.18
量本利比例/%	100.00		95.82		4.18		

c. 动态比率法。动态比率法就是将同类指标不同时期的数值进行对比，求出比率，用以分析该项指标的发展方向和发展速度。动态比率的计算一般采用基期指数和环比指数两种

方法见表 3.33。

表 3.33　指标动态比较

指标	第一季度	第二季度	第三季度	第四季度
降低成本/万元	45.60	47.80	52. 50	64.30
基期指数/%(一季度 -100)		104.82	115. 13	141.01
环比指数/%(上一季度 -100)		104.82	109. 83	122.48

②“两算对比”法。“两算”对比是建筑施工企业加强经营管理的手段。通过施工预算及施工图预算的对比,可预先找出节约或超支的原因,研究解决措施,实现对人工、材料和机械的事先控制,避免发生计划成本亏损。

a.“两算”对比的方法:“两算”对比以施工预算所包括的项目为准,对比内容包括:主要项目工程量、用工数及主要材料消耗量,但具体内容应结合各项目的实际情况而定。“两算”对比可采用实物量对比法和实物金额对比法。

Ⅰ.实物量对比法。实物量是指分项工程中所消耗的人工、材料和机械台班消耗的实物数量。对比是将“两算”中相同项目所需要的人工、材料和机械台班消耗量进行比较,或以分部工程及单位工程为对象,将“两算”的人工、材料汇总数量相比较。因“两算”各自的项目划分不完全一致,为使两者具有可比性,通常需要经过项目合并、换算之后才能进行对比。由于预算定额项目的综合性较施工定额项目大,故通常是合并施工预算项目的实物量,使其与预算定额项目相对应,然后再进行对比。表 3.34 提供了砌筑砖墙分项工程的“两算”对比情况。

表 3.34　砌筑砖墙工程的“两算”对比

项目名称	数量/m^3	内容	人工材料种类		
			人工/工日	砂浆/m^3	砖/千块
一砖墙	245.8	施工预算	322.0	54.8	128.1
		施工图预算	410.6	55.1	128.6
1/2 砖墙	6.4	施工预算	10.3	1.24	3.56
		施工图预算	11.5	1.39	4.05
合计	252.2	施工预算	332.3	56.04	131.66
		施工图预算	422.1	56.49	132.65
		“两算”对比差额	+89.8	+0.45	+0.99
		“两算”对比差额率/%	+21.27	+0.80	+0.75

Ⅱ.实物金额对比法。实物金额是指分项工程所消耗的人工、材料和机械台班的金额费用。因为施工预算只能反映完成项目所消耗的实物量,并不反映其价值,为使施工预算与施工图预算进行金额对比,就需要将施工预算中的人工、材料和机械台班的数量乘以各自的单价,汇总成人工费、材料费和机械台班使用费,然后与施工图预算的人工费、材料费和机械台

班使用费相比较。表3.35提供了某项目若干分部工程实物金额对比的“两算”对比表。

表3.35 实物金额对比的“两算”对比

序号	项目	施工图预算			施工预算			数量差			金额差		
		数量	单价	合计	数量	单价	合计	节约	超支	所占百分比/%	节约	超支	所占百分比/%
一	直接费/元			10 456.7			9 451.86				1 004.8		9.61
1	人工/元			971.92			882.58				89.34		9.19
2	材料/元	131.62	68	8 950.12	127.90	63	8 057.54	3.72		2.83	892.58		6.2
3	机械/元	5.75	93	534.64	5.69	90	511.74	0.06		1.09	22.9		4.28
二	分部工程												
1	土方工程/元	2.54	90	228.55	2.19	96	210.29	0.35		13.74	18.26		8
2	砖石工程/元	15.20	180	2 735.36	14.80	176	2 605.1	0.39	2.60	130.26		4.76	
3	钢筋混凝土工程/元	8.78	255	2 239.52	8.65	246	2 126.84	0.13		1.56	112.68	9.49	
4	其他												
三	材料												
1	板方料/m^3	2.132	154	328.33	2.09	154	322.01	0.04		1.97	6.32		1.92
2	钢筋/t	1.075	595	639.63	1.044	595	621.18	0.03		2.88	18.45		2.88
3	其他												

b.两算”对比的有关说明。

Ⅰ.人工数量。通常施工预算应低于施工图预算工日数的10%~15%，这是因为施工定额与预算定额水平不一样。在预算定额编制时，考虑到在正常施工组织的情况下工序搭接及土建与水电安装之间的交叉配合所需停歇时间，工程质量检查及隐蔽工程验收而影响的时间和施工中不可避免的少量零星用工等因素，留有10%~15%定额人工幅度差。

Ⅱ.材料消耗。通常施工预算应低于施工图预算的消耗量。由于定额水平不一致，有的项目会出现施工预算消耗量大于施工图预算消耗量的情况，这时需要调查分析，根据实际情况调整施工预算用量后再分析对比。

Ⅲ.机械台班数量及机械费的“两算”对比。由于施工预算是根据施工组织设计或施工方案规定的实际进场施工机械种类、型号、数量和工作时间编制计算机械台班的，而施工图预算的定额的机械台班是根据通常配置综合考虑多以金额表示的，所以通常以“两算”的机械费用相对比，且只能核算搅拌机、卷扬机、塔吊、汽车吊和履带吊等大中型机械台班费是否超过施工图预算机械费。若机械费大量超支，没有特殊情况，应改变施工采用的机械方案，尽可能做到不亏本并略有盈余。

Ⅳ.脚手架工程无法按照实物量进行“两算”对比，只能用金额对比。施工预算是根据施工组织设计或施工方案规定的搭设脚手架内容计算工程量和费用的，而施工图预算按定额综合考虑，按照建筑面积计算脚手架的摊销费用。

(2)园林绿化工程施工综合成本分析方法。

①分部分项工程成本分析。分部分项工程成本分析是园林绿化施工成本分析的基础。分部分项工程成本分析的对象为已完成分部分项工程。分析的方法是:进行预算成本、目标成本和实际成本的“三算”对比,分别计算实际偏差和目标偏差,分析偏差产生的原因,为今后的分部分项工程成本寻求节约途径。

分部分项工程成本分析的资料来源为:预算成本来自投标报价成本,目标成本来自施工预算,实际成本来自施工任务单的实际工程量、实耗人工和限额领料单的实耗材料。

由于园林绿化施工包括很多分部分项工程,不可能也没有必要对每一个分部分项工程都进行成本分析,特别是一些工程量小、成本费用微不足道的零星工程。但是,对于那些主要分部分项工程则必须进行成本分析,而且要做到从开工到竣工进行系统的成本分析。这是一项非常有意义的工作,因为通过主要分部分项工程成本的系统分析,可以基本上了解项目成本形成的全过程,为园林竣工成本分析和今后的园林绿化施工成本管理提供一份宝贵的参考资料。

分部分项工程成本分析表的格式见表 3.36。

表 3.36　分部分项工程成本分析

单位工程:________

分部分项工程名称:________　　工程量:________　　施工班组:________　　施工日期:________

工料名称	规格	单位	单价	预算成本		计划成本		实际成本		实际与预算比较		实际与计划比较	
				数量	金额	数量	金额	数量	金额	数量	金额	数量	金额
合计													
实际与计划比较/%(计划=100)				—	—	—	—	—	—	—	—	—	—
实际与计划比较/%(计划=100)				—	—	—	—	—	—	—	—	—	—
节超原因说明													

编制单位:　　　　　　　　成本员:　　　　　　　　填表日期:

②月(季)度成本分析。月(季)度成本分析是园林绿化施工定期的、经常性的中间成本分析,对于有一次性特点的园林绿化施工项目来说有着特别重要的意义。通过月(季)度成本分析能够及时发现问题,以便按照成本目标指示的方向进行监督和控制,保证园林项目成本目标的实现。

月(季)度的成本分析的依据是当月(季)的成本报表,分析的方法一般有以下几种:

a. 通过实际成本与预算成本的对比,分析当月(季)的成本降低水平;通过累计实际成本与累计预算成本的对比,分析累计的成本降低水平,预测实现园林绿化施工成本目标的前景。

b. 通过实际成本与目标成本的对比,分析目标成本的落实情况以及目标管理中的问题和不足,进而采取措施,加强成本管理,保证成本目标的落实。

c. 通过对各成本项目的成本分析能够了解成本总量的构成比例和成本管理的薄弱环节。例如:在成本分析中,发现人工费、机械费和间接费等项目大幅度超支,就应该对这些费用的收支配比关系认真研究,并采取对应的增收节支措施,防止今后再超支。若是属于预算定额规定的"政策性"亏损,则应从控制支出着手,把超支额压缩到最低限度。

d. 通过主要技术经济指标的实际与目标的对比,分析产量、工期、质量、"三材"节约率、机械利用率等对成本的影响。

e. 通过对技术组织措施执行效果的分析寻求更加有效的节约途径。

f. 分析其他有利条件和不利条件对成本的影响。

③年度成本分析。企业成本要求一年结算一次,不得将本年成本转入下一年度。项目成本则以园林项目的寿命周期为结算期,要求从开工、竣工到保修期结束连续计算,最后结算出成本总量及其盈亏。由于园林工程的施工周期通常较长,除进行月(季)度成本核算和分析外,还要进行年度成本的核算和分析。这不仅是为了满足企业汇编年度成本报表的需要,同时也是园林绿化施工成本管理的需要,因为通过年度成本的综合分析,可以总结一年来成本管理的成绩和不足,为今后的成本管理提供经验和教训,从而可对园林绿化施工成本进行更有效的管理。

年度成本分析的依据是年度成本报表。年度成本分析的内容,除了月(季)度成本分析的六个方面以外,重点是针对下一年度的施工进展情况规划提出切实可行的成本管理措施,以保证园林绿化施工成本目标的实现。

④竣工成本的综合分析。凡是有几个单位工程而且是单独进行成本核算(即成本核算对象)的施工项目,其竣工成本分析应以各单位工程竣工成本分析资料为基础,再加上项目经理部的经营效益(如资金调度、对外分包等所产生的效益)进行综合分析。若园林绿化施工只有一个成本核算对象(单位工程),就以该成本核算对象的竣工成本资料作为成本分析的依据。

单位工程竣工成本分析应包括以下三个方面内容:

a. 竣工成本分析。

b. 主要资源节超对比分析。

c. 主要技术节约措施及经济效果分析。

通过以上分析,可全面了解单位工程的成本构成和降低成本的来源,对今后同类园林工程的成本管理很有参考价值。单位工程竣工成本分析见表3.37。

表 3.37 单位工程竣工成本分析

施工单位:________ 工程型号:________ 编报日期:____年____月____日

单位工程名称:________ 结构层次:________ 建筑面积:________m² 开竣工日期:____年____月____日,

施工周期________天,工程总造价元(其中人防________元)

施工图预算用工____工日,施工预算用工____工日,实耗人工____工日(其中民工____工日____民工工资____元)计件超产工资____元

项目	预算成本		实际成本		降低额	降低率/%	
	金额	比重	金额	比重		占本项	占合计
一、直接成本							
1. 人工费							
其中:分包人工费							
2. 材料费							
其中:结构件							
周转材料费							
3. 机械使用费							
4. 措施费							
二、间接成本							
工程成本		100%		100%			

主要工、料、结构件节超对比

项目	名称	单位	用量			单价	金额	名称	单位	用量			单价	金额
			预算	实际	节超					预算	实际	节超		
人工		工日												
材料费	水泥	t						钢、木模摊销	元					
	黄砂	t						油毛毡	卷					
	石子	t						油漆	kg					
	统一砖	千块						玻璃	m²					
	多孔砖	千块												
	商品混凝土	m²												
	水灰	t												
	沥青	t												
	木材	m³						材料费小计						
结构件	混凝土制品	m²						其他铁器	t					
	钢门窗	m²						预埋铁件	t					
	木制品	m²												
	成型钢筋	t						结构件小计						
大型机械进退场费		元						土方运费	元					

主要技术节约措施及经济效果分析	

单位负责人: 财务负责人: 制表人:

(3)园林绿化工程施工专项成本分析方法。

①成本盈亏异常分析。对园林绿化施工项目来说,成本出现盈亏异常情况必须引起高度重视,彻底查明原因,立即加以纠正。

检查成本盈亏异常的原因,应从经济核算的“三同步”入手。项目经济核算的基本规律

为:在完成多少产值、消耗多少资源、发生多少成本之间,有着必然的同步关系。若违背这个规律,就会发生成本的盈亏异常。

“三同步”检查是提高项目经济核算水平的有效手段,不仅适用于成本盈亏异常的检查,也可适用于月度成本的检查。“三同步”检查可以通过以下五方面的对比分析来实现:

a. 产值与施工任务单的实际工程量和形象进度是否同步;

b. 资源消耗与施工任务单的实耗人工、限额领料单的实耗材料、当期租用的周转材料及施工机械是否同步;

c. 其他费用(例如材料价差、超高费、井点抽水的打拔费和台班费等)的产值统计与实际支付是否同步;

d. 预算成本与产值统计是否同步;

e. 实际成本与资源消耗是否同步。

实践证明,将以上五方面的同步情况查明之后,成本盈亏的原因自然一目了然。

月度成本盈亏异常情况分析表的格式见表 3.38。

表 3.38　月度成本盈亏异常情况分析

工程名称:________　　结构层数:________　　____年____月份　　预算造价:____万元

<table>
<tr><td colspan="4">到本月末的形象进度</td><td colspan="13"></td></tr>
<tr><td colspan="4">累计完成产值</td><td colspan="3">万元</td><td colspan="4">累计点交预算成本</td><td colspan="6">万元</td></tr>
<tr><td colspan="4">累计发生实际成本</td><td colspan="3">万元</td><td colspan="4">累计降低或亏损</td><td colspan="2">金额</td><td></td><td>率</td><td colspan="2">%</td></tr>
<tr><td colspan="4">本月完成产值</td><td colspan="3">万元</td><td colspan="4">本月点交预算成本</td><td colspan="6">万元</td></tr>
<tr><td colspan="4">本月发生实际成本</td><td colspan="3">万元</td><td colspan="4">本月降低或亏损</td><td colspan="2">金额</td><td></td><td>率</td><td colspan="2">%</td></tr>
<tr><td rowspan="5">已完工程及费用名称</td><td rowspan="5">单位</td><td rowspan="5">数量</td><td rowspan="5">产值</td><td colspan="13">资源消耗</td></tr>
<tr><td colspan="2" rowspan="2">实耗人工</td><td colspan="9">实耗材料</td><td rowspan="4">机械租费</td><td rowspan="4">工料机金额合计</td></tr>
<tr><td rowspan="3">金额小计</td><td colspan="8">其中</td></tr>
<tr><td rowspan="2">工日</td><td rowspan="2">金额</td><td colspan="2">水泥</td><td colspan="2">钢材</td><td colspan="2">木材</td><td>结构件</td><td>设备</td></tr>
<tr><td>数量</td><td>金额</td><td>数量</td><td>金额</td><td>数量</td><td>金额</td><td>金额</td><td>租费</td></tr>
<tr><td></td><td></td><td></td><td></td><td></td><td></td><td></td><td></td><td></td><td></td><td></td><td></td><td></td><td></td><td></td><td></td><td></td></tr>
<tr><td></td><td></td><td></td><td></td><td></td><td></td><td></td><td></td><td></td><td></td><td></td><td></td><td></td><td></td><td></td><td></td><td></td></tr>
<tr><td></td><td></td><td></td><td></td><td></td><td></td><td></td><td></td><td></td><td></td><td></td><td></td><td></td><td></td><td></td><td></td><td></td></tr>
<tr><td></td><td></td><td></td><td></td><td></td><td></td><td></td><td></td><td></td><td></td><td></td><td></td><td></td><td></td><td></td><td></td><td></td></tr>
</table>

②工期成本分析。在通常情况下,工期越长费用支出越多,工期越短费用支出越少。特别是固定成本的支出,基本上是与工期长短成正比增减的,是进行工期成本分析的重点。工期成本分析,就是计划工期成本与实际工期成本的比较分析。

工期成本分析的方法通常采用比较法,即将计划工期成本与实际工期成本进行比较,然后应用因素分析法分析各种因素的变动对工期成本差异的影响程度。

进行工期成本分析的前提条件是:根据施工图预算及施工组织设计进行量本利分析,计算施工项目的产量、成本和利润的比例关系,然后用固定成本除以合同工期,求出每月支用的固定成本。

例如:某园林绿化施工项目合同预算造价 562.20 万元,其中预算成本 478.95 万元,合同工期 13 个月。根据施工组织设计测算,变动成本总额为 387.14 万元,变动成本率 80.83%,

每月固定成本支出 5.078 万元，计划成本降低率 6%。

假如该园林绿化施工竣工造价不变，但在施工中采取了有效的技术组织措施，使变动成本率下降到 80%，月固定成本支出降低为 4.85 万元，实际工期缩短到 12.5 个月。

a. 根据以上资料，按照以下顺序计算工期成本。

Ⅰ. 求该施工项目的计划工期（又称为经济工期）。

$$计划(经济)工期 = \frac{预算成本 \times (1 - 变动成本率 - 计划成本降低率)}{月固定成本直营水平}$$

$$= \frac{478.95 \times (1 - 0.8083 - 0.06)}{5.078} = 12.42\ 个月$$

Ⅱ. 计算经济工期的计划成本。

经济工期的计划成本 = 预算成本 × 变动成本率 + 月固定成本支用水平 × 计划经济工期

$$= 478.95 \times 80.8326 + 5.078 \times 12.42 = 450.20\ 万元$$

Ⅲ. 实际工期成本 = 预算成本 × 实际变动成本率 + 实际月固定完成本支用水平 × 实际工期

$$= 478.95 \times 80\% + 4.85 \times 12.5 = 443.79\ 万元$$

根据以上计算结果，实际工期成本比计划工期成本节约：

$$450.20 - 443.79 = 6.41\ 万元$$

b. 按照以上工期成本资料，应用“因素分析法”，对工期成本的节约额 6.41 万元进行分析。

Ⅰ. 该施工项目成本的变动成本率由计划的 80.83% 下降为实际的 80%，下降了 0.008 3（0.808 3 - 0.800 0），使实际工期成本额节约 3.97 万元，计算如下：

$$478.95 \times 0.8 - 478.95 \times 0.808\ 3 = -3.97\ 万元$$

Ⅱ. 该施工项目的月固定成本支出由计划的 5.078 万元下降到实际的 4.85 万元，下降了 0.228 万元（5.078 - 4.85），使实际工期成本节约 2.83 万元，计算如下：

$$-0.228 \times 12.42 = -2.83\ 万元$$

Ⅲ. 该施工项目的实际工期比经济工期延长了 0.08 个月（12.5 - 12.42），使实际工期成本超支 0.39 万元，计算如下：

$$4.85 \times 0.08 = 0.39\ 万元$$

以上三项因素合计：$-3.97 - 2.83 + 0.39 = -6.41$ 万元（节约）

③质量成本分析。质量成本分析，即根据质量成本核算的资料进行归纳、比较和分析，共包括四个分析内容：

a. 质量成本总额的构成内容分析。

b. 质量成本总额的构成比例分析。

c. 质量成本占预算成本的比例分析。

d. 质量成本各要素之间的比例关系分析。

④资金成本分析。资金与成本的关系，即园林绿化工程收入与成本支出的关系。根据园林工程成本核算的特点，园林绿化工程收入与成本支出有很强的配比性。在通常情况下，都希望园林绿化工程收入越多越好，成本支出越少越好。

园林绿化施工的资金来源主要是工程款收入，而施工耗用的人、财、物的货币表现则是工程成本支出。因此,减少人、财、物的消耗,既能降低成本,又能节约资金。

进行资金成本分析,一般应用成本支出率指标,即成本支出占工程款收入的比例。其计算公式为:

$$成本支出率 = \frac{计算期实际成本支出}{计算期实际工程款收入} \times 100\% \tag{3.7}$$

通过对成本支出率的分析可以看出资金收入中用于成本支出的比重有多大;也可以通过加强资金管理来控制成本支出;还可以联系储备金和结存资金的比重,分析资金使用的合理性。

⑤技术组织措施执行效果分析。技术组织措施是园林绿化施工项目降低园林绿化工程成本、提高经济效益的有效途径。所以在开工以前都要根据园林工程特点编制技术组织措施计划,列入施工组织设计。在施工的过程中,为了落实施工组织设计所列技术组织措施计划,可结合月度施工作业计划的内容编制月度技术组织措施计划,同时还要对月度技术组织措施计划的执行情况进行检查和考核。

在实际工作中,往往一些措施已按照计划实施,有些措施并未实施,还有一些措施则是计划以外的。因此,在检查和考核措施计划执行情况的时候,必须分析未按照计划实施的具体原因,作出正确的评价,以免挫伤有关人员的积极性。

对执行效果的分析也要实事求是,既要按理论计算,又要联系实际,对节约的实物进行验收,然后根据实际节约效果论功行赏,以激励有关人员执行技术组织措施的积极性。

技术组织措施必须与园林绿化施工的工程特点相结合。技术组织措施有很强的针对性和适应性(当然也有各施工项目通用的技术组织措施)。节约效果通常按照以下式计算,即

$$措施节约效果 = 措施前的成本 - 措施后的成本 \tag{3.8}$$

对节约效果的分析需要联系措施的内容和执行经过来进行。有些措施难度比较大,但节约效果并不高;而有些措施难度并不大,但节约效果却很高。因此在对技术组织措施执行效果进行考核的时候,也要根据不同情况区别对待。对于在园林绿化施工管理中影响比较大、节约效果比较好的技术组织措施,应该以专题分析的形式进行深入详细的分析,以便推广应用。

分析园林绿化施工项目技术组织措施的执行效果对园林成本的影响程度可以参照表3.39进行。

表3.39　某园林项目技术组织措施执行效果汇总

时间/月	预算成本/万元	执行技术组织措施			“三材”和能源节约量				
		数量/项	节约金额/万元	占预算成本/%	节约水泥/t	节约钢材/t	节约木材/m^3	节约成品油/t	使用代用燃料/t
1	137.50	12	3.60	2.62	6.60	0.40	0.55	0.15	124.00
2	86.40	8	1.34	1.55	4.30	0.25	0.35		82.00
3	118.66	10	2.35	1.98	5.90	0.35	0.50	0.12	146.00
4	177.88	16	4.82	2.71	8.80	0.50	0.70	0.18	177.00
5	204.33	16	5.72	2.80	10.20	0.60	0.80	0.23	209.00
6	194.87	14	5.14	2.64	9.70	0.60	0.75	0.21	196.00
合计	919.64	76	22.97	2.50	45.50	2.70	3.65	0.89	934.00

从技术组织措施的执行效果表来看,该园林绿化施工项目对落实技术组织措施是较为认真的,并且取得了积极的效果。其在半年当中共执行了76项技术组织措施,节约金额22.94万元,占预算成本的2.5%;此外在执行技术组织措施的过程中,还节约了一定数量的“三材”和能源,也是值得借鉴的。

⑥其他有利因素和不利因素对成本影响的分析。在园林绿化施工的过程中,必然会有很多有利因素,同时也会碰到不少不利因素。不管是有利因素还是不利因素,都将对园林绿化施工成本产生影响。

对待这些有利因素和不利因素,项目经理首先要有预见,有抵御风险的能力;同时还要把握机遇,充分利用有利因素,积极争取转换不利因素,这样就会更有利于园林绿化施工,也更有利于园林绿化施工成本的降低。

这些有利因素和不利因素包括工程结构的复杂性和施工技术上的难度,施工现场的自然地理环境(如水文、地质、气候等)以及物资供应渠道和技术装备水平等。它们对园林绿化施工成本的影响需要具体问题具体分析。这里只能作为一项成本分析的内容提出来,有待今后根据施工中接触到的实际问题进行分析。

3.2.6 园林绿化工程成本考核

1. 园林绿化工程成本考核的原则、内容与方法

园林绿化工程成本考核的原则、内容与方法,与市政工程成本考核的原则、内容与方法基本相同,读者可参考本章第3.1.5节的第3点、3.1.5节的第4点和3.1.5节的第5点的相关内容,此处不再赘述。

2. 园林绿化工程施工岗位成本考核

(1)园林绿化施工岗位成本考核的概念。

园林绿化施工岗位成本考核内容通常按照项目管理岗位而定。园林工程项目有大小,大的可有几亿,小的只有几百万,项目经理部人员和管理者的数量通常按照规模大小和工作岗位要求进行人员配备。园林工程体量大的,特别是项目有多个单体组成的则人员多一些。如有多个工长组成,每个工长负责一个项目的施工组织;项目由两个财务人员组成,分别负责出纳和核算工作;材料部门由几个人员组成,分别负责大宗材料、仓库保管、周转材料及租赁材料的保管和材料总负责等。而体量小一些的项目可能只有一个工长,甚至于项目经理也可兼任,项目无需开展成本直接核算;会计人员只要一个成本员即可;材料员也是同理,只需要一个材料人员就能完成本职工作;另由项目安排一人或多人兼职对其材料验收和耗费进行监督即可。因此项目人员配备不是一成不变的,而是要根据园林工程的规模和体量灵活安排。

在人员数量和选配上要注意以下几点:

①项目人员的选配要考虑专业性,项目管理很大部分是公司管理内容的浓缩,可谓是麻雀虽小,五脏俱全。不能因为要控制成本开支,就不加考虑地缩减人员,使项目实际运行过程中大量工作无人做,或者由不懂本专业的人员去做,致使项目各项工作运行不好,甚至于不能很好地履行与业主的合约。因此对于项目人员的选配,既要精干,又要保证园林绿化施工生产和管理工作的正常进行。

②在园林绿化施工生产过程中,项目经理对人员的管理要到位针对每个管理岗位制订岗位责任制、项目管理程序和管理要求以及相应的考评和奖罚规定,使项目整个管理工作按照规定程序和规定的时间,由规定的人员去按质按量地完成。

③正确认识园林绿化施工成本核算。园林绿化施工的成本核算是园林工程成本核算的一部分。园林工程成本核算过程中所需的大量第一手资料依赖于项目提供。园林绿化施工成本核算和成本考核工作需要公司提供人员进行工作,园林绿化施工的成本核算和园林绿化施工岗位成本考核也需要公司进行指导、把握和要求。因此园林绿化施工的核算工作必须是也只能是公司核算的一个部分,必须按照公司的规定正确组织园林绿化施工成本的岗位考核。

(2)园林绿化施工岗位成本考核的流程。

园林绿化施工岗位成本考核是项目经理部进行的一项重要管理活动,我们只要将成本管理变成每个管理者所关心的事情,工作则事半功倍。岗位成本考核的流程如下:

①落实园林绿化施工责任成本。在园林绿化施工项目在开工前,或者在开工后尽可能短的一段时间内,计算项目的标准成本,同时与项目经理部谈判园林绿化施工责任成本,经双方确定认后,签订园林绿化施工责任成本合同。

②落实园林绿化施工管理人员安排和工作岗位。通常情况下,施工企业在实施园林绿化项目责任成本管理工作中有一套制度来规范、管理项目的成本管理工作,其中就会有一项关于不同园林项目的人员配备要求和岗位设置要求。这些指导性文件或规定也是计算园林项目中的管理人员工资的基础。因此公司要与园林项目一起计算、落实项目管理人员数量、岗位设置,包括工资标准和工资总额,同时对每位管理人员落实管理岗位和管理工作范围,如合约副经理兼统计收入工作,会计人员兼项目办公室负责人等。项目有些关键管理岗位的工人或工班长有时也承揽相应的管理责任。

③分解园林项目责任成本,测算园林绿化项目的内控成本。按照园林绿化项目的管理情况和管理人员及其岗位的配置情况分解责任成本指标,这个指标分解应该是全面性、覆盖性的,即园林绿化项目责任成本在每个岗位分配、指标后应与园林绿化项目的目标成本一致,不留缺口,用公式表示则为:

$$\text{项目责任成本} = \sum \text{岗位成本考核指标} + \text{项目计划成本降低额} \tag{3.9}$$

④根据管理岗位设置计算不同岗位的成本考核指标。岗位成本考核指标设定和考核的额度,主要根据岗位和相关人员,什么岗位管理什么内容,经测算应有什么样的成本支出,才能够达到目标,而且这种成本支出需要进一步的细化、优化才能进行决定。根据每个岗位的管理者,填列成本考核指标,并与岗位责任者签订岗位成本考核责任书,应具有工作内容、阶段指标、时间安排、考核方法、奖罚办法等明细内容。

⑤实施园林绿化施工过程的计量和核算工作。我们在前面已讨论过岗位成本考核,原则上是不宜太复杂,本着干什么、管什么、算什么的原则进行过程的控制和考核。岗位成本的计量工作、会计上的成本核算,在过去实现都非常困难,随着会计电算化的快速进步,现在已是非常简单了,通过成本科目在收支的相关科目中实行部门或个人的辅助核算,就能够达到区分和计量的目的。但会计上核算的都是沉没成本,属于过去时。因此还需要设计一套专用账簿进行实时核算和计量,及时向有关责任者提供信息。

⑥园林绿化项目岗位成本考核的评价工作。岗位工作一旦结束,或者取得了明确的阶段计量,就可以进行阶段考核和业绩评价,评价可以是某岗位工作全部完成的时候,也可以采用分阶段进行对比,但必须有一条,就是计量清楚;另外一点是阶段考评和结果只能是部分兑现,因为全部工作尚未完成,偶然性的问题还可能会出现。

岗位成本考核的整个流程,如图3.8所示,园林项目岗位成本考核流程。

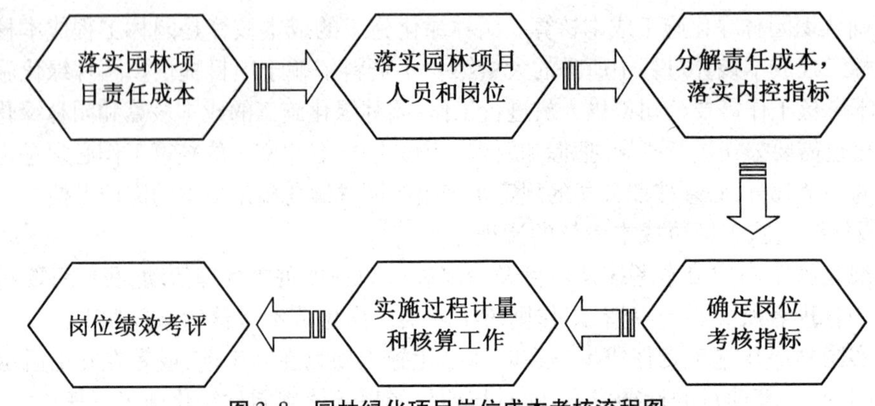

图 3.8 园林绿化项目岗位成本考核流程图

(3)园林绿化施工岗位成本考核的方法。

园林绿化施工岗位成本的考核方法，通常采用表格法，主要分开工前的总量落实、分阶段的考核和完工后的总考核及其奖罚兑现。

①岗位成本考核总量的计算和落实。项目班子组建完成后，根据公司下达的园林绿化施工成本责任总额和园林在改进园林施工方案、控制方案后计算园林绿化施工成本支出并制订成本支出总计划。

a. 同时要立即着手根据人员的构成情况，依据园林绿化施工成本支出总计划进行岗位成本的考核内容分工。这里要强调的一点是，各岗位成本考核和控制指标不得大于园林绿化施工成本计划总支出。

b. 岗位成本考核在园林施工的成本控制中不能留有口子，也就是说，园林绿化施工成本总计划的每项预计支出都要落实到人。

c. 每项岗位成本控制和考核不仅有内容、范围，还要有指标和奖罚方法。一般情况下，园林项目在测定了各管理岗位的成本考核指标后，或者某个岗位成本考核指标后，由项目经理与岗位的责任人商定并签订岗位的成本考核指标，并以内部合同的形式予以确定。

合同的内容通常有：项目名称、岗位成本考核范围、岗位成本考核的具体方法和指标、奖罚方法、风险抵押金额、岗位成本考核的责任人、项目负责人、考核时间和内部合同签订时间。

其岗位考核成本指标计算表通常由以下部分组成：

Ⅰ. 表头。主要有表格名称、项目名称、岗位责任范围、工期。

Ⅱ. 主表。主要有分工序名称、工程量、单价、造价、各具体工作（工序）的时间安排。

Ⅲ. 表尾。主要有项目岗位成本责任总额、项目经理签字、预算人员的签字、岗位责任人的签字、签订时间。以工长的钢筋混凝土岗位成本责任为例，其表格格式见表 3.40。

表 3.40 钢筋混凝土岗位成本责任考核指标计算

项目名称：________ 岗位责任范围：________ 工期：____年____月____日至____年____月____日

序号	分部分项名称	单价	总价	时间安排
合计				

项目经理： 预算人员： 岗位责任人员： 签订时间： 年 月 日

项目的岗位成本责任一经签订就要严格执行。岗位成本责任书通常情况下一式三到四份,其中岗位责任人至少一份。

②园林绿化施工过程中分阶段的考核。它主要由两部分构成:一是岗位成本责任因签证或设计变更而引起的调整;二是分阶段的收支考核,考核期通常同会计核算期限一致,即每月一次。

a. 考核指标的调整。根据园林绿化施工岗位责任考核的双方合同中所规定的岗位成本责任的调整方法,园林工程项目收入一旦发生调整,相关管理范围或岗位对象也应作出相应调整。通常按照因素调节法计算和确认园林绿化施工成本收入调整中属于某岗位的调整额。

b. 分阶段的考核。在项目确定园林绿化工程收入中属于园林绿化施工的成本收入后,园林绿化施工统计员要根据各岗位所完成的工程量和岗位考核方法计算各岗位的成本核算期的岗位成本收入,经预算员确认后报项目会计处。园林绿化施工成本会计根据各要素提供者所提供的相关报表或资料计算各岗位成本的耗费和其相应的指标节超情况。其表格格式见表3.41。

表3.41　园林绿化项目岗位成本分阶段考核情况

岗位成本责任人:　　　　考核时间:　年　月　日　　　　(单位:元)

原始签约额		本期岗位成本收入额		
调整额		本期岗位成本支出额		
完工确认额		本期岗位成本节超额		
		累计岗位成本收入额		
		累计岗位成本支出额		
		累计岗位成本		

项目经理:　　　　预算员:　　　　成本会计:　　　　岗位责任人:

③完工后岗位成本的总考核与总兑现。它通常在该岗位工作内容完成后计算确认,主要由园林绿化施工成本会计召集相关人员计算而定。其基本步骤是:

a. 取得和确认原始的岗位考核指标。

b. 从统计员特别是预算人员处取得岗位成本考核的调整数。

c. 汇总该岗位的累计成本收支数或收支量。

d. 完成完工岗位成本总考核表的编制。

e. 根据岗位成本考核合同书中相关内容计算该岗位的奖惩和比例。

f. 劳资员计算,项目经理签认其奖罚书。

g. 园林绿化工程竣工后,补差各岗位成本责任考核的奖罚留存数。

h. 项目通知公司财务退还相关岗位责任者的风险抵押金。

3. 园林绿化工程施工成本审计

(1)园林绿化施工成本审计的内容和程序。

园林绿化施工成本审计通常是指园林绿化工程完工后,公司有关部门根据相关资料对园林绿化施工成本收支进行审计和确认,借以最终确定园林绿化施工成本的总收入、总支出、总盈亏情况以及园林绿化施工最终兑现总额和兑现补差。园林绿化成本审计的内容和程序通常包括如下几方面:

①确定园林绿化施工成本总收入。园林绿化工程竣工之后,立即组织有关人员与业主进

行工程竣工结算,确定园林绿化工程造价。当园林绿化工程造价确定后,由企业经营部门按公司相关文件和项目责任合同所确定的项目责任成本总收入的计算方法和计算口径,在项目责任合同、项目成本责任总额、园林施工过程中的各项签证和公司与项目的相关调整文件或签证,划分和计算项目成本总收入。在确定项目成本总收入的基础上,计算项目已报收入和竣工后可补报收入或应调整额度。

②清理完债权债务。园林绿化工程竣工之后,原则上园林绿化工程应将各项要素包括所有人员,除留有结算人员和项目其他人员外,应尽早退出现场,项目宣布解散,也就是说项目在与公司结算时要做到工完、场净、人退、账清。其中留下人员主要做以下几项工作:

a. 落实内部横向之间债务,及时办理内部租赁机械设备和租赁两大工具的总的租赁额、已签租费和项目已估成本。

b. 落实项目内部劳务结算额。项目要及时办理内部劳务分包额、已签费用及项目已估成本。

c. 园林绿化工程要与公司财务部门一起落实园林施工过程中所产生的债权债务,尽可能与每一家债权债务单位确认双方各自的权益和责任,并把由债权债务所可能产生的损失通过一定的途径和方法调入成本,或在园林绿化施工成本的兑现中予以体现。

d. 园林绿化施工项目要及时办理多余材料的退库,要及时办理项目自购的部分小型机械设备工具的转让手续。对于已报废或已损坏的材料、工具,在查明原因后及时落实责任或调入成本。

③确定园林绿化施工成本总支出。在园林绿化项目全面实现工程竣工和清理完债权债务后,最后一次调整成本支出,落实园林绿化施工成本总支出,为项目开展内部兑现或公司与项目兑现提供真实、准确的数据。

④确定园林绿化施工成本盈亏额。在公司与园林施工落实项目成本收入和成本支出的基础上,公司要及时落实成本的盈亏。公司与园林工程之间共同签订成本收、支、盈亏确认表,表中内容应具备园林绿化施工成本责任总额、工程调整与签证、园林绿化工程竣工成本总收入、园林工程成本总支出和相应的园林项目成本盈亏额等数据,相应人员的签字确认。表格式样见表3.42。

表3.42　园林绿化施工成本收、支、盈亏确认

项目名称:　　　　　　　　　　　　年　　月　　日　　　　　　　　　　(单位:)

序号	主要内容	园林施工预报额	公司确认额	双方确认额	备注
1	园林绿化施工成本责任总额				
2	园林施工签证与调整				
3	园林绿化施工成本总收入				
4	园林绿化施工成本累计支出				
5	园林施工竣工调整				
6	园林施工竣工总支出				
7	园林绿化施工成本盈亏额				

项目预算员:　　　　　　公司预算经办人:　　　　　　公司财务负责人:

项目成本员:　　　　　　公司预算负责人:　　　　　　公司领导:

项目经理:　　　　　　　公司财务经办人:

⑤园林绿化施工相关指标审计。园林绿化施工相关指标审计是指根据园林施工责任成本合同所确定的考核内容和考核标准与其完成情况进行审计。它通常包括质量指标审计、工期指标审计、安全文明施工审计。这些指标通常依合同中确立的标准和内容开展审计。

a. 质量指标审计。根据园林绿化施工责任成本合同中确定的内容,按照当地质量主管部门的质量验收所确认的指标,由公司工程质量主管人员及时进行签字确认。

b. 工期指标审计。根据园林绿化施工责任成本合同中确定的内容,按照业主和相关部门所确认的工期,由公司工程部门相关人员及时进行签字确认。

c. 安全文明施工审计。根据园林绿化施工责任成本合同中确定的内容,按照业主和相关部门所确认的指标,由公司工程部门相关人员及时进行签字确认。

d. 其他需要审计的内容。它包括园林绿化施工成本责任合同中所认定的需要审计的内容,如 CI 标准审计、保安工作审计等。

(2)园林绿化施工成本审计的步骤。

园林绿化施工成本审计时一般都要按图 3.9 所示的步骤依次进行。

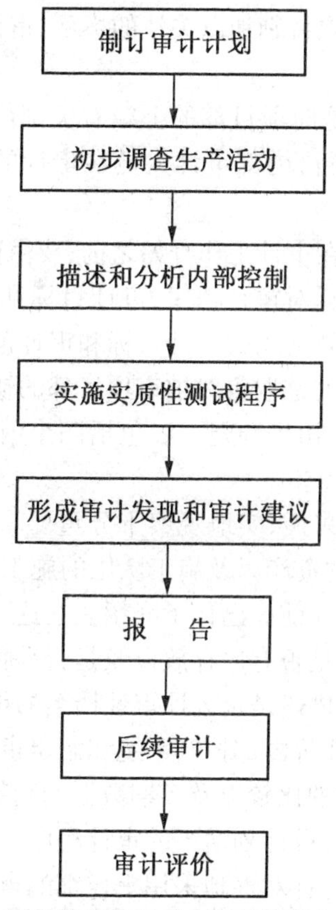

图 3.9 园林绿化施工成本审计的程序与步骤

①制订审计计划。审计计划的内容包括以下几方面:

a. 初步确定审计目标和审计范围。一般内部审计的目标是:协助组织的领导成员有效地履行他们的职责。具体到园林工程项目部审计,其目标就是要协助施工企业的领导有效地对园林工程项目部加以管理,监督其生产行为。当然,就单个审计项目而言,其审计目标还会进一步具体化。

b. 研究背景信息。在开始执行审计前，审计人员应尽量地熟悉被审项目部所涉及的施工生产活动的相关资料，以便为初步调查做好准备。这一准备工作不仅有利于审计人员估计经营活动中可能发生的需要加以关注的特别或例外事项，也有利于他们熟悉被审项目部的政策制度和控制程序。

c. 成立审计小组。审计小组的具体组成依审计项目的规模和性质而定。有的小型项目可能只有一名审计人员，所有的审计工作只能由其独自完成；而有的大规模的审计项目需要较多的人员和时间，在制订审计计划时应做好安排。审计小组人员可来源于公司的对口职能部门，或外请相关专家担任。

d. 初步联系被审项目部及其他有关当事人。在开展审计工作之前，审计人员应向被审项目部下达审计通知，并与之就有关的审计事项进行交流。通过交流，审计人员可以向被审项目部提出需要配合的事项（例如要求被审项目部提供必要的文件、记录、设施、物资等），使被审项目部有足够的时间做好充分准备。

e. 制订初步审计方案。审计工作需要进行周密的计划安排。审计方案包括以下内容：审计目标、审计范围、审计过程中必须特别加以关注的事项、审计程序、拟收集的审计证据、审计人员分工及审计时间安排。

f. 计划审计报告。审计报告是向项目部的上级有关部门反映审计结果的文件。计划审计报告在审计过程的准备阶段进行，内部审计人员在审计的初期就要考虑审计报告如何编制，何时报送以及向谁报送。

g. 取得对审计方案的批准。在审计工作开始之前，要由内审部门的领导对审计方案进行复核和批准。审计方案的复核包括对审计程序、审计目标和审计范围的复核。这种全面、综合的复核有利于保证审计程序有效地支持审计目标和审计范围。

②初步调查。初步调查的目的是取得对被审项目部的初步了解，为进一步完善审计方案提供依据，并取得被审者的合作。初步调查一般包括四个内容：实地观察、研究资料、书面描述、分析审计程序。

a. 对于园林工程项目部审计来说，实地观察十分重要。通过到施工现场的观察，可以对项目部管理活动的工作流程、实物资产以及施工队伍的施工情况进行基本的了解。

b. 审计人员需要研究的资料在前面已作了介绍。在这一阶段，审计人员的主要任务是确定这些文件是否存在、如何组织、是否有序存放以及是否妥善保管等。

c. 对被审项目部情况的书面描述是永久性审计档案的组成部分，它有利于审计人员了解被审项目部，并可作为审计人员评价内部控制系统和制定审计程序的基础。

d. 对项目部实际数与预算数的比较以及多期数据的趋势分析，可以帮助审计人员更好地理解项目部的情况，有利于审计人员计划适当的审计程序。通过比较和分析所发现的异常情况能引起审计人员的关注，从而有针对性地采用更详细的审计程序来审查。

③描述和分析内部控制制度。审计人员应当研究与评价被审计项目部的内部控制，对拟信赖的内部控制进行符合性测试，以确定对实质性测试的性质、时间和范围的影响。首先，内审人员应了解被审计项目部的内部控制；然后，内审人员应当通过流程图、调查表或文字描述等三种方式对被审计项目部的内部控制进行详略得当的描述；最后，内审人员应对被审计项目部的内部控制作出评价，并根据对控制风险的评价水平设计实质性测试。其具体的运行步骤如图 3.10 所示。

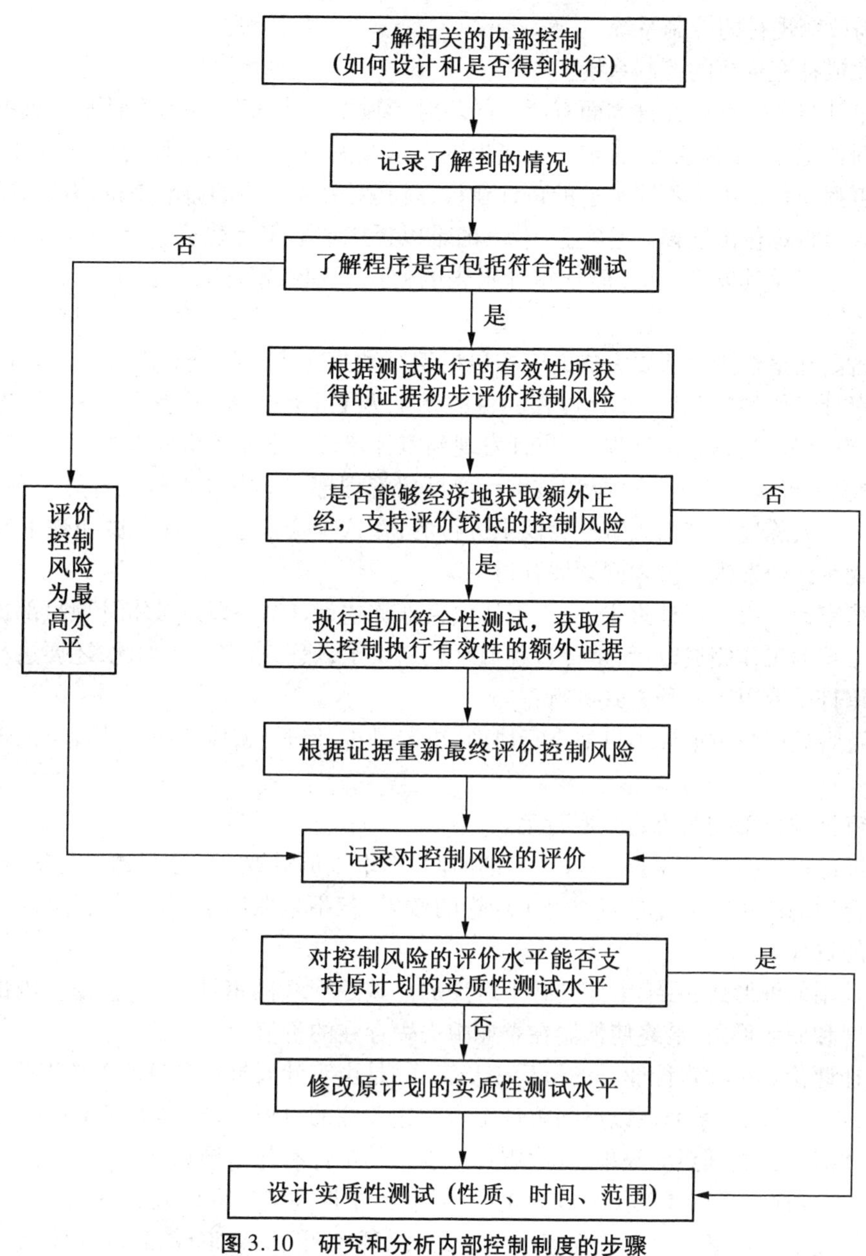

图 3.10　研究和分析内部控制制度的步骤

④实质性测试程序。实质性测试程序包括审查记录和文件、与被审计项目部管理部门和其他职工进行面谈、实地观察园林绿化施工管理活动、检查资产、将实际和记录进行比较以及使审计人员充分详细了解组织控制系统的实施程序。实质性测试程序既可按会计报表项目，也可按业务循环组织实施。

⑤审计发现和审计建议。一旦结束了对被审者的研究和评价，审计人员就应开始提出审计发现和审计建议。

审计发现应包括审计人员所发现的问题和评价这些问题的标准。对于实际和评判标准的差异所造成的影响（风险）以及差异产生的原因，审计建议一般有以下类型：

a. 无需改变现行的控制系统。

b. 修改或补充现行的控制系统。

内部审计与独立审计在这方面有所不同。对于独立审计来讲,注册会计师应根据审计结论出具无保留意见、保留意见、否定意见或拒绝表示意见的审计报告;作为内部审计,审计人员对园林工程项目部出具不同类型的审计建议,就其对总体风险的影响来讲,有时区别不大,因此审计人员很难作出选择。事实上,若真的难以择优选取审计建议,审计人员可指出各种不同的审计建议及其风险,这样能使审计报告的使用者理解审计人员作出该审计结论的根据。

⑥报告。在报告阶段所要完成的工作包括编写和报送审计报告。许多审计人员认为审计报告是审计工作的"产品",审计过程的目的就是为了生产这种"产品"。审计报告要说明审计目标、审计范围、总体审计程序、审计发现和审计建议。书面的审计报告要由审计人员签字,通常情况下报送给高级管理层和被审计项目部管理部门。审计报告也有另一种形式,即个人陈述。个人陈述是在结束审计会议中进行的,在这个会议上,审计人员和被审计项目部的管理层就审计中发现的重大问题展开讨论。

⑦后续审计。报送审计报告、向被审计项目部陈述审计结果以及被审计项目部提出反馈意见等这一系列工作完成以后,审计过程似乎就结束了,然而事实并非如此,还要进行后续审计。后续审计采取以下三种方式进行:

a. 高级管理层与被审计项目部进行协商,决定是否、何时、怎样按照审计人员的建议采取纠正行动。

b. 被审计项目部按照决定采取行动。

c. 在报送审计报告后,经过一段合理的时间,内审人员对被审计项目部进行复查,看其是否采取了合适的纠正行动并是否取得了理想的效果;若不采取纠正行动,是否是高级管理层和董事会的责任。

无论采用何种形式,后续审计是必不可少的。缺乏后续的审计工作,会损害内部审计人员的忠诚度和职业形象,最终使他们在企业中失去存在的价值。

⑧审计评价。一项审计业务的最后一步工作,是由审计人员对自身的工作进行评价。在此步骤中,主要考虑一系列在以后的审计工作中应关注的事项,包括本次审计的有效性如何,应怎样做才能达到更理想的效果,本次审计对未来的审计有何指导意义等。

总之,直到这一步审计工作完成为止,一项审计才告终结。审计人员不能认为出具了审计报告就算完成了任务。为了确保审计工作的效率和效果,后续审计和审计评价是必不可少的。园林工程项目部的一次性特点导致只有对项目部实施了事前或事中审计后才存在后续审计。因为如果实施的是事后审计,审计结束后项目部也已解散,审计发现及审计建议只能对下一个项目部起到警戒的作用,而对被审计项目部已没有任何的指导作用。也正是出于这一原因,对项目部来讲,事中审计优于事后审计。

4 项目竣工结算与决算

4.1 项目竣工结算

4.1.1 项目工程款的结算方式

我国现行工程价款结算根据不同情况，可以采取多种按月结算、竣工后一次结算、分段结算、目标结款方式、结算双方约定的其他结算方式，见表4.1。

表4.1 我国现行工程价款结算方式

序号	结算方式	具体内容
1	按月结算	实行旬末或月中预支，月终结算，竣工后清算的方法。跨年度竣工的工程，在年终进行工程盘点，办理年度结算。我国现行建筑安装工程价款结算中，相当一部分是实行这种按月结算
2	竣工后一次结算	建设项目或单项工程全部建筑安装工程建设期在12个月以内，或者工程承包合同价值在100万元以下的，可以实行工程价款每月月中预支，竣工后一次结算
3	分段结算	分段结算即当年开工，当年不能竣工的单项工程或单位工程按照工程进度，划分不同阶段进行结算。分段结算可以按月预支工程款。分段的划分标准，由各部门、自治区、直辖市、计划单列市规定
4	目标结款方式	在工程合同中，将承包工程的内容分解成不同的控制界面，以业主验收控制界面作为支付工程价款的前提条件。也就是说，将合同中的工程内容分解成不同的验收单元，当承包商完成单元工程内容并经业主（或其委托人）验收后，业主支付构成单元工程内容的工程价款 目标结款方式下，承包商要想获得工程价款，必须按照合同约定的质量标准完成界面内的工程内容；要想尽早获得工程价款，承包商必须充分发挥自己组织实施能力，在保证质量前提下，加快施工进度。这意味着承包商拖延工期时，则业主推迟付款，增加承包商的财务费用、运营成本，降低承包商的收益，客观上使承包商因延迟工期而遭受损失。同样，当承包商积极组织施工，提前完成控制界面内的工程内容则承包商可提前获得工程价款，增加承包收益，客观上承包商因提前工期而增加了有效利润。同时，因承包商在界面内质量达不到合同约定的标准而业主不预验收，承包商也会因此而遭受损失。可见，目标结款方式实质上是运用合同手段、财务手段对工程的完成进行主动控制 目标结款方式中，对控制界面的设定应明确描述，便于量化和质量控制，同时要适应项目资金的供应周期和支付频率

续表 4.1

序号	结算方式	具体内容
5	结算双方约定的其他结算方式	施工企业在采用按月结算工程价款方式时,要先取得各月实际完成的工程数量,并按照工程预算定额中的工程直接费预算单价、间接费用定额和合同中采用利税率,计算出已完工程造价。实际完成的工程数量,由施工单位根据有关资料计算,并编制"已完工程月报表",然后按照发包单位编制"已完工程月报表",将各个发包单位的本月已完工程造价汇总反映。再根据"已完工程月报表"编制"工程价款结算账单",与"已完工程月报表"一起,分送发包单位和经办银行,据以办理结算 施工企业在采用分段结算工程价款方式时,要在合同中规定工程部位完工的月份,根据已完工程部位的工程数量计算已完工程造价,按发包单位编制"已完工程月报表"和"工程价款结算账单" 对于工期较短、能在年度内竣工的单项工程或小型建设项目,可在工程竣工后编制"工程价款结算账单",按合同中工程造价一次结算 "工程价款结算账单"是办理工程价款结算的依据。工程价款结算账单中所列应收工程款应与随同附送的"已完工程月报表"中的工程造价相符,"工程价款结算账单"除了列明应收工程款外,还应列明应扣预收工程款、预收备料款、发包单位供给材料价款等应扣款项、算出本月实收工程款 为了保证工程按期收尾竣工,工程在施工期间,不论工程长短,其结算工程款,通常不得超过承包工程价值的95%,结算双方可以在5%的幅度内协商确定尾款比例,并在工程承包合同中说明。施工企业如已向发包单位出具履约保函或有其他保证的,可以不留工程尾款 "已完工程月报表"和"工程价款结算账单"的格式见表4.2、表4.3

表 4.2 已完工程月报表

发包单位名称: 年 月 日 (单位:元)

单项工程和单位工程名称	合同造价	建筑面积	开竣工日期		实际完成数		备注
			开工日期	竣工日期	至上月(期)止已完工程累计	本月(期)已完工程	

施工企业: 编制日期: 年 月 日

表4.3 工程价款结算账单

发包单位名称： 年 月 日 （单位：元）

单项工程和单位工程名称	合同造价	本月（期）应收工程款	应扣款项			本月（期）实收工程款	尚未归还	累计已收工程款	备注
			合计	预收工程款	预收备料款				

施工企业： 编制日期： 年 月 日

4.1.2 项目竣工结算的编制

1. 编制依据

工程项目竣工结算一般由承包人编制，发包人审查，双方最终确定。市政工程与园林绿化工程项目竣工结算的编制一般依据下列资料：

(1)合同文件。

(2)竣工图纸和工程变更文件。

(3)相关技术核准资料和材料代用核准资料。

(4)工程计价文件、工程量清单、取费标准及有关调价规定。

(5)双方确认的有关签证和工程索赔资料。

2. 编制方法

市政工程与园林绿化工程项目竣工结算的编制方法，是在原工程投标报价或合同价的基础上，根据所收集、整理的各种结算资料，例如设计变更、技术核定、现场签证、工程量核定单等进行直接费的增减调整计算，按取费标准的规定计算各项费用，最后汇总为工程结算造价。市政工程与园林绿化工程项目竣工结算的程序一般按以下三种方式进行：

(1)通常工程结算程序，如图4.1所示。

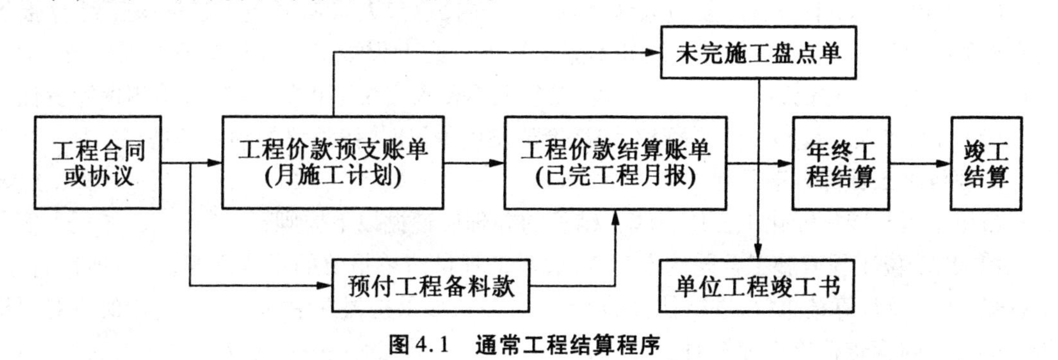

图4.1 通常工程结算程序

(2)竣工验收一次结算程序,如图4.2所示。

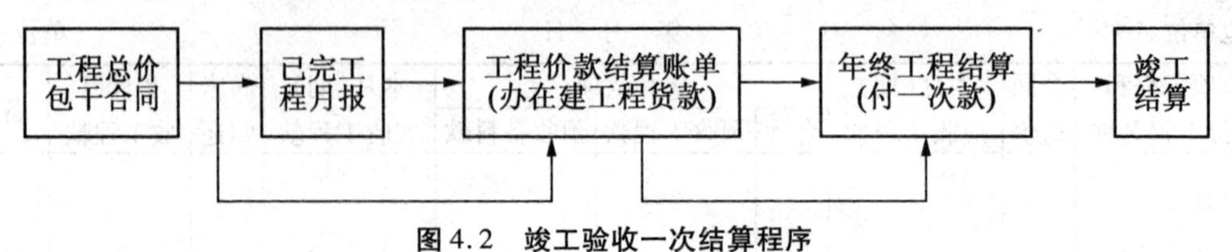

图4.2 竣工验收一次结算程序

(3)分包工程结算程序,如图4.3所示。

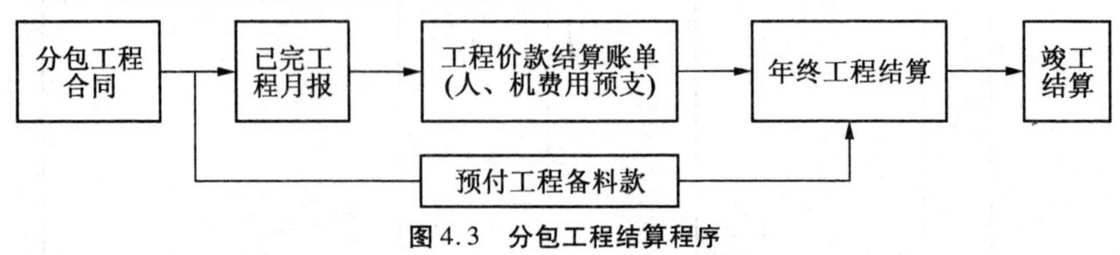

图4.3 分包工程结算程序

4.1.3 项目竣工结算的办理

1.项目竣工结算办理规定

市政工程与园林绿化工程项目竣工结算的办理应当符合下列规定:

(1)市政工程与园林绿化工程竣工验收报告经发包人认可后28天内,承包人向发包人递交竣工结算报告及完整的结算资料,双方按照协议书约定的合同价款及专用条款约定的合同价款调整内容,进行工程竣工结算。

(2)发包人在收到承包人递交的竣工结算报告及结算资料后28天内进行核实,给予确认或提出修改意见。发包人确认竣工结算报告后,通知经办银行向承包人支付工程竣工结算价款。承包人收到竣工价款后14天内将竣工工程交付发包人。

(3)发包人收到竣工结算报告及结算资料后28天内,无正当理由不支付工程竣工结算价款,从第29天起按承包人同期向银行贷款利率支付拖欠工程价款的利息,并且承担违约责任。

(4)若发包人收到竣工结算报告及结算资料后28天内不支付工程竣工结算价款,承包人可以催告发包人支付结算价款。若发包人在收到竣工结算报告及结算资料后56天内仍不支付的,承包人可以与发包人协议将该工程折价转让,也可以由承包人申请人民法院将该工程依法拍卖,承包人就该工程折价或者拍卖的价款优先受偿。

(5)工程竣工验收报告经发包人认可后28天内,承包人未向发包人递交竣工结算报告及完整的结算资料,造成工程竣工结算不能正常进行或工程竣工结算价款不能及时支付的,发包人要求交付工程的,承包人应当交付;发包人不要求交付工程的,承包人承担保管责任。

(6)当发包人、承包人对工程竣工结算价款发生争议时,按争议的约定处理。

2.项目竣工结算办理原则

市政工程与园林绿化工程项目竣工结算的办理应遵循以下原则:

(1)以单位工程或施工合同约定为基础,对工程量清单报价的主要内容,包括项目名称、工程量、单价及计算结果等,进行认真的检查和核对,如果是根据中标价订立合同的应对原报价单的主要内容进行检查和核对。

(2)在检查和核对中,如果发现有不符合有关规定,单位工程结算书与单项工程综合结算书有不相符的地方,有多算、漏算或计算误差等情况时,均应及时进行纠正调整。

(3)如果工程项目由多个单项工程构成的,应按建设项目划分标准的规定,将各单位工程竣工结算书汇总,编制单项工程竣工综合结算书。

(4)如果工程是由多个单位工程构成的项目,实行分段结算并且办理了分段验收计价手续的,应将各单项工程竣工综合结算书汇总编制成建设项目总结算书,并撰写编制说明。

4.1.4　项目竣工结算审核

市政工程与园林绿化工程项目竣工结算是施工单位向建设单位提出的最终工程造价。对于国家计划建设项目来说,竣工结算是施工企业向国家提出的最终工程造价。因此,必须本着负责的态度,力求做到符合实际、符合规定、兑现合同。所以结算一定要经过审核程序。市政工程与园林绿化工程项目竣工结算审核的内容包括工程量、材料价、直接费、套定额、总表等。

1.项目竣工结算的审核程序

(1)自审。工程结算初稿编定后,施工单位内部先组织校审。

(2)建设单位审。自审后编印成正式结算书送交建设单位审查;建设单位也可以委托有权机关批准的工程造价咨询单位审查。

(3)造价管理部门审。当建设单位与施工单位协商无效时,可以提请造价管理部门裁决。

2.项目竣工结算的审核方法

(1)高位数法。着重审查高位数,例如整数部分或者十位以前的高位数。单价低的项目从十位甚至百位开始查对;单价高总金额大的项目从个位起查对。

(2)抽查法。抽查建设项目中的单项工程,单项工程中的单位工程。抽查的数量一般根据已经掌握的大致情况决定一个百分率,若抽查未发现大的原则性的问题,其他未查的就不必再查。

(3)对比法。根据历史资料,用统计法编写出各种类型建筑物分项工程量指标值。用统计指标值去对比结算数值,通常可以判断对错。

(4)造价审查法。结算总造价对比计划造价(或设计预算、计划投资额)。对比相差大小通常可以判断结算的准确度。

4.2　项目竣工决算

4.2.1　项目竣工决算的内容

市政工程与园林绿化工程项目竣工决算应该包括从筹集到竣工投产全过程的全部实际费用,即包括:市政工程与园林绿化工程费、安装工程费、设备工器具购置费用以及预备费等费用。按照财政部、国家发展改革委和住房和城乡建设部的有关文件规定,竣工决算是由竣工财务决算说明书、竣工财务决算报表、工程竣工图以及工程竣工造价对比分析组成的。其中，竣工财务决算说明书与竣工财务决算报表两部分又称建设项目竣工财务决算，是竣工决算的核心内容。

1. 竣工财务决算说明书

竣工财务决算说明书主要反映竣工工程建设成果和经验，它是对竣工决算报表进行分析与补充说明的文件，是全面考核分析工程投资与造价的书面总结，是竣工决算报告的重要组成部分，其主要内容包括：

(1)项目概况。项目概况是对工程总的评价。一般从进度、质量、安全和造价方面进行分析说明。

①进度方面：主要说明开工时间和竣工时间，对照合理工期和要求工期分析是提前还是延期。

②质量方面：主要根据竣工验收委员会或相当一级质量监督部门的验收评定等级、合格率和优良品率进行说明。

③安全方面：主要根据劳动工资和施工部门的记录，对有无设备和人身事故进行说明。

④造价方面：主要对照概算造价，说明节约或超支的情况，用金额和百分率进行分析说明。

(2)资金来源及运用等财务分析。它主要包括工程价款结算、会计账务的处理、财产物资情况以及债权债务的清偿情况。

(3)基本建设收入、投资包干结余、竣工结余资金的上交分配情况。通过对基本建设投资包干情况的分析，说明投资包干数、实际支用数和节约额、投资包干节余的有机构成与包干节余的分配情况。

(4)各项经济技术指标的分析，概算执行情况的分析，根据实际投资完成额与概算进行对比分析；新增生产能力的效益分析，说明支付使用财产占总投资额的比例和占支付使用财产的比例，不增加固定资产的造价占投资总额的比例，分析有机构成和成果。

(5)工程建设的经验及项目管理和财务管理工作以及竣工财务决算中有待解决的问题。

(6)需要说明的其他事项。

2. 竣工财务决算报表

项目竣工财务决算报表根据大、中型建设项目和小型建设项目分别制定。其中，大、中型建设项目竣工决算报表包括：建设项目竣工财务决算审批表，大、中型建设项目概况表，大、中型建设项目竣工财务决算表，大、中型建设项目交付使用资产总表及建设项目交付使用资产明细表。小型建设项目竣工财务决算报表包括：建设项目竣工财务决算审批表、竣工财务决算总表和建设项目交付使用资产明细表等。

(1)建设项目竣工财务决算审批表见表4.4。建设项目竣工财务决算审批表作为竣工决算上报有关部门审批时使用，其格式是按照中央级小型项目审批要求设计的，地方级项目可按照审批要求作适当修改，大、中、小型项目都要按照如下要求填报此表。

①表中“建设性质”按照新建、改建、扩建、迁建和恢复建设项目等分类填列。

②表中“主管部门”是指建设单位的主管部门。

③所有建设项目均须经过开户银行签署意见后，按照有关要求进行报批：中央级小型项

目由主管部门签署审批意见；中央级大、中型建设项目报所在地财政监察专员办事机构签署意见后，再由主管部门签署意见报财政部审批；地方级项目由同级财政部门签署审批意见。

④对于已具备竣工验收条件的项目，3个月内应及时地填报审批表，如果3个月内不办理竣工验收和固定资产移交手续的视同项目已正式投产，其费用不得从基本建设投资中支付，所实现的收入作为经营收入，不再作为基本建设收入。

表4.4　建设项目竣工财务决算审批表

建设项目法人(建设单位)		建设性质	
建设项目名称		主管部门	

开户银行意见：

（盖章）
年　月　日

专员办审批意见：

（盖章）
年　月　日

主管部门或地方财政部门审批意见：

（盖章）
年　月　日

(2)大、中型建设项目概况表见表4.5。大、中型建设项目概况表综合反映大、中型项目的基本概况，其内容包括该项目总投资、建设起止时间、新增生产能力、主要材料消耗、建设成本、完成主要工程量和主要技术经济指标，为全面考核及分析投资的效果提供了依据，可以按照如下要求填写。

表 4.5　大、中型建设项目概况表

<table>
<tr><td>建设项目(单项项目)名称</td><td colspan="2"></td><td>建设地址</td><td colspan="2"></td><td colspan="2">项目</td><td>概算/元</td><td>实际/元</td><td>备注</td></tr>
<tr><td rowspan="2">主要设计单位</td><td colspan="2" rowspan="2"></td><td rowspan="2">主要施工企业</td><td colspan="2" rowspan="2"></td><td rowspan="6">基本建设支出</td><td>建筑安装工程投资</td><td></td><td></td><td></td></tr>
<tr><td>设备、工具、器具</td><td></td><td></td><td></td></tr>
<tr><td rowspan="2">占地面积</td><td>设计</td><td>实际</td><td rowspan="2">总投资/万元</td><td>设计</td><td>实际</td><td>待摊投资</td><td></td><td></td><td></td></tr>
<tr><td></td><td></td><td></td><td></td><td>其中:建设单位管理费</td><td></td><td></td><td></td></tr>
<tr><td rowspan="2">新增生产能力</td><td colspan="3">能力(效益)名称</td><td>设计</td><td>实际</td><td>其他投资</td><td></td><td></td><td></td></tr>
<tr><td colspan="3"></td><td></td><td></td><td>待核销基建支出</td><td></td><td></td><td></td></tr>
<tr><td rowspan="2">建议起止时间</td><td colspan="2">设计</td><td colspan="3">从　年　月开工
至　年　月竣工</td><td colspan="2">非经营项目转出投资</td><td></td><td></td><td></td></tr>
<tr><td colspan="2">实际</td><td colspan="3">从　年　月开工
至　年　月竣工</td><td colspan="2">合计</td><td></td><td></td><td></td></tr>
<tr><td>设计概算批准文号</td><td colspan="10"></td></tr>
<tr><td rowspan="3">完成主要工程量</td><td colspan="6">建设规模</td><td colspan="4">设备/(台、套、千克)</td></tr>
<tr><td colspan="5">设计</td><td>实际</td><td>设计</td><td colspan="3">实际</td></tr>
<tr><td colspan="5"></td><td></td><td></td><td colspan="3"></td></tr>
<tr><td rowspan="2">收尾工程</td><td colspan="5">工程项目、内容</td><td>已完成投资额</td><td>尚需投资额</td><td colspan="3">完成时间</td></tr>
<tr><td colspan="5"></td><td></td><td></td><td colspan="3"></td></tr>
</table>

①建设项目名称、建设地址、主要设计单位和主要承包人,按照全称填列。

②表中各项目的设计、概算、计划等指标,根据批准的设计文件和概算、计划等确定的数字填列。

③表中所列新增生产能力、完成主要工程量的实际数据,根据建设单位统计的资料和承包人提供的有关成本核算资料填列。

④表中基建支出是指建设项目从开工起至竣工为止发生的全部基本建设支出,它包括形成资产价值的交付使用资产,例如固定资产、流动资产、无形资产和其他资产支出,还包括不形成资产价值按照规定应核销的非经营项目的待核销基建支出和转出投资。

上述支出,应根据财政部门历年批准的基建投资表中的有关数据填列。按照财政部印发财基字[1998]4 号关于《基本建设财务管理如果干规定》的通知,应注意以下几点内容:

a. 建筑安装工程投资支出、设备工器具投资支出、待摊投资支出以及其他投资支出构成建设项目的建设成本。

b. 待核销基建支出是指非经营性项目发生的江河清障、补助群众造林、水土保持、城市绿化、取消项目可行性研究费、项目报废等不能形成资产部分的投资。对于能够形成资产部分的投资,应当计入交付使用资产价值。

c. 非经营性项目转出投资支出是指非经营项目为项目配套的专用设施投资,它主要包括专用道路、专用通信设施、送变电站和地下管道等,其产权不属于本单位的投资支出,对于产权归属本单位的,应计入交付使用资产价值。

d. 表中“初步设计和概算批准文号”,按照最后经批准的日期和文件号填列。

e. 表中收尾工程是指全部工程项目验收后尚遗留的少量工程,在表中应明确填写收尾工程内容、完成时间和这部分工程的实际成本,可根据实际情况估算并且加以说明,完工后不再编制竣工决算。

(3)大、中型建设项目竣工财务决算表见表4.6。大、中型建设项目竣工财务决算表是竣工财务决算报表的一种,大、中型建设项目竣工财务决算表是用来反映建设项目的全部资金来源和资金占用情况,也是考核和分析投资效果的依据,它反映竣工的大、中型建设项目从开工到竣工为止全部资金来源和资金运用的情况,是考核和分析投资效果,落实结余资金,并且作为报告上级核销基本建设支出和基本建设拨款的依据。

在编制大、中型建设项目竣工财务决算表前,应先编制出项目竣工年度财务决算,根据编制出的竣工年度财务决算和历年财务决算编制项目的竣工财务决算。该表采用平衡表形式,即资金来源合计等于资金支出合计。具体编制方法如下:

表4.6 大、中型建设项目竣工财务决算表

资金来源	金额	资金占用	金额	补充资料
一、基建拨款		一、基础建设支出		1. 基建投资借款期末余额
1. 预算拨款		1. 交付使用资产		
2. 基建资金拨款		2. 在建工程		
其中:国债专项资金拨款		3. 待核销基建支出		
3. 专项建设资金拨款		4. 非经营性项目转出投资		
4. 进口设备转账拨款		二、应收生产单位投资借款		2. 应收生产单位投资借款期末数
5. 器材转账拨款		三、拨付所属投资借款		
6. 煤代油专用资金拨款		四、器材		
7. 自筹资金拨款		其中:待处理器材损失		
8. 其他拨款		五、货币资金		
二、项目资本金		六、预付及应收款		3. 基建结余资金
1. 国家资本		七、有价证券		
2. 法人资本		八、固定资产		
3. 个人资本		固定资产原价		
三、项目资本公积金		减:累计折旧		
四、基建借款		固定资产净值		
其中:国债转贷		固定资产清理		
五、上级拨入投资借款		待处理固定资产损失		
六、企业债券资金				
七、待冲基建支出				
八、应付款				
九、未交款				
1. 未交税金				
2. 其他未交款				
十、上级拨入资金				
十一、留成收入				
合计		合计		

①资金来源包括基建拨款、项目资本金、项目资本公积金、基建借款、上级拨入投资借款、

企业债券资金、待冲基建支出、应付款和未交款以及上级拨入资金和企业留成收入等。

a. 项目资本金：项目资本金是指经营性项目投资者按照国家有关项目资本金的规定，筹集并投入项目的非负债资金，在项目竣工后，相应转为生产经营企业的国家资本金、法人资本金、个人资本金以及外商资本金。

b. 项目资本公积金：项目资本公积金是指经营性项目投资者实际缴付的出资额超过其资金的差额（包括发行股票的溢价净收入）、资产评估确认价值或合同协议约定的价值与原账面净值的差额、接受捐赠的财产、资本汇率折算差额，在项目建设期间作为资本公积金，项目建成交付使用并办理竣工决算后，转为生产经营企业的资本公积金。

c. 基建收入：基建收入是指基建过程中形成的各项工程建设副产品变价净收入、负荷试车的试运行收入以及其他收入，在表中它以实际销售收入扣除销售过程中所发生的费用和税后的实际纯收入填写。

②表中“交付使用资产”、“预算拨款”、“自筹资金拨款”、“其他拨款”、“项目资本金”、“基建投资借款”和“其他借款”等项目是指自开工建设至竣工的累计数，上述有关指标应根据历年批复的年度基本建设财务决算和竣工年度的基本建设财务决算中资金平衡表相应项目的数字进行汇总填写。

③表中其余项目费用办理竣工验收时的结余数，根据竣工年度财务决算中资金平衡表的有关项目期末数填写。

④资金支出反映建设项目从开工准备到竣工全过程资金支出的情况，其内容包括基建支出、应收生产单位投资借款、库存器材、货币资金、有价证券和预付及应收款以及拨付所属投资借款和库存固定资产等，资金支出总额应该等于资金来源总额。

⑤基建结余资金通常按以下公式计算：

基建结余资金 = 基建拨款 + 项目资本金 + 项目资本公积金 + 基建投资借款 + 企业债券基金 + 待冲基建支出 − 基本建设支出 − 应收生产单位投资借款　　(4.1)

(4)大、中型建设项目交付使用资产总表见表4.7。大、中型建设项目交付使用资产总表反映建设项目建成后新增固定资产、流动资产、无形资产和其他资产价值的情况和价值，作为财产交接、检查投资计划完成情况和分析投资效果的依据。小型项目不编制交付使用资产总表，直接编制交付使用资产明细表，大、中型项目在编制交付使用资产总表的同时，还需要编制交付使用资产明细表，大、中型建设项目交付使用资产总表具体编制方法如下：

表4.7　大、中型建设项目交付使用资产总表

序号	单项工程项目名称	总计	固定资产				流动资产	无形资产	其他资产
			合计	建安工程	设备	其他			

交付单位：　　　　负责人：　　　　接收单位：　　　　负责人：

盖　章　　　　年　月　日　　　　盖　章　　　　年　月　日

①表中各栏目数据根据交付使用明细表的固定资产、流动资产、无形资产和其他资产的各项相应项目的汇总数分别填写，表中总计栏的总计数应该与竣工财务决算表中的交付使用资产的金额一致。

②表中第3栏、第4栏，第8、9、10栏的合计数，应该分别与竣工财务决算表交付使用的固定资产、流动资产、无形资产和其他资产的数据相符。

(5)建设项目交付使用资产明细表见表4.8。建设项目交付使用资产明细表反映交付使用的固定资产、流动资产、无形资产和其他资产及其价值的明细情况，是办理资产交接和接收单位登记资产账目的依据，也是使用单位建立资产明细账和登记新增资产价值的依据。大、中型和小型建设项目都需编制该表。在编制建设项目交付使用资产明细表时，要做到齐全完整，数字准确，各栏目价值应该与会计账目中相应科目的数据保持一致。建设项目交付使用资产明细表具体编制方法如下。

表4.8　建设项目交付使用资产明细表

单项工程名称	工程项目			设备、工具、器具、家具						流动资产		无形资产		其他资产	
	结构	面积/m^2	价值/元	名称	规格型号	单位	数量	价值/元	设备安装费/元	名称	价值/元	名称	价值/元	名称	价值/元

①表中“工程项目”应按照单项工程名称填列其结构、面积和价值。其中“结构”按照钢结构、钢筋混凝土结构、混合结构等结构形式填写；面积则按照各项目实际完成面积填列；价值按照交付使用资产的实际价值填写。

②表中“固定资产”部分要在逐项盘点后，根据盘点实际情况填写，工具、器具和家具等低值易耗品可以分类填写。

③表中“流动资产”、“无形资产”和“其他资产”项目应根据建设单位实际交付的名称和价值分别填列。

(6)小型建设项目竣工财务决算总表见表4.9。由于小型建设项目内容比较简单，所以可将工程概况与财务情况合并编制一张竣工财务决算总表，该表主要反映小型建设项目的全部工程和财务情况。小型建设项目竣工财务决算总表在具体编制时，可以参照大、中型建设项目概况表指标和大、中型建设项目竣工财务决算表相应指标内容填写。

表4.9 小型建设项目竣工财务决算总表

建设项目名称			建设地址					资金来源		资金运用	
初步设计概算批准文件								项目	金额/元	项目	金额/元
占地面积	计划	实际	总投资/万元	计划		实际		一、基建拨款其中:预算拨款		一、交付使用资产	
				固定资产	流动资金	固定资产	流动资金	二、项目资本金		二、待核销基建支出	
								三、项目资本公积金		三、非经营项目转出投资	
新增生产力	能力(效益)名称		设计		实际			四、基建借款		四、应收生产单位投资借款	
								五、上级拨入借款			
建设起止时间	计划		从 年 月开工 至 年 月竣工					六、企业债券资金		五、拨付所属投资借款	
	实际		从 年 月开工 至 年 月竣工					七、待冲基建资金		六、器材	
基建支出	项目		概算/元		实际/元			八、应付款		七、货币资金	
	建筑安装工程							九、未付款 其中: 未交基建收入 未交包干收入		八、预付及应收款	
	设备、工具、器具									九、有价证券	
	待摊投资		其中:建设单位管理费							十、原有固定资产	
								十、上级拨入资金			
	其他投资							十一、留成收入			
	待核销基建支出										
	非经营性项目转出投资										
	合计							合计		合计	

3. 工程造价对比分析资料

对控制工程造价所采取的措施、效果及其动态的变化需要进行认真地对比,总结经验教训。批准的概算是考核建设工程造价的依据。在具体分析时,可以先对比整个项目的总概算,然后将建筑安装工程费、设备工器具费和其他工程费用逐一地与竣工决算表中所提供的实际数据和相关资料及批准的概算、预算指标、实际的工程造价进行对比分析,从而确定竣工项目总造价是节约还是超支,并且在对比的基础上,总结先进经验,找出节约和超支的内容和原因,提出改进措施。在实际工作中,主要应分析以下内容。

(1)主要实物工程量。对于实物工程量出入较大的情况,必须查明原因。

(2)主要材料消耗量。考核主要材料消耗量,应当按照竣工决算表中所列明的三大材料实际超概算的消耗量,查明是在工程的哪个环节超出量最大,进而查明超耗的原因。

(3)考核建设单位管理费、措施费和间接费的取费标准。建设单位管理费、措施费和间接费的取费标准应当按照国家和各地的有关规定,根据竣工决算报表中所列的建设单位管理费与概预算所列的建设单位管理费数额进行比较,依据规定查明多列或少列的费用项目,确定其节约超支的数额,并查明原因。

4.2.2 项目竣工决算编制程序

市政工程与园林绿化工程项目竣工决算的编制应遵循下列程序:

(1)收集、整理有关项目竣工决算依据。

在项目竣工决算编制之前,应当认真收集、整理各种有关的项目竣工决算依据,并做好各项基础工作,保证项目竣工决算编制的完整性。市政工程与园林绿化工程项目竣工决算的编制依据是各种研究报告、投资估算、设计文件、设计概算、批复文件、变更记录、招标标底、投标报价、工程合同、工程结算、基建计划、调价文件、竣工档案等各种工程文件资料。

(2)清理项目账务、债务和结算物资。

项目账务、债务和结算物资的清理核对,是保证项目竣工决算编制工作准确有效的重要环节。要认真核实项目交付使用资产的成本,做好各种账务、债务和结余物资的清理工作,做到及时清偿、及时回收。清理的具体工作应当做到逐项清点、核实账目、整理汇总、妥善管理。

(3)填写项目竣工决算报告。

项目竣工决算报告的内容是项目建设成果的综合反映。项目竣工决算报告中各种财务决算表格中的内容应当依据编制资料进行计算和统计,并应符合有关规定。

(4)编写竣工决算说明书。

项目竣工决算说明书具有建设项目竣工决算系统性的特点,综合反映项目从筹建开始到竣工交付使用为止全过程的建设情况,主要包括项目建设成果和主要技术经济指标的完成情况。

5.报上级审查。

市政工程与园林绿化工程项目竣工决算编制完毕,应当将编写的文字说明和填写的各种报表,经过反复认真校稿核对,无误后装帧成册,形成完整的项目竣工决算文件报告,及时上报审批。

4.2.3 项目竣工决算的审查

市政工程与园林绿化工程项目竣工决算编制完成后,在建设单位或委托咨询单位自查的基础上,应及时上报主管部门并抄送有关部门审查,必要时,应经有权机关批准的社会审计机构组织的外部审查。对于大中型建设项目的竣工决算,必须报该建设项目的批准机关审查,并抄送省、自治区、直辖市财政厅、局和财政部审查。

1.项目竣工决算审查的内容

市政工程与园林绿化工程项目竣工决算通常由建设主管部门会同建设银行进行会审。项目竣工决算应重点审查以下内容:

(1)根据批准的设计文件,审查有无计划外的工程项目。

(2)根据批准的概(预)算或包干指标,审查建设成本是否超标,并查明超标原因。

(3)根据财务制度,审查各项费用开支是否符合规定,有无乱挤建设成本、扩大开支范围和提高开支标准的问题。

(4)报废工程和应核销的其他支出中,各项损失是否经过有关机构的审批同意。

(5)历年建设资金投入和结余资金是否真实准确。

(6)审查与分析投资效果。

2. 项目竣工决算审查的程序

市政工程与园林绿化工程项目竣工决算的审查通常按照以下程序进行:

(1)建设项目开户银行应签署意见并盖章。

(2)建设项目所在地财政监察专员办事机构应签署审批意见盖章。

(3)最后由主管部门或地方财政部门签署审批意见。

参考文献

[1] 国家标准. 建设工程项目管理规范(GB/T 50326—2006)[S]. 北京:中国建筑工业出版社,2006.

[2] 林文剑. 市政工程施工项目管理[M]. 2 版. 北京:中国建筑工业出版社,2012.

[3] 成虎,陈群. 工程项目管理[M]. 北京:中国建筑工业出版社,2009.

[4] 宋伟,刘岗. 工程项目管理[M]. 2 版. 北京:科学出版社,2012.

[5] 郭雪峰. 园林工程项目管理[M]. 武汉:华中科技大学出版社,2012.

[6] 刘玉华,陈志明. 园林工程项目管理[M]. 北京:中国农业出版社,2010.